深厚覆盖层面板堆石坝
安全监测技术研究与应用

孙建会　李秀文　贺虎　姜龙　武学毅　著

中国水利水电出版社
www.waterpub.com.cn
·北京·

内 容 提 要

本书结合深厚覆盖层面板堆石坝的工程特点，从坝址区域地质、工程设计、构筑物施工、安全监测设计、监测实施及资料整编分析、自动化监测系统开发和建设、预测预报和预警等方面，系统地对深厚覆盖层面板堆石坝全生命周期安全监测技术进行研究。

本书通过总结深厚覆盖层面板堆石坝安全监测项目布置、安全监测仪器的埋设方法、监测成果、自动化系统建设、监测成果预测研究，可为从事工程安全监测的各方面技术人员提供一定的参考。

图书在版编目（C I P）数据

深厚覆盖层面板堆石坝安全监测技术研究与应用 /
孙建会等著. -- 北京 ：中国水利水电出版社，2022.2
ISBN 978-7-5226-0488-6

Ⅰ．①深… Ⅱ．①孙… Ⅲ．①覆盖层技术－堆石坝－
安全监察－研究 Ⅳ．①TV641.4

中国版本图书馆CIP数据核字(2022)第026559号

书　　名	**深厚覆盖层面板堆石坝安全监测技术研究与应用** SHENHOU FUGAICENG MIANBAN DUISHIBA ANQUAN JIANCE JISHU YANJIU YU YINGYONG
作　　者	孙建会　李秀文　贺虎　姜龙　武学毅　著
出版发行	中国水利水电出版社 （北京市海淀区玉渊潭南路 1 号 D 座　100038） 网址：www. waterpub. com. cn E - mail：sales@ mwr. gov. cn 电话：(010) 68545888（营销中心）
经　　售	北京科水图书销售有限公司 电话：(010) 68545874、63202643 全国各地新华书店和相关出版物销售网点
排　　版	中国水利水电出版社微机排版中心
印　　刷	北京印匠彩色印刷有限公司
规　　格	184mm×260mm　16 开本　17.5 印张　295 千字
版　　次	2022 年 2 月第 1 版　2022 年 2 月第 1 次印刷
印　　数	001—500 册
定　　价	**128.00 元**

前言
FOREWORD

混凝土面板堆石坝是以堆石体为支承结构，并在上游表面设置混凝土面板作为防渗结构的一种坝型，因其具有抗剪强度高、稳定性强、抗震性好、维护方便和运行可靠等特点，已经成为当今水利水电工程建设的主流坝型。建于深厚覆盖层之上的混凝土面板堆石坝，由面板－趾板－接缝止水－防渗墙（防渗体系）、深厚覆盖层坝基、堆石坝体三部分构成，面板、坝基与堆石体各部位材料各异、刚度与质量相差悬殊，因此在深厚覆盖层上筑坝面临很多新的问题和挑战。

大坝安全监测作为水库大坝运行状态的耳目，能够及时发现异常情况，是工程安全运行的重要保障。为监控大坝的安全情况，需在设计阶段根据不同坝型、地质条件、工程规模参照相关规范设置与之对应的监测项目。在建设期，通过安装监测仪器、数据采集、整编分析，动态评估大坝施工期安全情况。在初蓄期及运行期，通过对大坝安全监测仪器进行自动化采集集成，并采用专业软件实现数据的实时采集、动态分析、预测预报等，从而构成功能完整的大坝安全监测系统，为工程的安全建设和运行管理提供技术保障。

沁河河口村水库大坝为面板堆石坝，最大坝高 122.5m，坝顶高程 288.50m，河床段趾板基础坐落在深覆盖层上，最大覆盖层深度 41m。大坝的坝体及坝基变形、接缝位移、面板变形、应力、渗透压力、渗流量等是开展工程安全监测研究及实施的重点。

本研究依托"河南省河口村水库安全监测"项目，结合深厚覆盖层面板堆石坝的工程特点，从坝址区域地质、工程设计、构筑物施工、安全监测设计、监测实施及资料整编分析、自动化监测系统开发和建设、预测预报和预警等方面，系统地对深厚覆盖层面板堆石坝全生命周期安全监测技术进行研究。

深厚覆盖层面板堆石坝安全监测技术的研究及应用为河口村水库工程建设、运行和管理，提供了科学合理的技术支撑。获得了3项发明专利、4项实用新型专利、4项软件著作权，以及运用在工程上的"大坝安全在线监测及监测成果三维仿真展示平台系统"（被列入水利先进实用技术重点推广指导目录），为工程获得中国水利工程优质（大禹）奖和中国建设工程鲁班奖（国家优质工程）奠定了一定的基础。

全书共十章：第一章绪论，由孙建会、李秀文、吴浩撰写；第二章工程设计与施工，由武学毅、姜龙、张石磊撰写；第三章安全监测设计与施工，由孙建会、王子河、张石磊撰写；第四章工程变形监测控制网及外部变形监测成果分析，由李秀文、孙建会、吴浩撰写；第五章大坝监测成果分析，由李秀文、姜龙、吴浩撰写；第六章防渗工程监测成果分析，由李秀文、武学毅、王子河撰写；第七章泄洪洞监测成果分析，由武学毅、贺虎、王子河撰写；第八章其他工程监测成果分析，由孙建会、张石磊、吴浩撰写；第九章自动化系统建设，由贺虎、李秀文撰写；第十章工程变形预测预报及预警分析，由姜龙撰写。全书由孙建会、李秀文、贺虎、姜龙、武学毅统稿。

本书撰写过程中得到了河南省河口村水库工程建设管理局、黄河勘测规划设计研究院有限公司、河南省河川工程监理有限公司、水利部交通运输部国家能源局南京水利科学研究院和中国水利水电科学研究院等单位领导和专家的大力支持，在此表示真挚的感谢！

由于作者水平有限，书中不当之处，敬请专家和读者给予批评指正。

作者

2022年2月于北京

目录
CONTENTS

前言

第一章 绪论 ································· 1

第一节 面板堆石坝发展历程 ················· 1

第二节 大坝安全监测研究现状 ··············· 4

第三节 研究目的及意义 ···················· 13

第四节 研究内容及技术路线 ················· 14

第二章 工程设计与施工 ···················· 17

第一节 地质条件 ························· 17

第二节 工程布置 ························· 51

第三节 大坝 ···························· 54

第四节 防渗工程 ························· 58

第五节 泄洪洞 ··························· 60

第六节 溢洪道 ··························· 64

第七节 电站 ···························· 65

第三章 安全监测设计与施工 ················· 68

第一节 监测设计 ························· 68

第二节 监测施工 ························· 78

第四章 工程变形监测控制网及外部变形监测成果分析 ·· 93

第一节 变形监测控制网的建立及稳定性评价基准值 ······· 93

第二节 变形监测控制网网点的基准值选取与复核 ········· 98

第三节 大坝 ····························· 99

第四节 左右岸边坡 ·························· 102

第五节　引水发电系统 ································· 106

第六节　泄洪洞 ·································· 107

第七节　溢洪道 ·································· 110

第五章　大坝监测成果分析 ····················· 112

第一节　坝基 ·································· 112

第二节　坝体 ·································· 118

第三节　面板 ·································· 123

第六章　防渗工程监测成果分析 ················· 132

第一节　防渗墙 ·································· 132

第二节　绕坝渗流 ································· 138

第三节　渗漏监测 ································· 140

第七章　泄洪洞监测成果分析 ··················· 142

第一节　泄洪洞进出口 ····························· 142

第二节　泄洪洞洞身 ······························ 145

第八章　其他工程监测成果分析 ················· 150

第一节　溢洪道 ·································· 150

第二节　电站 ·································· 151

第三节　导流洞封堵段 ····························· 155

第九章　自动化系统建设 ······················· 158

第一节　数据采集单元设计与开发 ···················· 158

第二节　监测信息管理系统设计与开发 ················· 200

第三节　监测自动化系统集成 ······················· 243

第四节　监测自动化未来的发展方向 ··················· 255

第十章　工程变形预测预报及预警分析 ··········· 261

第一节　基于三维有限元的变形预测 ··················· 261

第二节　基于改进灰色理论的变形预测 ················· 269

第一章 绪 论

面板堆石坝是采用堆石分层碾压填筑成坝体，在上游面布置混凝土面板作为防渗体的一种土石坝。混凝土面板堆石坝具有安全性高、造价低、适用性强、施工方便等优点，因此，在实际工程中得到了广泛应用和发展。

深厚覆盖层一般是指堆积于河谷之中，厚度大于30m的第四系坡积、洪积及崩积松散沉积物，它们主要表现为成因复杂、岩土层不连续、在纵横方向上岩土性质差异较大，具有较大的不均匀性，因此，在深厚覆盖层上筑坝将面临很多新的问题和挑战。建于深厚覆盖层之上的混凝土面板堆石坝可以看作以面板-趾板-接缝止水-防渗墙（防渗帷幕）组成的防渗体系、深厚覆盖层坝基和堆石（或砂砾石）坝体三部分构成，面板、坝基与堆石坝体又是三种材料不同、刚度与质量相差悬殊的结构物，因此面板、坝基与堆石坝体的变形协调及其相互作用是影响大坝工作性状的关键；有无发生通过防渗墙（防渗帷幕）及面板裂缝或破碎、接缝张开或损坏造成的严重渗漏，以及渗流对坝体材料的冲蚀关系到混凝土面板堆石坝的渗流安全。

大坝安全监测的目的是及时监测和分析大坝性状，指导工程安全施工和安全运行，充分发挥工程效益，同时为评价施工质量和优化设计进而提高筑坝技术水平提供资料和依据。为监控面板堆石坝变形、渗压、应力及指导施工过程，需布设很多监测项目和仪器，分散在枢纽建筑物的各个部位。建于深厚覆盖层之上的混凝土面板堆石坝安全监测的重点是坝体及坝基变形，接缝位移，面板变形和应力以及渗透压力和渗流量等。

第一节 面板堆石坝发展历程

土石坝是人类历史上出现最早的坝型。我国是世界上采用土石筑坝最早的国家之一，如公元前34年修建的马仁陂土坝、公元前256年修建的都江堰等，

这些利用土石材料修筑的塘坝工程，虽然年代久远，依然沿用至今。面板堆石坝作为土石坝家族中的主要坝型，最早于 20 世纪初出现在美国的西部，发展到 20 世纪 30 年代，面板堆石坝的坝高达到 100m 级。但由于采用抛填式的填筑方法，堆石体的变形较大，导致当时建成的 100m 级的面板堆石坝工程均出现了较为严重的渗漏事故，由于对面板裂缝发生原因的认识不足，当时人们普遍认为不能修建 100m 级以上的高面板堆石坝，面板堆石坝的发展在 20 世纪 40—50 年代一度停滞，世界各国转向修建黏土心墙坝或黏土斜心墙坝。近代以来随着科学技术的进步，特别是土力学理论的完善和发展和薄层重型振动碾压技术应用于面板堆石坝的建设工程中，面板堆石坝在 20 世纪 60 年代获得了新生。1968 年澳大利亚开始修建 110m 高的塞那沙混凝土面板堆石坝，用 13.5t 重型振动碾分薄层压实堆石，竣工后大坝沉降很小，是坝高的 0.1%，面板没有裂缝。面板堆石坝的坝高突破了百米级别，各国相继采用此种坝型，面板堆石坝的筑坝高度越来越高，工程规模越来越大，发展成为富有竞争力的新坝型。

1985 年我国开始采用现代技术修建面板堆石坝。西北口面板坝是我国第一座开工建设的面板堆石坝；关门山水库大坝是我国第一座建成的面板堆石坝；1999 年建成的天生桥一级坝的水库库容、坝体体积、面板面积均为世界第一；2009 年建成的水布垭面板堆石坝，坝高 233.0m，是目前世界上建成最高的混凝土面板堆石坝。

20 世纪末至 21 世纪初，我国相继建成了以水布垭（坝高 233.0m）、猴子岩（坝高 223.5m）水电站等为代表的面板坝工程。将面板堆石坝建设高度逐步由 100m 级提升至 200m 级，使我国面板坝设计理论及施工技术达到国际先进水平。但是，随着我国面板堆石坝建设高度由 200m 级向 300m 级迈进，面板堆石坝监测技术发展明显滞后于筑坝技术的发展，不少监测仪器的适应性、耐久性、抗冲击等性能仍停留在 100～200m 级坝高的监测技术水平。

目前我国已建成和在建的坝高超过 100m 的混凝土面板堆石坝有近 40 座，其中已建成的天生桥一级、洪家渡、三板溪和水布垭坝，均为世界高面板堆石坝，尤其是水布垭和洪家渡面板坝被国际大坝委员会评为里程碑工程。这些高面板堆石坝的安全监测设计、施工及运行既有共性，也有各自的特点。通过对国内 100m 级、200m 级高面板堆石坝安全监测技术进行深入调查，亟待总结高堆石坝安全监测技术特点、难点，对主要监测措施的有效性和存在的问题进行分析，为300m级高面板堆石坝安全监测技术研究提供技术支撑。

世界典型面板堆石坝主要参数表见表1-1。世界典型深厚覆盖层面板堆石坝主要参数表见表1-2。

表1-1　　　　　　　　　　世界典型面板堆石坝主要参数表

序号	水电站名称	国家	坝高/m	坝长/m
1	Campos Novos	巴西	202.0	590
2	水布垭	中国	233.0	660
3	Bakun	马来西亚	203.5	750
4	La Yesca	墨西哥	205.0	629
5	江坪河	中国	219.0	414
6	猴子岩	中国	223.5	283
7	Nam Ngum 3	老挝	220.0	—
8	Morro de Arica	秘鲁	221.0	—
9	Agbulu	菲律宾	234.0	—
10	古水	中国	242.0	430
11	大石峡	中国	251.0	598
12	茨哈峡	中国	253.0	669

表1-2　　　　　　　　世界典型深厚覆盖层面板堆石坝主要参数表

序号	水电站名称	国家	坝高/m	覆盖层厚度/m
1	Santa Junan	智利	106.0	30.0
2	斜卡	中国	108.2	100.0
3	多诺	中国	108.5	30.0
4	那兰	中国	109.0	24.3
5	察汗乌苏	中国	110.0	46.7
6	苗家坝	中国	110.0	48.0
7	金川	中国	112.0	65.0
8	九甸峡	中国	136.5	54.0
9	滚哈布奇勒	中国	160.0	50.0

据国际大坝委员会（ICOLD）不完全统计，世界范围内已建、在建或拟建的面板堆石坝超过800座，分布在世界范围内的近百个国家（图1-1）。其中，我国分布的数量最多，占总量的近一半。巴西、美国、西班牙和澳大利亚分布的数量占总量的3%~5%。其他国家分布的数量约占总量的1/3。总体而言，面板堆石坝起源于美国，发展于澳大利亚、巴西和西班牙，兴盛于中国。目前

我国已建成坝高 30m 以上的混凝土面板堆石坝约 270 座，在建约 60 座，规划建设约 80 座，总数超过 400 座。世界面板堆石坝建设的重心已经转移到了我国。

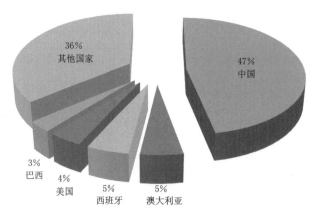

图 1-1　全球面板堆石坝统计

第二节　大坝安全监测研究现状

一、国际大坝安全监测发展现状

1. 监测仪器

（1）大坝安全监测方面。大坝安全监测开始于 19 世纪末，1891 年德国的埃斯希巴赫重力坝开展了变形监测。20 世纪初，澳大利亚的鲑溪拱坝和瑞士的孟萨温斯拱坝进行了挠度监测，其中，孟萨温斯拱坝坝体内还埋设了压阻式仪器进行坝体内变形监测；美国的波顿重力坝进行了温度监测。大坝安全监测最初目的是验证大坝设计计算方法，发展坝工技术，随后才真正成为大坝安全管理的手段。

（2）内部埋设监测仪器方面。监测仪器诞生可追溯到 20 世纪 30 年代初，欧美同时问世了差动电阻式（卡尔逊式）和振弦式两类监测仪器；法、德等国家先后研制出了钢弦式仪器，利用测量钢弦自振频率将所对应大坝的应力、应变、渗透力等物理量计算出来；与此同时，美国开发研制的差动电阻式仪器在世界上很多国家得到应用。但两类监测仪器研发速度和产品完善程度的发展并未同步，50 年代差动电阻式（卡尔逊式）仪器的性能得到不断提升并发展为较完善的程度。60 年代以前，振弦式仪器的发展较为缓慢，随着 70 年代初半导体技术、微电子技术和仪器量测技术的兴起，带动了振弦式仪器的跨越式发展。振弦式仪器精度、灵敏度均优于差动电阻式仪器，结构简单且容易实现自动化。目前两者都有丰富成熟的产品类型并广泛应用于国内外工程。

（3）外部安装监测仪器方面。该方面最早可追溯到1891年，德国埃施巴赫混凝土重力坝进行了首次外部变形监测。1920年瑞士学者构建了包括基准点和监测点标架的测量系统，利用大地测量法进行大坝变形测量，其中觇标和水准标点仍被当前工程广泛使用。从20世纪50年代起，测绘仪器开始向电子化和自动化方向发展。电磁测距仪的出现开创了距离测量的新纪元。以激光、红外光以及其他光源为载波的光波测距仪和以微波为载波的微波测距仪统称为电磁测距仪。随着光电技术和电子计算技术的发展，电磁测距仪正朝小型化、智能化与多功能方向发展。电子经纬仪取代光学经纬仪后与激光测距仪组合，利用安装在仪器内部的集成度很高的计算芯片，就可获得经修正的水平角、水平距以及目标的三维坐标，这种集测距、测角、计算记录于一体的新型测量仪器就是全站仪。目前精密型全站仪可达"1mm＋1ppm/0.5"的测量精度。新一代可自动寻找目标的智能型全站仪，俗称"测量机器人"也已问世并在工程中得到应用，它可真正做到无人值守，操作简便、自动化程度高，尤其适合在地势狭窄、气候恶劣等不宜人工监测的位置使用。通过软件升级，这种智能型全站仪可用于大尺寸地下洞室开挖的围岩收敛监测和断面检测，监测效率和使用效果均优于常规接触式测量。GPS工程测量系统是在美国"海军导航卫星系统"技术基础上发展起来的全球卫星定位系统，它由三部分组成，即由GPS卫星组成的空间部分、由若干地面站组成的地面监控系统和以接收机为主体的用户设备。空间部分由分布在多个轨道面上的多颗卫星组成，地面监控系统的主要作用是跟踪观测GPS卫星，计算编制卫星星历，监控卫星的"健康"状况，保持精确的GPS时间系统，向卫星注入导航电文和控制指令。GPS接收机的基本类型分导航型和大地型，工程测量中一般采用双频多站差分接收方式提高测量精度，目前一般测地型GPS接收机的标称精度为5mm＋1ppm。

（4）光纤传感器方面。随着光纤技术的发展，有别于差动电阻式仪器和振弦式仪器的光纤传感器应运而生，其有许多无可比拟的优点，如质量轻、体积小、耐腐蚀、抗电磁干扰、灵敏度高、分辨率高、维护费用低、传输频带较宽，可进行大容量信息的实时测量，使大型工程的健康监测成为可能。分布式或者准分布

式测量，能够用一根光纤测量结构上空间多点或者无限多自由度的参数分布，是传感技术的新发展。国际上将光纤传感器用于大型工程结构监测的时间不长，目前正处于从初步发展的过渡期。1989 年，Mendez 等人首先提出了把光纤传感器用于混凝土结构的监测。之后，日本、美国、德国等许多国家研究人员先后对光线传感系统在土木工程中的应用进行了研究。日本、美国、瑞士较广泛地将光纤传感器应用于土木工程领域，即从混凝土的浇筑过程已扩展到桩柱、地基、桥梁、大坝、隧道、大楼、地震、合山体滑坡等复杂系统的测量或监测。

（5）CT 技术方面。意大利首先将 CT 技术应用于水工建筑物的性态诊断。通过采用声波方法，并利用介质的波速分布进行反演，形成大坝的 CT 成像，能有效地进行大坝安全监测和工程处理效果的验证。渗流热监测技术是通过监测温度场分布和变化情况来监测渗流性态，已在美国、瑞典和俄罗斯等国家得到应用。

2. 数据采集自动化

20 世纪 60 年代国外开展了监测自动化的研制开发，70 年代进入实用阶段。从意大利、法国、美国、西班牙、葡萄牙、日本和瑞士等工业发达国家最初实现自动化分为：资料管理自动化和采集自动化。意大利发展较快，它的微机辅助监测系统（MAMS），可实现数据采集、校验、存储和传输，并具有快速在线判断和报警功能。意大利在 Talvacchia 双曲拱坝上利用模拟计算机和垂线坐标仪实现变形自动化监测；在 Chotas 坝上安装了集中式数据采集系统；经过改进在 Ridracoli 坝上安装量分布式系统为一体的混合式监测系统。现在发展的 GP-DAS 分布式数据采集系统已被广泛推广应用。20 世纪 80 年代初期美国在大坝安全监测自动化方面开展研发工作。1981 年美国垦务局在 Moniticcllo 拱坝上安装了集中式数据采集系统；1982 年在 Flaming Geogo 等四座拱坝上安装了分布式数据采集系统，取得较成功的应用。各国数据采集的自动化之路不同，但监测技术总体呈渐次提升的趋势。如早期的做法是采用大规模集成电路及微处理器组成的便携式测读装置，对监测仪器进行检测，检测结果数字显示，也可存储打印；接下来，通过研制出有集控和选数功能的装置，进行集中式数据采集，且测读的数据可输入到计算机或上一级计算中心进行处理。20 世纪 80 年代中期，随着微电子技术和计算机的发展，各国又发展了分布式监控数据采集系统，即在监测现场设置多台小型化测量控制装置，分别对监控区域内的仪器进行自动监测，测量数据转换为数字量通过数据总线直接传送到监控中心的计算机进行处理。目前具有代表性的产品有意大利 ISMES 研究所的 GPDAS，美国 GEOMATION 公司的 2300 系统和 SINCO 公司的 IDA 系统。相关产品和系统已在我国有所应用。自动化监测系统能胜任多测点密测次的监测，提供在时间和空间上的连续信息，实现数据采集、记录、自检、打印、传输及分析报警等适时安全监控。

3. 监测数据分析及成果应用

早在 1955 年，意大利的 Faneli 和葡萄牙的 Rocha 等，应用统计回归方法定量分析了大坝的变形监测资料。1956 年，意大利的 Tonini 首次将影响大坝位移的因素分为水压、温度和时效分量。1958 年，在第 6 届国际大坝会议上，葡萄牙的 Xerez 等将监测前期不同天数的平均气温作为温度因子用于 Casetlo 拱坝监测资料的分析。与此同时，葡萄牙的 Rocha 等采用大坝断面各层的平均温度和温度梯度作为温度因子，并以函数式来表示水压因子使模型表达进一步完善。1963 年，日本的中村庆一等首次将逐步回归分析方法应用于大坝监测资料的分析，从众多的自变量因子中筛选出对因变量影响显著的因子，以建立最优回归方程。1964 年，在第 8 届国际大坝会议上，Silvera 等引入了幂函数来表示时效的变化。1967 年，奥地利的 Widmann 提出了影响大坝的温度因子为大气温度，其影响包括年平均气温和监测当时气温与年平均气温的偏离值，同时认为水压因子还应考虑水位的上升和下降过程。1977 年，意大利的 Faneli 提出了混凝土大坝变形的确定性和混合模型，将有限元理论的计算值与实测数据有机地结合起，以监控大坝的安全状况。1986 年，奥地利的 Purer 和 Steiner 提出了用混合自回归模型来分析监测数据，可以有效地减小残差，提高模型的拟合精度。

Awan 等通过输入不同变量即监测雨量、相对湿度、温度等数值对几个模型进行了预报测试，基于评估分类降雨预报的适用性，提出了一种自适应神经模糊推理系统模型（ANFIS），以改善大坝流入预测。Vesna 等利用 14 年收集的实验数据对外源输入支持向量回归辨识模型（SVR）的非线性自回归模型（NARX）进行开发和测试，并将 SVR 应用到混凝土坝位移预测中，取得了较好的结果。Pektas 等基于神经网络的灵敏度分析研究，对土石坝溃决洪峰流量进行了预测，规避了因直接应用回归分析（RA）而忽略限制性假设可能会导致的计算值与实际值偏离。Ruigar 等将海平面气压（SLP）和海面温度（SST）作为预测气候变量，采用人工神经网络（ANN）对大坝流域降水进行了预报。

McKinney、Cieniawski 率先利用遗传算法解决地下水渗流模型识别问题。Simon、Guedes 和 Coelho 以及 Breitenstein 等基于 HST 模型建立了大坝渗流监测量的回归模型。Sanchez Caro 在传统 HST 模型中添加水位因子 30d 和 60d 的移动平均项，建立的回归模型能有效地对 El Atazar 坝进行径向位移预报。Santillan 等为降低回归因子移动平均项与原回归因子的自相关性，改善回归效果，建议采用气温和水压的梯度项作为滞后性因子。Piroddi 和 Spinelli 将 AR 模型和多元回归模型结合，发展了非线性含外生变量的自回归模型（NARX），并分析了预测变量的筛选条件，以减少待估计参数的个数，提高模型稳定性。Chouinard 和 Roy 利用主成分分析提取多组大坝变形监测值的主成分，可更好地理解坝体行为发展趋势。Mata 等利用 PCA 筛选坝体代表性温度计来建立拱坝径向变形的预测模型。Saouma 等首次利用 KNN 进行大坝预测建模分析，其通过试错法从各自变量因子中筛选出库水位和坝体温度两个因子作为预测变量。实际上，KNN 方法如采用欧式距离作为相似性判别的准则，则所有的因子都将对模型输出有相同的影响权重。因此在建模时需特别注意选择显著性因子，否则模型泛化能力将被引入的弱显著因子削弱。Salazar 等还就多种机器学习算法在大坝响应（包含径向、切向位移和渗压）预测问题上进行建模研究，并和传统 HST、神经网络等模型进行了对比，其中首次在大坝预测模型中进行应用的包括随机森林法（RF）和增强回归树法（BRT）。

近年来，安全监测资料分析及应用逐渐发展为正分析、反演分析、反馈分析、综合评价和决策四个方面。

（1）正分析。正分析包括：统计模型、预测模型、确定性模型、人工智能模型。

1）统计模型是指通过找出各个参量对某一预报量的影响，建立他们之间的关系式；按效应量分，常见统计模型包括变形、渗流、应力等。

2）预测模型主要基于特定原理或变化规律，对客观事物的发展规律进行预测；主要包括：时间序列分析法、灰色系统理论及其预测模型、模糊数学机器预测模型。

3）确定性模型或混合模型是指组合大坝和地基的实际工作性态，用有限元法计算荷载作用下大坝和地基的效应量，然后与实测值进行优化拟合，以调整参数建立预测模型。

4）人工智能模型主要解决回归分析失效、线性模型无法精确反映因变量变化规律等问题；包括：人工神经网络、支持向量机、分形模型、D-S证据理论等类型，很多专家学者在此基础上进行了演化，提出各种优化算法。

（2）反演分析。反演分析是以监测资料为依据，通过相应的理论分析，借以反求水工建筑物材料的物理力学参数（参数反演）和项源（坝体混凝土温度、拱坝实际梁荷载等）。

（3）反馈分析。反馈分析是指根据原型监测资料和反演分析结果，通过理论分析计算或归纳总结，从中寻找某些规律和信息，及时反馈到设计、施工和运行中去，从而达到优化设计、施工和运行的目的。

（4）综合评价和决策。综合评价和决策采用单项监测物理量的数学模型对大坝进行监测存在局限性，需通过各种资料进行综合分析，在综合分析各项监测物理量的基础上，由经验丰富的专家或专家小组作出评判和决策。

目前采用正分析较多。正分析以数学分析为主，即建立数学模型进行分析，从实用的观点来看，在大坝施工和第一次蓄水阶段以采用确定性模型为主，而在正常运行阶段，则以采用统计学模型为主。数学分析的优点是可以定量，而物理分析则往往是定性分析。近年来，监测数据分析涉及其他学科的许多方法和理论，多在长序列数据与多元回归分析、时间序列分析、频谱分析、Kalman滤波法、有限元法、神经网络法、系统论方法等智能算法结合方面展开相关研究。

二、国内大坝安全监测发展现状

1. 监测仪器

我国大坝安全监测始于20世纪50年代。80年代，改革开放为科技发展和技术引进创造了良好的社会环境，在一些关键技术领域开展协作攻关和科技创新，取得了很大的成绩。与国外监测技术重点在数据感知技术方面的发展对比，国内在数据感知获取技术、数据处理技术、数据分析技术、成果展示技术等方面均有长足的发展，部分技术已接近或达到国际先进水平。

（1）内部变形监测仪器方面。随着电子测量技术、新材料、新工艺等新兴技术的快速发展，安全监测仪器一直处于发展与完善中。由于应用环境较为特殊，安全监测仪器对可靠性和长期稳定性要求很高，其升级换代速度相对"保守"。90年代以来，我国水电建设进入大发展时期，巨型高坝大库相继开工建设。近30年来，传感器工作原理、生产工艺、传感材料、施工效率、测量技术

等多方面都取得了长足进步。在此期间，差动电阻式和振弦式两类仪器得到广泛应用，高耐水压仪器、超大量程仪器应运而生。除此之外，大坝内部变形监测还常用到垂直水平位移计、测斜兼沉降仪等。垂直水平位移计由两部分组成：垂直位移测量主要有水管式沉降仪、钢弦式沉降计等；水平位移测量主要是引张线式水平位移计。这两部分同时布置可达到垂直、水平位移同时测量的目的。这种仪器受工作原理、安装工艺等影响，监测成果不能真实反映坝体施工期变形。测斜兼沉降仪系统主要采用活动式测斜仪或电磁式沉降仪进行监测。测斜兼沉降管埋设在坝体内，从大坝填筑初期即进行埋设和监测，通过累加各阶段监测位移，可以获得施工期全部位移情况。但这类仪器埋设时易受施工影响受损，不易保护。得益于长距离引调水工程的大规模建设，光纤类传感器的应用也越来越多。此外，随着科技发展和制造工艺的不断提升，MEMS 传感器、磁致伸缩传感器、电磁式大量程位移传感器、陶瓷电容式仪器、电位计式仪器、压阻式微压传感器等也从实验阶段逐步转入工程实际应用。

（2）外部安装型监测仪器方面。外部安装型监测仪器主要包括垂线坐标仪、引张线仪、静力水准仪、激光准直系统、GPS 表面位移测量系统等，多应用于大坝等水利工程的外部变形监测。随着人工智能技术的发展，一些具有自动化操作功能的智能仪器得到发展，比如测量机器人、强震监测系统、CCD 式垂线坐标仪等。正倒垂监测是大坝变形监测的重要手段，垂线坐标仪从人工监测发展到自动遥测，遥测垂线坐标仪从接触式发展到非接触式，非接触式坐标仪从步进马达光学跟踪式到近十几年发展起来的 CCD 式和感应式垂线坐标仪。其中感应式垂线坐标仪具有测试精度高、长期稳定性好、自动化程度高、结构简单、防水性能好、成本低等特点，特别适合在环境恶劣的大坝监测中应用。感应式垂线坐标仪根据感应原理不同主要有变磁阻式、电磁感应式、电容感应式几种。总体讲，我国垂线坐标仪从仪器品种、性价比和技术服务上都优于国外产品。引张线仪与垂线坐标仪原理一样，除了电容感应式，还有电磁感应式、步进电机光电跟踪式，区别在于只测一个方向位移。静力水准是监测坝体、基础沉降倾斜的重要手段，因测量要求精度高、长期测量稳定可靠，用一般小量程压力传感器测量达不到此要求。目前的静力水准仪多采用位移测量方式测量液面变化来获得建筑物变形。主要有电容感应式、差动电感式、步进马达式、钢弦式以及涡流式、超声传感器式遥测静力水准仪，国产仪器与国外仪器水平相当。

真空激光准直测量系统是在激光准直测量基础上消除大气折射影响的一种测量大坝垂直、水平位移的系统，随着 CCD 技术及激光图像处理技术的发展，其测量精度和可靠性都有很大提高。

2. 数据采集

安全监测的数据采集主要分为人工采集和自动化采集两个方面。人工采集使用的读数仪包括振弦式读数仪、光纤式读数仪、电桥等。由于水利工程安全监测工作的特殊性，该种数据采集方式将长期存在，但应用比例呈下降趋势。近 30 年来，钢弦式仪器得到广泛应用，光纤传感器和卫星定位测量等技术得到初步应用，分布式大坝自动化测量系统逐步进入成熟期，为实现大坝安全监测项目提供了准确可靠的技术手段。

随着高性能、低功耗的数据采集单元的研发应用，目前安全监测自动化采集已逐渐普及开来。自动采集设备包括测量控制单元（MCU）、水雨情遥测终端等。不仅可以实现传感器的在线式单点测量、巡测，还可实现定时、变幅测量上报。同时还具有存储历史测量数据、校时、可配置及支持多种通信方式等功能，能够满足各种环境条件下的自动采集测量需求。

3. 监测数据分析及成果应用

数据处理、分析技术方面，国内发展水平已接近或达到国际水平。目前国内研究内容主要包括监测资料分析数学模型、大坝和地基材料物理力学参数反演、水工程运行安全监控指标拟定、大坝安全综合分析评价等。在监测资料分析数学模型研究方面，以吴中如院士为代表的国内科研团队，在变形和应力监测量的统计模型、渗流监测量的统计模型、时间序列分析法和灰色系统理论及其预测模型、模糊数学及其预测模型、确定性模型和混合模型研究方面取得了丰富的成果，并在多个工程项目中进行了应用研究。

监测成果展示技术是目前国内工程监测学科发展的重点方向之一。该技术融合了目前先进的数据通信、大数据、物联网等技术，通常以监测系统、监测平台形式出现，涵盖了数据感知、处理、分析等模块。目前国内大坝安全监测系统平台的发展，呈现出"百花齐放"的态势，不同科研团队研发的系统平台各具优势。

三、面板堆石坝安全监测技术的发展及现状

我国十分重视面板堆石坝安全监测工作。相关科研单位在研发满足 100m

级高面板堆石坝原型监测所需仪器设备的基础上，又开发了200m级高面板堆石坝安全监测所需的大量程、高精度监测仪器，代表性的主要有：由水管式沉降仪和引张线式水平位移计组成的水平垂直位移计，满足了天生桥一级面板堆石坝监测碾压堆石体内部变形的需要；伺服加速度活动式测斜仪和斜面测斜仪，分别满足了高面板堆石坝坝体内部水平位移监测和高面板堆石坝面板挠度监测的需要；高精度、小直径压阻式和钢弦式孔隙水压力计，可以直接放置在测压管中，满足了已建面板堆石坝原型监测设备更新改造的需要。特别是在"九五"国家科技攻关项目研究中，研制出遥测水平垂直位移计和高精度双向固定测斜仪，满足了坝高233m的水布垭面板堆石坝及洪家渡、吉林台、公伯峡、紫坪铺等200m级面板堆石坝工程坝体内部变形和面板挠度监测的需要。这两种仪器设备的技术性能达到了国际领先水平。我国现已形成了可监测200m级高面板堆石坝的坝体和坝基变形、应力和渗流；面板应力、应变和挠度；周边缝与垂直缝变形等项目的一整套面板堆石坝安全监测技术。

20世纪90年代以后，我国开始重视面板堆石坝安全监测自动化，国内科研单位开发了分布式面板堆石坝安全监测数据采集系统，在采用计算机网络技术、通信技术的基础上，实现数据自动采集、数字量传输和资料整理的自动化。目前，国内很多水电工程得以实现。

安全监测工作的主要内容是监测面板堆石坝变形与渗流。其中内部变形是面板堆石坝安全监测的关键项目之一，大坝施工期能采集到有效沉降数据，对控制筑坝速度、保证施工质量、合理调配施工机械等具有指导性的作用；运行期如果大坝沉降过大，就有可能发生裂缝和滑坡破坏。沉降变形是反映堆石坝工作性态是否正常的主要方面之一。以往工程实践及研究表明在高水头作用下，面板周边缝将产生复杂的三向位移，使周边缝成为漏水通道。一旦止水结构被破坏，面板堆石坝将会在高水头作用下沿周边缝漏水，造成严重的渗漏问题，继而引发堆石体不均匀沉降、坝体局部或大面积失稳，甚至引起渗透破坏。因此，为了保证大坝的安全运行，需要对面板堆石坝内部变形及渗流进行全面监测，掌握坝体、周边缝等在施工期、蓄水期和运行期的工作状态，为大坝安全评估及预报提供可靠的监测资料。面板堆石坝安全监测主要项目及仪器见表1-3。

面板堆石坝变形监测主要包括外部变形、内部变形等。

1）外部变形监测手段较为成熟，一般采用在大坝表面布置表面变形监测

表 1 - 3　　　　　　　　　　面板堆石坝安全监测主要项目及仪器

项　　目		仪　　器
变形	外部变形	表面变形监测点、全站仪
	内部变形	电平器、测斜仪、水管式沉降仪、引张线式水平位移计
	接缝变形	单向、三向测缝计
渗流	渗流量	三角形量水堰、梯形量水堰
	渗透压力	渗压计、测压管
	绕坝渗流	水位孔
应力应变及温度	混凝土应力应变	应变计、无应力计
	坝体应力	土压力计
	温度	温度计

点，采用视准线法、边角网法，通过全站仪等手段进行监测。外部变形监测主要采用光学水准仪和经纬仪。随着科学技术的进步，在外部变形监测仪器在测量精度、方便适用、自动化等方面都有持续的改进，如高精度的水准仪和全站仪，更有"测量机器人"之称的全自动全站仪；GNSS 系统虽测量精度相对较低，但对测点与基点间无通视要求；光纤陀螺仪等适合全天候自动监测的新型仪器设备都在研究和应用之中。

2）内部变形监测包括分层竖向位移、分层水平位移监测等，主要采用水管式沉降仪和引张线水平位移计监测。内部变形监测包括分层竖向位移、分层水平位移监测等，主要采用水管式沉降仪和引张线水平位移计监测。接缝变形监测包括面板缝开合度、周边缝开合度监测等，主要采用单向测缝计和三向测缝计进行监测。

坝体坝基渗透压力主要采用渗压计进行监测，绕坝渗流主要采用水位孔监测，渗流量监测主要采用量水堰监测。

第三节　研究目的及意义

大坝安全监测是了解大坝运行和安全状态的有效手段和方法；从获取环境、水文、结构、安全等各种信息到识别、计算、判断等步骤，最终判断大坝安全程度的过程。通过监测控制大坝的安全运行；校核设计参数准确性和计算方法的实用性；反馈施工方法的正确性，借以改进施工方法和施工控制指标；为科学研究提供现场资料，检验各种理论、假设和参数，协助找出实测规律和辅助成因分析。其意义在于：

（1）对通过监测手段收集数据资料进行分析，从而分析坝体和坝坡的稳定性以及工程的运行评价。

（2）保证大坝的安全及寿命，提高其运行效益。

（3）验证设计、指导施工、推动坝工理论发展，大坝安全监测是复杂的系统工程，每个阶段都有各自的特点。从项目设计、施工到运行的长过程管理，大坝的安全监测工作必不可少，通过有效合理的监测分析工作，能够及时地发现各种安全隐患，保证大坝的运行安全，保证了国家的财产安全和人民的生命安全。

作为一种现代坝型，面板堆石坝具有取材便捷、造价低、工期短、工艺简单等特点，其抗剪强度高、稳定性强、抗震性好，同时坝体维护方便，运行可靠。

面板堆石坝的监测，是一种多环节密切相连的综合技术，它包括监测项目的确定、仪器选型、测点布设、埋设技术、施测技术，以至监测资料的传输、整理和技术分析等。为了了解工程建筑物在施工期、初蓄期及运行期各阶段工作状况和安全性态，逐步建立起大坝安全监测系统。安全监测设施的安装埋设情况，监测资料的可靠获取以及监测成果的分析评价、反馈预警等受到高度重视。工程建设的设计方、施工方、监理方、业主方都需要通过监测资料及时了解建筑物的性状变化，以便对施工安全和建筑物的运行状态作出正确的评价。

在施工期安全监测起着检查和监督施工质量、改进和完善施工工艺、校核设计计算假定、检验参数优化方案的重要作用；在初蓄期和运行期起着监控工程运行情况、评价工程安全性态、指导工程综合调度的作用，为大坝运行安全和工程效益发挥提供科学依据和技术支撑。

第四节　研究内容及技术路线

一、研究内容

本书依托"河南省河口村水库安全监测课题"，结合深厚覆盖层面板堆石坝的工程特点，从坝址区域地质、工程设计、构筑物施工、安全监测设计、施工及资料整编分析以及预测预报和预警角度出发，系统地对深厚覆盖层安全监测技术进行研究。研究内容如下：

（1）阐述了河口村水库坝址工程地质、工程设计和施工。结合深厚覆盖层坝基和面板堆石坝的工程特点，详细介绍了潜在的坝基沉降及坝体不均匀变形、坝基及绕坝渗流、面板及接触变形等工程地质问题，详见本书第二章。

（2）叙述了河口村水库安全监测设计与施工。针对河口村水库工程特点，以及工程施工和运行可能出现不利（或重点关注）的部位，进行了安全监测设计和相应地工程施工，体现了安全监测在工程施工期和运行期的作用，详见本书第三章。

（3）分析了河口村水库变形控制网、大坝变形、防渗体系、泄洪洞、溢洪道等监测资料。通过河口村水库安全监测资料整编分析，系统地研究了施工期、蓄水期和运行期等不同阶段的大坝变形、坝基及绕坝渗流、面板挠度等监控指标的时空演化规律和变化特征，详见本书第四章～第八章。

（4）研发了河口村水库安全监测智能监控系统。依据河口村水库各建筑物的工程设计和施工特点，结合安全监测仪埋设和走线情况，布设了监测自动化采集站和中心站，研发了安全监测信息管理系统，实现了自动采集、动态反馈，详见本书第九章。

（5）建立了河口村水库大坝安全预警体系。依据河口村水库大坝的变形特征，通过监测资料统计模型和数值模拟等研究手段，建立了运行期大坝安全预警体系，详见本书第十章。

二、技术路线

以河口村水库工程为研究对象，通过工程地质、工程设计和施工、监测设计和施工、安全监测资料整编分析、安全监测自动化及信息管理系统、大坝预警体系研究，分析了河口村水库安全监测指标时空演化规律和变化特征，提出了河口村水库大坝变形预警体系。

（1）通过工程地质资料分析，评价了河口村水库坝址区工程地质情况，为工程设计、资料分析和数值模型建立提供了科学依据。

（2）通过工程设计及施工情况分析，总结河口村水库各工程部位特点，了解和掌握工程性态，为监测设计提供科学依据。

（3）通过监测设计及施工情况分析，结合工程地质和结构设计情况，提出可能出现的潜在不利工况和重点关注部位，为监测资料分析提供基础依据。

（4）通过安全监测资料整编分析，总结河口村水库各建筑物安全性态，在施工期安全监测起着检查和监督施工质量、改进和完善施工工艺、校核设计计算假定、检验参数优化方案的重要作用；在初蓄期和运行期起着监控工程运行情况、评价工程安全性态等，提供科学数据和技术支撑。

（5）通过坝址地质、工程施工、监测施工和监控信息，基于仿真计算和数学模型，研究大坝预测预警体系，为大坝运行安全和效益发挥提供科学依据和技术支撑。

深厚覆盖层面板堆石坝安全监测技术研究技术路线如图1-2所示。

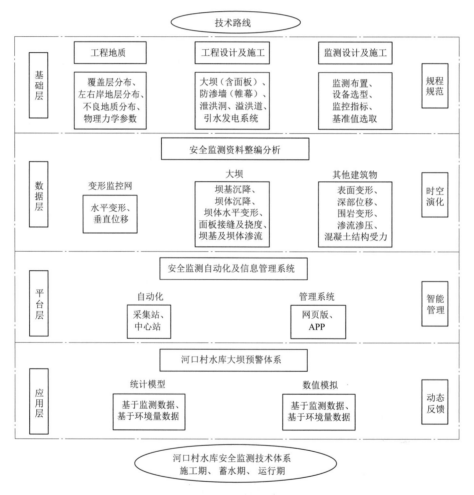

图1-2　深厚覆盖层面板堆石坝安全监测技术研究技术路线

第二章 工程设计与施工

第一节 地 质 条 件

一、水库地质条件

1. 地形地貌及物理地质现象

河口村水库是一个典型的峡谷河道型水库，蓄水位为 275.00m 时，库面宽一般为 200～500m，最宽处不超过 1.0km，回水约为 18.5km，水库面积约为 5.92km²。

库坝区为古生代石灰岩地貌形态，多呈悬崖峭壁，地形相对高差达 1000m。河曲发育，河流比降大，平均比降达 5‰，河谷横断面呈"U"形。库区两岸冲沟较发育，多近垂直于岸坡分布，回水长度一般小于 400m。

河谷中断续分布四级阶地，其中Ⅰ级、Ⅱ级阶地较Ⅲ级、Ⅳ级阶地分布广泛。库坝区遗留多处古河道。其中与建库有关的为余铁沟和东滩两处。

经地质测绘与调查，库区存在的物理地质现象主要有崩塌、滑坡等。崩塌堆积体除龟头山古崩塌体分布在二坝线左坝肩外，一般规模较小，与建库关系不大；滑坡也以左坝肩龟头山古滑坡规模最大，其余 4 处规模均较小。

2. 地层岩性

库区出露的地层：太古界登封群（前震旦系）、中元古界汝阳群（震旦系）、古生界寒武系、奥陶系及新生界第四系。

（1）太古界登封群（Ard）分布在坝址区，沿河谷底部出露。岩性以片麻岩为主，其次为云母石英片岩，含少量铁质石英碧玉岩，混合岩化作用较为普遍。

（2）中元古界汝阳群（Pt$_2r$）分布在坝址区，沿河谷底部出露，下部为石英底砾岩；中部为含砾石英粗砂岩、粉砂质页岩；上部为石英岩状砂岩。

（3）古生界寒武系（∈）分布于整个库区，是构成库区沁河两岸的主要岩层，总厚 420.0～470.0m，在水库区出露下统馒头组、毛庄组，中统徐庄组、张夏组。

1）馒头组（$∈_1m$）分布在沁河河谷两岸，厚 94.0～105.6m，岩性为白云岩、灰岩、泥质条带状灰岩夹页岩，该层下部夹有一层岩溶化灰质白云岩，是水库漏水的通道。

2）毛庄组（$∈_1mz$）分布在沁河河谷两岸，南高北低，厚 33.0～40.5m，岩性为鲕状灰岩、团块灰岩夹粉砂岩及页岩。

3）徐庄组（$∈_2x$）总厚约 105m，岩性为钙质页岩与厚层鲕状灰岩互层，中、下部岩层分布在库盘；上部岩层已高出库水位。

4）张夏组（$∈_2z$）地貌上形成悬崖峭壁，厚度约 180m，底部 10～30m 为黄绿色钙质页岩、泥灰岩互层；以上为灰色巨厚层鲕状灰岩、鲕状白云质灰岩。

（4）古生界奥陶系（O）分布在坝址下游沁河两岸河谷，工程区仅出露奥陶系中统（O_2m）及下统（O_1）。

（5）第四系（Q）分布在沁河河谷，上更新统（Q_3）为冲积、坡积、滑坡及崩塌堆积物；全新统（Q_4）为冲积、洪积、坡积及滑坡堆积物，岩性为岩块、碎石、漂石、卵石及黏性土。

3. 地质构造

水库区为一向北缓倾的单斜构造，地层倾角 3°～7°，构造形迹微弱，未发现通向库外规模较大的断层及破碎带。库区主要发育 4 组高角度节理，其中以近东西向（270°～290°）为最发育，其次为近南北向（0～20°）。另外 2 组节理走向 340°～350°及 60°～80°，库区相对不发育。这些节理裂隙的共同特点是：平直、光滑、闭合，延伸较远，成簇出现。

二、库区岩溶及水文地质条件

1. 岩溶

库区岩溶发育主要受地层岩性与地质构造控制，与河流阶地及古河道的分布范围相关性较好。

（1）库区上游区：溶洞较发育，全部发育在张夏组（$∈_2z$）厚层鲕状灰岩中，由于分布高程皆高于库水位，与水库渗漏无关。

（2）水库中游区：河谷两岸下部由太古界及中元古界等非岩溶化岩层组成。由于可溶岩与非溶岩相间叠置，且岸坡陡峭垂直渗流不畅，限制了岩溶的发育。

（3）坝址区：坝址至疙料滩段上部库盘主要由寒武系馒头组地层组成，该层下部为构造作用形成的拖曳褶皱层及上、下影响带，在坝址区近岸及吓魂潭等处，均发现发育的溶洞及岩溶型渗流管道，为坝肩绕渗及水库可能外漏的主要通道。

（4）坝址下游区：受盘谷寺断层和五庙坡断层影响，该区断层密集，岩体破碎，断续发育有串珠状溶洞，洞径从几十厘米到数米不等，洞内无填充及地下水。这一岩溶带，临近左坝肩，给水库渗漏创造了有利条件。

2. 水文地质条件

库区可划分为三个水文地质单元，分别为：余铁沟—老断沟连线以北的库盘单斜构造双层含（透）水层区；余铁沟—老断沟连线以南至五庙坡断层间的龟头山褶皱断裂混合透水层区；五庙坡断层以南至盘谷寺断层间的断层密集带低水位区。

双层含（透）水层区透水层与隔水层相互成层分布。

龟头山褶皱断裂混合透水层区由于断层、褶皱发育，各层岩体相互交错，岩体破碎，从而形成一整体的透水性较强的含水岩体，透水性从上而下逐渐变小，底部为相对隔水太古界登封群变质岩及中元古界汝阳群碎屑岩。该区地下水的主要补给来源为大气降水入渗。

断层密集带低水位区在坝址下游，存在一个由盘谷寺断层北支（F1）为主干的断裂密集带，走向270°～300°，皆为高角度正断层，岩体破碎，沿断层带发育有溶洞，沿断层带形成一个近东西向的低水位区，造成河水补给地下水的反常现象。

3. 库区吓魂潭泉群现象研究

库坝区基岩中，泉水露头稀少，除"河曲"下游侧出现大的泉水外，一般流量甚微，多是季节性流水。泉水中以吓魂潭泉群最为典型，且距离坝址区较近，总流量达400L/s。泉群出露地层为$\in_1 m^4$底部至$\in_1 m^3$的构造透水层，且泉群附近岸坡岩溶较为发育。根据泉水出露的地质条件分析及进行了水质分析、联通试验等地质勘察工作，认为该泉群系由上游沁河水通过下层构造透水层补给，渗漏通道主要为裂隙管道混合型，并以裂隙为主。此外，通过水温测量，泉水比河水温度高10℃以上，说明地下水经过裂隙、小溶孔错综复杂的渗漏介质使得温度得以提升，因而圪料滩至吓魂潭之间不存在大的岩溶连通管道。

三、库区主要工程地质问题

（一）水库渗漏

1. 老断沟—谢庄岸坡库水向山口河、五庙坡断层渗漏段

（1）老断沟—谢庄岸坡库水向山口河渗漏。谢庄—山口河分水岭单薄，但未发现贯穿的断层及破碎带。经估算渗漏量约 $58.8×10^4 m^3/a$。

（2）老断沟—谢庄岸坡库水向五庙坡断层带渗漏。五庙坡断层带以南为低水位区，水库渗漏地质条件与山口河段相同，均沿下部构造透水层渗漏，经估算渗漏量约 $439.6×10^4 m^3/a$。

综上所述：正常蓄水位275.00m时，库水沿老断沟—谢庄岸坡向山口河、五庙坡断层间的渗漏量约 $498.4×10^4 m^3/a$，渗漏段距坝址较远，渗流稳定、浸没等问题不突出。

2. 右岸圪料滩对岸—余铁沟库岸段

疙料滩对岸位于坝址上游直线距离约1.4km的沁河右岸，余铁沟位于坝址下游约400m。正常蓄水位275.00m时，疙料滩对岸—余铁沟单薄分水岭最窄处宽度约1.1km，水库蓄水后该单薄分水岭存在渗漏的可能。经估算料滩—余铁沟库岸渗漏段总渗漏量为 $112.1×10^4 m^3/a$，渗漏量较小，不存在渗流稳定等问题。

（二）库岸稳定

水库库岸基本由基岩构成，未发现大的基岩滑坡及大面积第四系覆盖区。水库蓄水后，基本不存在大范围塌岸问题，有两处可能出现滑塌。一处在谢庄以北库岸，为洪积、坡积裙，大部位于库水位以下，为水下塌岸；另一处坝址上游11km的东滩古河道，为含泥卵石及黄土状土，可能会发生小规模塌岸。由于两处均离坝址较远，不至于对枢纽建筑物产生不利影响。

（三）水库对周边工程的影响

1. 水库对克井煤田的影响

克井煤田位于水库下游沁河右岸，水库与煤田，被太行山背斜和盘谷寺断

层相隔，因此库水对煤田影响不大。

2. 水库对侯月铁路的影响

侯月铁路在水库库区内出露有龙门河铁路大桥和盘峪沟铁路大桥，其余路段均为隧洞经过。水库蓄水后，对侯月铁路可能的影响主要集中在盘峪沟铁路桥和鱼天隧洞段。正常蓄水位时两处桥基将被淹没10m左右，同时库水波动将会对桥基及桥墩产生冲刷，从而影响桥墩的安全稳定。建议对盘峪沟铁路桥桥基进行加固处理。

对鱼天隧洞的影响，根据地下水流数值模型计算结果，水库正常蓄水位275.00m时，地下水位低于隧洞底部9～26m，对隧洞不会产生影响；水库设计洪水位285.43m时，在距隧洞进口约1400m范围内，地下水位距隧洞底3.0～0.2m，可能会对隧洞底产生一定的不利影响；其余段隧洞沿线地下水位低于隧洞底3～15m，对隧洞无影响。

综合分析，水库蓄水后对侯月铁路鱼天隧洞影响不大。但不排除由于贯通性的构造破碎带或溶蚀孔洞的存在而造成的隧洞局部涌水现象。

3. 水库对引沁总干渠的影响

水库正常蓄水位时，在圪料滩附近，引沁济漭渠明渠段部分基础为坡积物，有可能失稳，应进行护岸处理。同时对总干渠相关附属设施（渠首松山管理站、河口至渠首交通道路及通信和电力线路等）也将产生浸没、淹没影响。

（四）水库诱（触）发地震

区域性盘谷寺大断层从坝址下游通过，库盘位于断层的上升盘。水库内为缓倾上游的单斜岩体，无大的断层存在，也无大的岩溶储水构造。因此，无触发构造型水库地震的可能。灰岩中局部发育有较大溶洞，分布在库水位以上，存在诱发岩溶型地震的可能性，震级以微震或弱震为主，不会超过本区的地震基本烈度。

四、枢纽区地质条件

（一）地形地貌及物理地质现象

1. 河谷地形地貌

坝址区位于吓魂潭与河口滩之间，长约2.5km，平面上呈反"S"形展布，河谷为"U"形谷。河床水面高程 168.00～178.00m，纵坡比降 4‰。坝址区谷坡覆盖层较薄，大部分基岩裸露。河谷宽度一般 200～500m，最宽不超过 1.0km。残存有Ⅰ级、Ⅱ级阶地。河漫滩高出河水面 1～11m，覆盖层厚度为 10～40m，最厚 47.97m。

Ⅰ级阶地，仅分布在一坝线左岸，长 300m，宽 40m，阶面平缓，高出河水面 15～20m，为堆积阶地。Ⅱ级阶地，分布在三坝线、四坝线间的右岸和一坝线左岸。为侵蚀堆积阶地，阶面高程 200.00～205.00m，基座高出河水面 5m 左右。

坝段内右岸有一古河道分布，从四坝线右坝肩起，经东、西余铁沟至一坝线右坝肩，全长 2.5km，宽 150～200m，谷底高程 245.00～250.00m，堆积物厚度 5～40m。

2. 河谷掩埋基岩形态

坝址区河床覆盖层以下基岩坡度陡缓不同，基岩谷底有 6 个长轴顺河向的封闭式深槽，组成一个纵向为波浪状的基岩深槽。其中最深的两个深槽位于二坝线和四坝线处，最低点高程分别为 131.06m、129.68m。未发现有顺河断层。

3. 河谷基岩风化与岸边卸荷裂隙带

根据钻孔资料统计，强风化厚度一般 0～3m，个别地方 6.6m；弱风化厚度一般 1～7m，最厚大于 21m。根据平洞资料，垂直卸荷带深度为 5～11m，水平卸荷深度 8～15.3m。

（二）地层岩性

坝址区出露地层有太古界登封群、中元古界汝阳群、中元古生界寒武系及第四系。

1. 太古界登封群（Ard）

出露在坝基、隧洞部位，以五庙坡断层为界，顺河展布长度约 3km。岩性以花岗片麻岩为主，岩体较完整，力学性质指标较高，透水性微弱。

2. 中元古界汝阳群（Pt_2r）

分布在坝址区两岸，总厚 2～48.2m，岩性坚硬，隐裂隙发育，可划分云梦山组（Pt_2y）、白草坪组（Pt_2b）、北大尖组（Pt_2bd）三个岩组。

3. 中元古生界寒武系（∈）

可划分为下统：馒头组、毛庄组；中统：徐庄组、张夏组。

（1）馒头组（$\in_1 m$）。总厚 94.0～105.6m，根据工程地质与水文地质特征，可划分为 $\in_1 m^1$～$\in_1 m^6$ 六个岩段。

（2）毛庄组（$\in_1 mz$）出露在两岸岸坡，总厚 33.0～40.5m。

（3）徐庄组（$\in_2 x$）出露在两岸，厚约 105.0m。

（4）张夏组（$\in_2 z$）。由于出露较高，与水库工程无关。

4. 第四系（Q）

（1）上更新统（Q_3）：龟头山古滑坡堆积物（$del Q_3$），局部钙质胶结，厚 10～40m。古崩塌堆积物（$col Q_3$），岩性为破碎松动岩体、岩块及碎石，局部钙质胶结。沁河余铁沟古河道、Ⅲ级阶地堆积物（$al+dl Q_3$），底部为卵石及粉砂，上部为坡积岩块、碎石及壤土，厚约 30m，古河道分布高程 245.00m 以上。

（2）全新统（Q_4）：河床及Ⅰ级、Ⅱ级阶地堆积物（$al Q_4$），岩性为含漂石的砂卵石层夹黏性土及砂层透镜体，阶地表部为壤土，河床堆积物最大厚度 47.97m。

（三）地质构造

根据构造形迹，坝址区由北至南可分为三个构造单元：余铁沟至老断沟以北，为单斜构造区；两沟以南至五庙坡断层间，为褶皱断裂发育区，即龟头山褶皱断裂发育区；五庙坡断层以南至盘谷寺断层之间，为断层密集区。破碎带组成物质为散体结构的断层泥、含泥角砾及碎块岩。

坝址区节理发育，主要发育 4 组，产状如下：

（1）270°～290°/NE 或 SW∠60°～85°。

（2）0°～20°/E 或 SE∠60°～90°（多数为 85°）。

（3）60°～80°/SE∠70°～80°。

（4）340°～350°/NE 或 SW∠60°～85°。

其中，第（1）组最发育；第（2）组次之；第（3）组发育最弱。上述 4 组裂隙的共同特征是：延伸长、倾角陡、裂隙面光滑、平直、闭合，成簇出现。

沁河河口村水库坝址区断层情况见表 2-1。

（四）软弱夹层

坝址区软弱夹层（泥化夹层）可归纳为三种类型：

表 2-1　　　　　　　　　沁河河口村水库坝址区断层情况

断层编号	出露地点	断层面产状及变化			断距/m	力学性质	断层带		两盘岩性及断层标志	测区出露长度/km
		走向/(°)	倾向/(°)	倾角/(°)			宽度/m	岩性		
F_1	盘谷寺、风口、金滩沟脑、山口村	120转90转60	SW转S转SE	50～60	近1000	压扭性	10～30	角砾岩断层泥	北盘 Ard 片麻岩与南盘 O_2m 灰岩呈断层接触,两级断裂具斜擦痕,两盘岩层略有牵引	8.0
F_2		290～295	SW	55～60	15～20	压扭性	0.5～1.0	角砾岩	北东盘 Pt_2y 石英岩与 ϵ_1m^4 板状白云岩呈断层接触	0.1
F_3		285～295	SW	65～80	6～15	压扭性	0.5～1.0	断层泥及角砾岩	ϵ_1m、ϵ_1mz、ϵ_2x 岩层被错断,在高程 260.00m 以上,断层分支组成一小型地堑	0.7
F_4		295～305	NE	80～85	8～10	压扭性	0.5～2.5	断层泥及角砾岩	ϵ_1m、ϵ_1mz、ϵ_2x 岩层被错断开	0.9
F_5		295	SW	75	6	压扭性	2.0～2.7	断层泥及角砾岩	同上	0.4
F_6		90	S	50～80	7～20	压扭性	0.8～1.5	断层泥及碎块岩	北盘 Ard 片麻岩与南盘 ϵ_1m 灰岩、白云岩、泥灰岩呈断层接触、呈阶梯状向南陷落、具擦痕。由于三断层相距较近,加之有平行的数条次级断层和缓倾角断层切割,破碎带联为一体,断层带及影响带宽度 20～70m,在老断沟沿断层带有溶洞	4.6
F_7	五庙坡老断沟前庄	270～280	S～SW	60～87	20～30	压扭性	2.0～2.5			
F_8		270～280	S～SW	45～60	30～40	压扭性	1.0～2.0			
F_9	风口上游200m	300	SW	25	15	压性	0.1～0.3	角砾岩	两断层相距 5～15m,ϵ_1m 泥灰岩、白云岩,推覆在 Pt_2bd 石英砂岩之上,断层面上有倾向擦痕,两盘岩层均有牵引现象	0.2
F_{10}		90	S	36	20	压性	0.1	糜棱岩		
F_{11}	龟头山山腰	300～310	SW	20～27	5～30	压性	0.5～2.0	断层泥及角砾岩	Ard 片麻岩逆掩在 Pt_2y 石英岩上,断层面呈舒缓波状,具倾向擦痕及镜面,两盘岩层均有牵引现象	1.2
F_{12}	龟头山	300	NE	35	5～7	压性	0.2～0.5	断层泥及角砾岩	Pt_2b 粉砂岩推覆在 Pt_2bd 石英砂岩之上,有擦痕及镜面	0.1
F_{13}	龟头山	15	NW	75～80	10～12	张扭性	0.2～0.5	角砾岩	ϵ_1mz、ϵ_2x 灰岩、页岩被错开	0.2

（1）第一种类型分布在 $\in_1 m^2$ 岩层顶面，主要为粉质壤土、岩屑及碎粒等，厚度最厚 9cm，最薄 0.1cm，局部为泥膜。

（2）第二种类型分布在 $\in_1 m^3$ 泥灰岩层中，主要为轻粉质、中粉质壤土，浸水易于泥化，连续性差。

（3）第三种类型分布在 $\in_1 m^3$ 泥灰岩层间错动的切层破裂面中，具有明显的破裂面，光滑如同镜面，但由于层面起伏和相变关系，往往延展不长。

根据野外及室内抗剪试验结果并结合软弱夹层的分布及连续性认为，对整体滑动起主要控制作用的是第一种类型，参考其他类似工程，建议综合指标 $f=0.25$，$c=0.005MPa$。

（五）岩溶

1. 右岸馒头组岩溶发育现象

该区总体上岩溶不发育，但 $\in_1 m^3$ 和 $\in_1 m^1$ 岩层中溶蚀现象较为普遍，且一般成层性较为明显，在 $\in_1 m^3$ 局部还可见规模较大的溶洞发育。

2. 左岸龟头山褶皱断裂发育区岩溶发育现象

该区由于断层、褶皱发育，岩层产状凌乱，出露位置变化较大，岩溶发育主要受断层、褶皱等地质构造控制，同时也兼受地层岩性的控制。

3. 断裂带密集区（五庙坡断层—F1 断层）岩溶发育现象

岩溶现象表现多为沿断层发育的串珠状溶洞，其延伸一般较长，特别是在较大的断层或者多条断层交汇处，往往有较大的溶隙及溶蚀架空现象发育，如泄洪洞开挖揭露的 F4 和 F5 断层交汇处的溶蚀架空现象等。

库坝区岩溶多属于近代岩溶，其发育规模和程度除受地层岩性的基本控制外，主要受地质构造作用和岩体卸荷的影响，局部岩溶发育规模较大。

（六）水文地质条件

1. 水文地质单元划分

坝址区可划分为四个水文地质单元，具体如下：

（1）单斜构造双层含（透）水层区。单斜构造双层含（透）水层区位于余铁沟—老断沟以北，透水层与隔水层相互成层分布。

上层含水层张夏组岩溶较发育，透水性强，但该层分布于库水位以上，对水库渗漏影响不大。馒头组下部构造含（透）水层厚 32～34m，底板南高北低，分布在沁河河谷两岸，属岩溶裂隙含水层，透水性不均匀，富水性差、具方向性，水库蓄水后，将成为库水向外渗漏的主要通道。

（2）左岸龟头山褶皱断裂混合透水层区。由于断层、褶皱发育，形成一整体的透水性较强的含水岩体，透水性具有从上而下逐渐变小，底部为太古界登封群变质岩及中元古界汝阳群碎屑岩，为相对隔水岩体。

（3）左岸断层密集带低水位区。该区分布范围西、南至沁河河谷，东至老断沟南侧，北至五庙坡断层带，由于该区邻近水库主体工程部位，与水库渗漏关系密切。

该区主要受走向 270°～300° 的一组高角度正断层影响，主要为盘谷寺断层北支（F1），其次为五庙坡断层带（F6、F7、F8），岩体破碎，溶洞、裂隙发育，构成强富水的岩溶裂隙含水岩组。断层两侧水位发生"跌落"现象，形成一低水位区，为沁河水补给地下水。

径流方向总体上由北向南，主要排泄方式为地下水径流至下游区外。

（4）河床砂卵石含水层及基岩浅层风化区。该区覆盖层以下基岩河谷，近似"V"形，由太古界登封群变质岩组成。主要强透水层为河床砂卵石含水层及基岩面以下 10～20m 的浅部风化卸荷带岩体，其下为中等—微风化基岩，透水性微弱。主要补给方式为上游地下水径流补给及两侧山体地下水的侧向径流补给，主要排泄方式为向下游的径流排泄。

2. 水质分析

坝址区的地表水及地下水，pH 值为 7.3～7.7，皆属弱碱性淡水，除中元古界汝阳群（Pt_2r）裂隙水为重碳酸钠镁型外，其余皆为重碳酸钙钠型水，对混凝土无腐蚀性。

（七）岩土体的物理力学性质

1. 坝基覆盖层物理力学性质

坝址区河床覆盖层一般厚 20～30m，最厚达 49.07m。岩性为含漂石的砂卵石层夹黏性土和砂层透镜体，地质结构极不均匀。

（1）砂卵石层。含漂石砂卵石层，成分以白云岩、灰岩为主，中等蚀圆，分选差。在上部 3m 深度范围内，试坑取样平均级配见表 2-2。在 30m 深度范围内，管钻取样平均级配见表 2-3。

河床砂卵石层中，经 63 段 $\gamma—\gamma$ 测井，平均干密度为 2.05g/cm³，孔隙比

表 2 - 2 　　　　　　　　河床（试坑）砂卵石层颗粒级配

粒径/mm	>200	200～100	100～80	80～60	60～40	40～20	20～10	10～5	5～2	<2
	漂石	卵	石				砾			砂
含量/%	24.4	16.2	11.0		7.2	10.0	6.8	5.1	5.3	14
含量/%	24.4	27.2			34.4					14

表 2 - 3 　　　　　　　　河床（管钻）砂卵石层颗粒级配

粒径/mm	>200	200～80	80～60	60～40	40～20	20～10	10～5	5～2	2～0.5	0.5～0.25	0.25～0.1	0.1～0.05	0.05～0.005	<0.005
	漂石	卵石			砾					砂			粉粒	黏粒
含量/%	4.6	3.7	5.7	7.6	12.7	9.8	7.8	7.1	9.4	5.0	6.3	6.1	10.6	3.6
含量/%	4.6	9.4			45.0					26.8			10.6	3.6

为 0.327，比重 2.72，渗透系数 $K=1～106\text{m/d}$，纵波速度 $1020～1460\text{m/s}$，横波速度 $298～766\text{m/s}$，泊松比 $0.43～0.46$，动弹模为 $420～1220\text{MPa}$，剪切模量 $160～1100\text{MPa}$。

（2）黏性土夹层。根据河床钻孔资料，覆盖层中共发现 4 层较连续的黏性土夹层，层厚一般 0.5～6.6m，最厚达 12m，顺河延伸长 350～800m，对坝基稳定起控制作用。黏性土夹层的物理、力学性质分别见表 2-4、表 2-5。

表 2 - 4 　　　　　　　　黏性土夹层的物理性质

岩性	颗粒级配（mm）/%			天然物性指标						土粒比重	液限/%	塑限/%	塑性指数	液性指数
	2～0.05	0.05～0.005	<0.005	含水量/%	湿密度/(g/cm³)	干密度/(g/cm³)	孔隙比	饱和度/%						
重粉质壤土	15	61	24	23.3	2.01	1.65	0.64	92.7		2.72	29.3	19.9	9.4	0.36
中粉质壤土	24.7	58.2	17.1	19.37	2.04	1.71	0.60	88.1		2.72	26.9	19.5	7.4	−0.01
轻粉质壤土	33.9	52.8	13.3	16.0	1.99	1.70	0.61	78.4		2.72	25.1	19.5	5.6	−0.15
粉质黏土	4.1	59.5	36.4	26.3	1.97	1.56	0.74	96.8		2.73	30.5	20.2	10.3	0.59

表 2 - 5 　　　　　　　　黏性土夹层的力学性质

岩　性	渗透系数		抗 剪 强 度			压 缩 性 质		
	γ_d/(g/cm³)	k/(cm/s)	γ_d/(g/cm³)	c/MPa	φ	γ_d/(g/cm³)	a_{1-2}/MPa^{-1}	E_s/MPa
重粉质壤土	1.61	$3.70×10^{-5}$	1.64	0.022	30°32′	1.65	0.11	14.91

续表

岩　性	渗透系数		抗 剪 强 度			压 缩 性 质		
	γ_d /(g/cm³)	k /(cm/s)	γ_d /(g/cm³)	c /MPa	φ	γ_d /(g/cm³)	a_{1-2} /MPa⁻¹	Es /MPa
中粉质壤土	1.71	1.5×10^{-6}	1.69	0.015	31°02′	1.77	0.15	10.67
轻粉质壤土	1.87	5.13×10^{-6}	1.65	0.020	33°01′	1.75	0.10	16.10
粉质黏土			1.58	0.024	26°33′			

（3）砂层透镜体。砂层透镜体一般长 30～60m，宽 10～20m，厚 0.2～5m，分布不连续，岩性以粉、细砂为主，级配良好、密实。

2. 坝址区岩体物理力学性质

坝址区主要岩石物理力学性质见表 2-6。

（八）近坝库岸稳定性

1. 左坝肩龟头山山体稳定性评价

龟头山山体为坡向河谷不规则的谷坡地形。岩性组成上部为寒武系岩层，中部与下部为中元古界汝阳群和太古界登封群岩层。该山体被两个构造断裂所切割，北部岸边为 F11 逆掩断层，南部为五庙坡断层带。由于两条断层的倾角不同，约在高程 108.00m 处相交，形成两断层间山体呈一不规则的三角楔形体（图 2-1）。

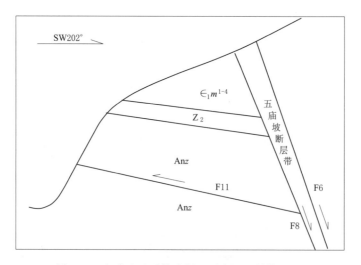

图 2-1　龟头山地质构造剖面示意图（单位：m）

由于 F11 断层在山体下游侧出露高程为 90.00～120.00m，处于太古界登

表 2 - 6　坝址区主要岩石物理力学性质

岩性	地层代号	极限抗压强度/MPa 干燥			极限抗压强度/MPa 饱和			软化系数	湿弹模/10³MPa			纵波速/(m/s)			横波速/(m/s)			动弹模/10³MPa			泊松比		
		最大值	最小值	平均值	最大值	最小值	平均值	平均值	最大值	最小值	平均值	最大值	最小值	平均值	最大值	最小值	平均值	最大值	最小值	平均值	最大值	最小值	平均值
(伟晶)花岗岩	Ard	183.5	117.0	146.3	163.6	48.1	102.7	0.82			43.97			5718			3396			76.19			0.23
花岗、云母石英片麻岩	Ard	183.8	109.4	140.2	147.3	16.9	80.3	0.68	57.23	18.38	39.52	5015	4155	4562	3003	2416	2708	60.85	38.86	49.78	0.25	0.18	0.23
云母、绿泥石英片岩	Ard				59.2	21.9	36.9		36.20	18.36	30.23	4755	3463	4256	2810	2031	2519	54.47	29.14	44.49	0.24	0.22	0.23
铁质石英碧玉岩	Ard	324.8	214.1	278.2	221.5	113.4	171.9																
石英硅岩	Pt_2y				159.1	113.9	135.3	0.49															
粉砂岩、铁质石英砂岩	Pt_2b				298.9	264.6	277.4																
石英岩状砂岩	Pt_2bd																						
角砾、板状白云岩	$\in_1m^1$	132.0	92.6	113.5	105.5	57.0	86.3	0.85			93.14			5911			3559			87.66			0.22
厚层白云岩	$\in_1m^2$	99.3	54.5	76.0	124.3	37.5	81.3		95.18	52.22	78.79	6490	5071	5863	3677	3021	3419	95.52	58.34	79.96	0.27	0.23	0.25
泥灰岩(下层)	$\in_1m^{3-1}$				44.8	19.5	28.2	0.38				3980			2261			33.52			0.26		
板状云岩	$\in_1m^{3-2}$				45.0	40.4	42.7																
泥灰岩(上层)	$\in_1m^{3-3}$	23.2	13.0	17.6	27.6	4.1	10.8	0.45			21.90			3902			2326			31.86			0.23
页岩	$\in_1m^4$	25.07	62.2	16.17							28.76			3944			2315			32.66			0.2
板状泥质白云岩	$\in_1m^4$	53.84	247.5	437.5	86.6	46.3	66.3		95.16	43.16	69.46	6074	4995	5459	3578	2930	3206	88.38	54.16	67.64	0.2	0.2	0.2
断层角砾岩																							
压碎板状白云岩					163.0	25.7	77.5																

封群花岗片麻岩岩体中，已不形成向下游滑动控制面，但存在向五庙坡断层带的压缩变形问题。同时上部馒头组地层受构造作用影响较强，发育有软弱夹层，存在上部山体的局部稳定问题。

龟头山山体向五庙坡断层带的压缩变形，根据试验提供的抗剪刚度计算其位移见表 2-7。用 ANSYS 进行建立模型并进行计算分析，左岸山体位移量见表 2-8。

表 2-7　　　龟头山岩体位移和五庙坡断层带压缩变形计算表　　　单位：cm

编号	计算方法	龟头山体位移量	五庙坡断层破碎带压缩量	F11 断层面相对位移量
1	按简单压缩法	2.83	2.83	
2	按 F11 抗剪刚度法			0.245

表 2-8　　　　　　　　左岸山体位移量　　　　　　　　单位：cm

工况	二坝线	三坝线	三坝线上游
完建	4.26	3.77	
上游水位 235.00m	3.89	3.41	0.59
上游水位 283.00m	3.52	3.05	1.28

上部山体的局部稳定问题，由于 $\in_1 m^2$ 岩层顶面软弱夹层分布埋深较浅，对坝基、溢洪道闸室等存在稳定影响，但随着溢洪道及坝肩边坡的开挖，大部分可能被挖除，同时残留部分也将被坝体所压盖，故后期基本不会产生稳定问题。

2. 右岸山体稳定性评价

沁河在坝址处为一河流弯道，将右岸山体切割成一个向岸外突出的三面临空体。山体下部是太古界登封群片麻岩，中部和上部为中元古界汝阳群—寒武系岩层组成的单斜山体，倾向上游，倾角 3°～7°。区内 $\in_1 m^3$ 岩组在构造应力作用下强烈变形，产生层间褶曲和局部层间错动，同时伴生有软弱夹层。软弱夹层抗剪强度指标建议值：$f=0.25$，$c=0.005\text{MPa}$。

考虑正常库水位骤降＋地震条件下及正常库水位动水压力＋地震条件下的 2 种工况，稳定性最小的三个控制剖面的安全系数（k）分别为 2.09、2.05、2.03，水库蓄水后右岸山体是稳定的。

3. 左岸古滑坡体稳定性评价

古滑坡体分布在左岸坝肩顺河向上至三坝线，下至龟头山端部；横河向，上界为龟头山背斜轴部，下界为岸边 260.00m 高程，全长约 560m，宽度 80m，体积约 71 万 m^3。

滑坡体岩层及滑床面皆倾向河谷，走向近 EW、倾向 N、倾角 $3°\sim7°$，滑床基底岩层为坚硬厚层的 $\in_1m^2$ 白云岩，滑床面上分布有薄层状夹泥。

按整体性滑动形式最不利的情况考虑，分别采用设计洪水位 285.43m 骤降条件下进行稳定计算（并假定骤降时无排水条件）。从计算成果知，两个计算剖面的稳定安全系数均小于 1，鉴于所处部位的重要性，建议对此进行处理为宜。

4. 左岸泄洪洞进口附近古崩塌体稳定性

泄洪洞进口开挖影响范围内分布有两处古崩塌体，分别位于塔架上下游。塔架上游侧古崩塌体（1#古崩塌体）分布范围较小，顶高程约为 320.00m，总方量约 3 万 m^3。

塔架下游侧古崩塌体（2#古崩塌体）分布面积较大，分布在塔架后侧山沟中，顶高程约为 400.00m，方量约 12 万 m^3。

古崩塌体组成成分为灰岩岩块夹土，岩块含量平均为 $60\%\sim70\%$，块径大者超过 1m，小者几厘米，土一般呈硬塑状。另外，某些勘探点揭露崩塌体底部与基岩交界面处有一层古残坡积土，一般厚 $2\sim7cm$，局部或渐变为 0。

根据与水工专业的联合计算分析，天然状态下，两处古崩塌体均处于长期稳定状态，但在施工扰动、水位骤降或饱水的条件下，崩塌体力学参数将有所下降，存在局部坍塌或由坍塌引起的分级滑塌的可能。鉴于古崩塌体边坡处于泄洪洞进口部位，一旦失稳可能危及枢纽建筑物，应重点做好正常蓄水位以下边坡的支护工作，同时对于施工过程中对于两处古崩塌体扰动的部分给予补强加固措施，以保证岸坡的稳定。

（九）近坝库岸渗漏问题评价

1. 右岸绕坝渗漏评价

（1）水文地质条件。右岸为双层透含水层与隔水层相间存在。上层透水层分布在库水位以上，对右坝肩水库渗漏没有影响。寒武系馒头组下部构造透水层，主要包括 $\in_1m^1$、$\in_1m^2$、$\in_1m^3$ 及 $\in_1m^4$ 下部约 10m，是坝肩绕渗的主要通道。其下为中元古界汝阳群（Pt_2r），渗透系数仅为透水层的十分之一，可视为相对不透水的顶板、底板。

（2）渗漏量估算。计算平均单宽流量 $q=82.9m^2/d$，绕坝渗流带宽度按 200m 考虑，总渗漏量 $Q_{近岸}=605\times10^4 m^3/a$。考虑到远岸区的渗漏量，右岸总

的渗漏量为 $1022.3 \times 10^4 \mathrm{m}^3 / \mathrm{a}$。

2. 河床坝基渗漏评价

河床砂卵石渗透系数 $K = 40 \sim 60 \mathrm{m/d}$，浅层风化基岩渗透系数 $K = 4.2 \mathrm{m/d}$，深层基岩渗透系数 $K < 0.01 \mathrm{m/d}$，深部基岩为隔水垫层。计算河床坝基单宽渗漏量为 $411.22 \mathrm{m}^3 / \mathrm{d}$。河床坝基长度约 130m，计算时考虑到河床两侧岩体受风化卸荷作用影响较大，在紧邻河床部位的两侧岩体也存在着同样的坝基渗漏问题。因此，将计算长度适当延长取 150m。计算坝基总渗漏量为 $2251 \times 10^4 \mathrm{m}^3 / \mathrm{a}$。

3. 左岸绕坝渗漏评价

渗漏途径主要是自库岸向 F6、F7、F8 断层带及其以南基岩低水位区渗漏，渗漏方向为 SW187°，其宽度范围为从坝肩至老断沟 ZK130 钻孔，即主要的防渗范围。计算得到单宽渗漏量 $q = 178.2 \mathrm{m}^2 / \mathrm{d}$，渗漏带宽度为坝肩至老断沟约 1100m，则左岸坝肩总的渗流量为 $7154.9 \times 10^4 \mathrm{m}^3 / \mathrm{a}$。

左岸的总渗漏量为老断沟—谢庄岸坡向山口河、五庙坡断层及左坝肩绕坝以上三地段的渗漏量总和，总渗漏量估算为 $Q_{左岸} = 7653.3 \times 10^4 \mathrm{m}^3 / \mathrm{a}$。

4. 近坝渗漏总量及性质评价

根据前述的计算，在不考虑河床砂卵石层渗漏的条件下，左岸、右岸和坝基处的库坝区渗漏总量为 $10926 \times 10^4 \mathrm{m}^3 / \mathrm{a}$，即 $3.47 \mathrm{m}^3 / \mathrm{s}$。计算渗漏量占沁河多年平均流量（$34.89 \mathrm{m}^3 / \mathrm{s}$）的 10%，占总库容的 34.48%，属于严重渗漏。

五、面板堆石坝地质条件及评价

(一) 坝基覆盖层工程地质条件及评价

坝基覆盖层一般厚度 30m，最大厚度为 41.87m。岩性为含漂石及泥的砂卵石层，夹四层连续性不强的黏性土及若干个砂层透镜体。

1. 砂卵石层工程地质条件及评价

根据地层结构，砂卵石层可分为上、中、下三层：①上层为含漂石卵石层，自河床至高程 163.00m（即河床至第二层黏性土顶板间），厚度 10m 左右；②中层为含漂石细砾石层，高程为 163.00～152.00m（即第二层与第三层黏性土间），厚度约 10m；③下层为含漂石砂砾石层，高程 152.00m 以下至基岩（即第三层黏性土夹层以下），厚度 10～15m。

根据动探试验结合钻孔取芯资料，上层的密实度为中密，中、下层属密实结构。根据试验结果，建议采用 $\varphi=36°$，$c=0$，按管涌型、级配连续考虑 $J_{允许}=0.2$，砂层透镜体临界坡降 $J_{允许}=0.3$。

2. 砂层透镜体的液化性评价

砂层透镜体较密实。分布在设计开挖高程以下有 8 个砂层透镜体，其中 4 个砂层透镜体以上覆盖层厚度大于 15m。

由于砂层透镜体连续性差，分布范围小，其影响有限。但坝基覆盖层的上部，较松散的砂层透镜体，不排除产生地震液化的可能性，应采取适当的处理措施。

3. 黏性土地质条件及评价

坝基覆盖层内分布着面积不等，高程不同的黏性土夹层，岩性变化极大，室内定名达十几种之多，但 80% 以上为粉质壤土。根据其分布高程可以概化为四层，其物理力学性质具有如下特点：

（1）4 层黏性土夹层状态不一，一般属较密实、中偏低压缩性土。

（2）黏性土夹层中，同一种土质平均指标比较接近，但范围值相差较大。主要物理力学指标随深度增加没有规律性。

（3）坝址区黏性土夹层存在岩性复杂、状态多变的特点（第一、第二层软塑—硬塑状）。

（4）根据物性试验、直剪及三轴试验结果分析，本区黏性土夹层具有同类岩性土的塑性指数偏低，c 值偏低的特征，建议 $J_{允许}=0.4$。

根据四层黏性土夹层的分布特征，结合工程开挖来看，第一层大部分将要清除；第三、第四层埋深较深，分布范围相对较窄。而第二层分布范围较广，且从趾板向下游有抬高趋势，向第一层靠拢，从而形成坝基的主要抗滑稳定控制软弱面。

（二）坝基覆盖层工程处理评价

为减少坝基变形，根据大坝受力部位，结合河床地质情况，分区采取不同的开挖处理措施。在防渗墙至下游 50m 范围为趾板受力的核心区域，布置高压旋喷桩进行加固处理。

出露在建基面表层附近的砂层透镜体在坝基开挖时已经予以挖除，其次在大坝下游坝后采用压盖处理，压盖高程至 225.00m，压盖厚度达 55m 左右，足以保证不会产生地震液化问题。

（三）趾板、防渗板工程地质条件及评价

河床部位趾板基础为覆盖层，挖至 165.00m 高程；岸坡部位无强风化处，表面岩体开挖 3～5m；有强风化处开挖至强风化下限以下 1m，使趾板坐落在弱风化岩体上，超挖部分采用 C15 素混凝土回填。趾板基础高边坡按 1：0.5～1：0.75 开挖，每隔 20m 设 2m 宽马道，并经边坡稳定计算，满足稳定要求，开挖后边坡岩石较差时采用挂网喷锚支护或随机锚杆＋素喷混凝土保护。

1. 右岸趾板、防渗板工程地质条件及评价

右岸趾板、防渗板整体工程地质条件较好，断层等构造不发育，岩体较完整，强风化层较薄；岩层倾向坡内，为逆向坡，边坡稳定条件较好。仅在趾板 X1～X2 段中桩号趾 0＋086.00～0＋108.00 段出露馒头组 $\in_1 m^3$ 地层，岩性为板状白云岩及泥灰岩互层，该层工程地质特性较差，泥灰岩岩性软不耐风化，易软化，遇水泥化。由于开挖后放置时间较长，未及时进行保护，趾板浇筑前发现该段建基面已严重风化，不宜再作为趾板基础，需再次开挖清基，重新下挖 0.5～1.0m 不等，超挖部分以 C15 混凝土回填，并在该段趾板采用双层配筋。

另趾板 X3 及该处附近的异形趾板基础内，因靠近原河床，长期受风化卸荷左右影响，开挖至建基面后仍存在部分强风化岩体未清除。为保证趾板基础的均一性，再次对该处所有的强风化岩体进行挖除，超挖部分以 C15 混凝土回填。

2. 左岸趾板、防渗板工程地质条件及评价

左岸岸趾板、防渗板位于一岸边陡坡地形上，基岩大部分直接裸露，其处于龟头山褶皱断裂发育区内，出露的地层主要是太古界登封群 Ard 及中元古界汝阳群 Pt_2r。基岩岩性坚硬，受构造影响，岩体较破碎，出露有 F11 断层，边坡稳定条件整体较好。其地质问题处理有：

（1）左岸趾板 X4 及该处附近的异形趾板基础内，开挖后仍存在局部强风化岩体未清除。为保证趾板基础的均一性，再次对该处所有的强风化岩体进行挖除，超挖部分以 C15 混凝土回填。

（2）左岸趾板在 X5 附近分布有 F11 断层，原设计要求进行扩挖断层塞处理，考虑到断层带较窄，且对基础稳定无不良影响，沿断层破碎带本身已有一定超挖，加之后期趾板基础需进行固结灌浆，分析认为不需再进行扩挖断层塞。

（3）左岸趾板边坡在趾 0+398.00～0+464.00 段高程 215.00～245.00m 开挖范围内，存在多处由于陡崖、倒坡等地形。考虑到岩体中高倾角的隐裂隙发育，表层受风化卸荷等影响局部张开裂缝形成危岩体，可能对边坡稳定及安全造成隐患，首先对已经倒悬并有涨裂缝较贯通等形成的表层危岩体进行清除；然后对趾板边坡在陡崖和倒悬段采取挂网喷锚支护，锚杆长度 8m、10m 间隔布置，喷 C20 混凝土厚 15cm，保护坡面不再发展形成新的危岩体。

（四）坝肩边坡工程地质条件及评价

两岸坝壳大部分为基岩出露，根据设计文件要求，基础清除表层覆盖层或表层松散岩体后即可填坝，坝基范围内的古滑坡体应予以清除，坝壳两岸边坡接坡坡比按不陡于 1∶0.5 控制。

1. 右坝肩边坡工程地质条件及评价

右坝肩为一向河床凸起谷坡地形，岸坡大部分基岩裸露，在坝轴线上、下游各有一处较大的冲沟，沟内堆积有覆盖层。220.00m 高程以上馒头组地层组成的岸坡较缓；220.00m 高程以下为中元古界汝阳群和太古界登封群组成的岸坡地形较陡，呈近直立状。

该段整体工程地质条件较好，断层等构造不发育，岩体较完整，强风化层较薄；岩层倾向坡内，为逆向坡，边坡稳定条件较好；仅在 $\in_1 m^3$ 地层，岩性较软，具有易风化、遇水泥化等特点，其中还有岩溶现象发育，工程地质特性较差。

建议施工中仍需要注意浅表部卸荷裂隙作用的松动岩块及由于裂隙切割组合形成的不稳定块体。开挖坡比，$Pt_2 r$、Ard 地层 1∶0.3～1∶0.5，$\in_1 m$ 地层 1∶0.5～1∶0.75。

2. 左坝肩边坡工程地质条件及评价

左坝肩为一基岩谷坡地形，大致以 240.00m 高程为界，240.00m 高程以下至河床为一近直立的陡坡地形，基岩出露；240.00m 高程附近形成一较为平缓的台阶，之上又为一缓坡地形，大部分有覆盖层覆盖，至坝顶高程附近基岩出露。不良地质现象主要有左岸古滑坡体和古崩塌体。

左坝肩属褶皱断裂发育区，构造发育，岩体破碎，F11 逆掩断层、F12 断层、F14 断层、龟头山褶皱束分布在其间。除地表出露的规模较大的断层外，临近五庙坡断层带附近发育有大量小断层，岩体中尚发育 4 组节理。边坡岩层多缓倾向坡外，形成顺向坡，但倾角一般缓于 10°，开挖边坡总体稳定性较差，加上边坡高陡，发生崩塌、落石的可能性都是存在的。左坝肩分布的古滑坡体及其他第四系堆积物因工程地质特性差，建议清除。

Pt_2r、Ard 地层建议开挖坡比不陡于 $1:0.3\sim1:0.5$，$\in_1m$ 地层建议开挖坡比不陡于 $1:0.5\sim1:1$。

六、泄洪洞地质条件及评价

两洞穿越的地层依次为：太古界登封群（Ard）变质岩；中元古界汝阳群（Pt_2y；Pt_2b、Pt_2bd）厚层—巨厚层为主的硅质石英砾岩；铁钙质粉砂岩和硅质石英岩状砂岩；寒武系馒头组（$\in_1m^1\sim\in_1m^6$）中厚层—薄层为主的碳酸盐岩类，主要岩性为板状白云岩、条带状灰岩、钙质砂岩、页岩等。其中$\in_1m^3$以泥灰岩为主，岩性软，遇水软化，层间有数层泥化夹层或镜面，为不稳定的软弱结构面，以其为围岩的洞段稳定性较差。

两条泄洪洞先后通过的断层为F11逆掩断层、五庙坡断层带（F6、F7、F8）及F4、F5等小断层。其中五庙坡断层不但断距大，而且断层带宽达70m左右，断层带物质为断层泥及碎块岩，为碎裂结构，围岩稳定较差。

（一）泄洪洞进口边坡工程地质条件及评价

1. 前期勘察结论

泄洪洞进口段位于龟头山褶皱断裂发育区，该处主要发育一系列的北西西向褶皱，同时断层也较发育，主要以近东西向为主，造成该区"人"字形褶皱束NE翼临河一侧，岩层产状凌乱，裂隙发育，岩体破碎，块度一般小于1m。因F11逆掩断层斜切岸坡，出露高程为220.00～230.00m，其倾向坡内，走向与洞线交角为30°～65°，对稳定较有利。

"人"字形褶皱NE翼至F11断层间，岩体破碎，呈碎裂结构，岩层倾角较陡，且倾向坡外，同时，由于层间错动作用，沿层面间发育有较多的泥化夹层和软弱夹层，该段岩体稳定条件较差，建议对该地层边坡采取放缓坡比及加强支护等措施，同时，洞脸开挖施工过程中，由陡倾角地层组成的临时性边坡稳定性较差，应引起注意。

在泄洪洞进口右侧坡，可能存在对边坡稳定不利的结构面组合。根据赤平投影分析，第4组节理和F11断层切割形成楔形体，楔形体交棱线的倾向为163°，倾角为17°，可能会沿交棱线方向产生侧向剪出，对边坡稳定影响较大，建议采取相应的加固措施。

泄洪洞进口开挖影响范围内分布有两处古崩塌体，分别位于塔架上下游。塔架上游侧 $1^#$ 古崩塌体，塔架下游侧 $2^#$ 古崩塌体，自然状态下，两处崩塌体处于稳定状态，但在施工扰动、水位骤降或饱水的条件下，崩塌体力学参数将有所下降，存在局部坍塌或由坍塌引起的分级滑塌的可能，应进行相应处理，应重点做好水位以下边坡的支护工作。

2. 施工开挖揭露地质条件及评价

泄洪洞进口边坡出露主要地层有寒武系馒头组（$\epsilon_1 m$）白云岩、泥灰岩；汝阳群（$Pt_2 r$）石英砂岩、硅质页岩、石英砾岩及登封群（Ard）花岗片麻岩及片岩等，局部坡顶有古崩塌体堆积物（$colQ_3$）分布。进口边坡开挖揭露主要地层岩性、断层及位置与前期结论基本一致，未出现大的地质条件变化，边坡整体稳定性亦与前期勘察结论一致。

3. 主要工程地质问题处理及评价

在左侧边坡中部 F12 断层实际出露高程比原勘察时预计的要低，出露长度亦有所增长，加之与周边实际出露的节理等结构面组合，形成的不稳定块体较原预计的位置向下偏移，导致相应的锚索加固位置发生变更。

$2^#$ 崩塌体因基本出露在边坡顶部，且本身处于稳定状态，施工时未进行大的开挖扰动，为了防止蓄水后波浪对边坡的淘刷，对 286.00m 高程以下的坡面，采用格构梁进行护坡加固，格构梁之间采用混凝土预制块进行护面。鉴于原崩塌体底部与基岩接触面性状无法完全查清，而 $2^#$ 崩塌体正处于进口塔架上方，失稳可能造成的危害严重，应对 $2^#$ 古崩塌稳定性进行长期监测。

泄洪洞进口上方分布的 $1^#$ 古崩塌体，235.00m 马道以上因施工中超挖等原因造成实际古崩塌体开挖边坡陡于设计临时开挖坡比 1∶1，部分马道也因超挖未形成。$1^#$ 古崩塌体下部为"人"字形褶皱，导流洞施工时按临时开挖坡比进行部分开挖，目前该边坡仅进行了常规喷锚支护，边坡现状暂时稳定。该古崩塌体边坡后期将位于库水位以下，蓄水后有可能产生崩塌体局部坍塌或由坍塌引起的分级滑塌等形式的失稳。蓄水前后应加强对该古崩塌边坡的安全监测，并在后期与泄洪洞进口边坡一并考虑进行处理，避免蓄水后出现边坡失稳。

（二）进口塔架基础工程地质条件及评价

1. 前期勘察结论

1#、2#泄洪洞塔架基础将坐落在 Pt_2y 石英砾岩及 Ard 花岗片麻岩岩体上，塔基岩体属坚硬岩，耐风化性强，但受岸坡卸荷及构造作用影响岩体中高角度节理裂隙较发育，按坝基岩体分类可划分为 AⅢ1～AⅢ2 类，局部在太古界登封群花岗片麻岩顶部分布 0～0.5m 云母富集层，该层工地地质特性较差，建议挖除回填混凝土。

F11 断层在塔架附近出露，推测将从 1#泄洪洞塔架基础上部斜穿过，并将斜穿 2#泄洪洞塔基，对塔基影响范围较大。综上所述，建议对 1#和 2#泄洪洞塔架基础整体进行补强加固处理，并对出露的断层及影响带进行专门处理，以提升塔基承载力和基础的均一性。

1#、2#泄洪洞塔架基础按坝基岩体分类整体属 AⅢ1～AⅢ2 类；参考有关试验数据及工程经验，建议 1#、2#塔基 Ard 及 Pt_2y 岩体容许承载力取 3000～5000kPa，岩体变形模量 6～8GPa，塔基混凝土与岩体接触面抗剪断强度 f' 取 0.7～1.0，C' 取 550～900kPa。

2. 开挖揭露地质条件及评价

（1）1#泄洪洞进口塔架基础。塔架基础主要出露中元古界汝阳群云梦山组 Pt_2y 石英砾岩，近在靠近 1#泄洪洞进口附近分布小范围的太古界登封群 Ard 花岗片麻岩。岩性坚硬，呈弱风化状。Ard 片麻岩中片理产状：150°～160°∠30°～40°，Pt_2y 石英砾岩岩层产状一般 0°∠8°。施工过程中已按设计要求对塔基范围内岩体进行固结灌浆。

塔架基础范围内未见断层发育，F11 断层带分布在基础上部，已被开挖完。节理较发育，主要发育 4 组，节理面多平直，闭合，充填锈质及岩屑等。

1#塔基结构面较发育，岩体呈次块状、镶嵌状结构。未见地下水活动，按坝基岩体分类，整体属 AⅢ类，与前期勘察结论符合。

（2）2#泄洪洞进口塔架基础。2#塔基底板主要出露中元古界汝阳群云梦山组 Pt_2y 石英砾岩与太古界登封群 Ard 花岗片麻岩，局部为石英砂岩，基岩岩性坚硬，岩体呈弱风化状。片麻岩中片理产状：150°∠30°。施工过程中已按设计要求对塔基范围内岩体进行固结灌浆。

F11 断层未直接从基础表面穿过，以产状 210°∠20°从塔架基础下部斜插

过。基础范围内岩体节理较发育，主要发育 3 组：

1）走向 $270°\sim290°$，倾向 SW 或 NE，倾角 $40°\sim86°$，间距 $20\sim100cm$。

2）走向 $300°\sim320°$，倾向 NE 或 SW，倾角 $9°\sim85°$，间距 $20\sim100cm$。

3）走向 $330°\sim350°$，倾向 NE 或 SW，倾角 $20°\sim85°$，间距 $20\sim100cm$。

裂隙面平直闭合，充填岩屑、锈等。局部节理发育密集形成节理密集带。

基础岩体结构面较发育，岩体完整性较差，呈次块状、镶嵌状结构。未见地下水活动，按坝基岩体分类，$2^{\#}$ 塔基整体属 AⅢ 类，与前期勘察结论符合。

（三）泄洪洞身围岩分类及评价

泄洪洞开挖揭露地层情况与前期地质结论基本一致，主要地质构造如五庙坡断层及 F4、F5 断层等均与前期预测较为吻合，但由于地质构造的复杂性，断层产状有一定变化，施工中揭露的主要断层出露位置与前期推测位置略有出入，同时洞室开挖中新揭露出部分小规模断层及褶皱等，洞室围岩类别划分与前期有所不同。

1. $1^{\#}$ 泄洪洞围岩分类及评价

（1）前期勘察结论。$0+000.00\sim0+075.00$ 洞段岩性为花岗片麻岩等，考虑到 F11 缓倾角断层的影响，其围岩类别为 Ⅳ 类（断层带为 Ⅴ 类）。桩号 $0+075.00\sim0+133.00$ 洞段岩性为花岗片麻岩等，围岩类别为 Ⅱ 类。$0+133.00\sim0+289.00$ 洞段为五庙坡断层及影响带，其围岩类别为 Ⅳ 类（断层带为 Ⅴ 类）。$0+289.00\sim0+420.00$ 洞段为 $\in_1 m^4$ 地层，其围岩类别为 Ⅲ 类。$0+420.00\sim0+458.00$ 洞段为 F4、F5 断层及影响带，其围岩类别为 Ⅳ 类（断层带为 Ⅴ 类）。$0+458.00\sim0+600.00$（出口）洞段，主要是 $\in_1 m^3$ 泥灰岩、白云岩等，岩体完整性差，并考虑风化卸荷影响，其围岩类别为 Ⅳ 类。

（2）开挖揭露地质条件及评价。桩号 $0+000.00\sim0+056.00$，出露岩性为中元古界汝阳群（$Pt_2 r$）石英砂岩、石英砾岩及太古界登封群（Ard）花岗片麻岩等，岩性坚硬。F11 断层沿洞身中、下部穿过，断层将登封群片麻岩推覆至汝阳群石英砂岩及砾岩上，造成地层重复。断层产状：$167°\sim205°\angle13°\sim25°$，宽度 $5\sim30cm$，以压碎岩、断层泥为主。受 F11 断层影响，该段岩体较破碎，结构面较发育，岩体稳定性较差。该洞段地下水活动较弱，$0+044.00\sim0+045.00$ 桩号沿左拱脚有渗水。综合判断，该段岩体整体为 Ⅳ 类围岩，断层带为 Ⅴ 类围岩，应及时做好支护。

桩号 0+056.00～0+139.00，出露岩性为 Ard 花岗片麻岩夹少量片岩，岩性坚硬，岩体整体较完整，局部片理较发育，片理产状一般 130°～170°∠20°～50°。0+078.50～0+81.50、0+087.00～0+091.50、0+136.00～0+139.00 桩号附近沿顶拱或边墙有渗水现象。该段围岩整体完整，为块状结构，构造及地下水活动性较弱，岩体整体稳定性较好，整体为Ⅱ类围岩。

桩号 0+139.00～0+300.00，为五庙坡断层（F6、F7、F8）及影响带出露位置。其中 F6 断层出露桩号为 0+267.00～0+300.00，断层产状：168°～200°∠45°～62°，断层带宽 0.8～4.0m，断层带物质为断层泥及碎块岩，岩体破碎；F7 断层出露桩号为 0+200.00～0+230.00，断层产状：160°～185°∠50°～77°，断层带宽 0.6～1.0m，充填岩屑及泥质，其中泥带厚约 2～3cm；F8 断层出露桩号为 0+168.00～0+215.00，断层产状：155°～185°∠45°～76°，宽 0.1～1.5m，充填岩屑及泥质，其中左壁见有多个破裂面。岩性以 F6 断层为界，上盘为寒武系馒头组（$\in_1 m$）白云岩，下盘为太古界登封群（Ard）花岗片麻岩。F6、F7、F8 相距较近，且之间伴有多个次生小断层，断层破碎带连为一体，造成洞段岩体破碎，多呈碎裂结构或镶嵌结构，围岩稳定性差。该段地下水活动性较强，0+139.00～0+140.00、0+180.00～0+190.00 及 0+290.00～0+300.00 桩号沿洞顶及洞壁有滴水，0+282.00～0+287.00 桩号沿一组架空裂隙有涌水。综合判断，该段整体为Ⅳ～Ⅴ类围岩（断层破碎带为Ⅴ类），应做好支护及排水。

桩号 0+300.00～0+440.00，洞段出露岩性为寒武系馒头组 $\in_1 m^4$ 中上部及 $\in_1 m^5$ 板状白云岩、泥质条带灰岩等，总体为中硬岩，薄层—中厚层状结构，岩层产状一般 20°～40°∠5°～10°。岩体裂隙较发育，以 60°以上的陡倾角裂隙为主。局部节理密集带处节理发育间距 5～10cm 左右，裂隙面一般平直光滑，闭合状，充填钙质、岩屑等。洞段溶蚀现象发育较弱，局部见溶隙溶孔，宽度为毫米～厘米级，架空或半充填泥钙质及岩屑等。桩号 0+300.00～0+310.00、0+322.00～0+327.00、0+435.00～0+440.00 位置沿洞顶或洞壁有滴水现象。该段岩体整体较完整，层状结构为主，洞壁稳定性较好，洞顶局部易沿岩层面脱落。围岩类别Ⅲ类为主。局部节理发育段岩体较破碎，应做好支护及排水措施。

桩号 0+440.00～0+465.00，为 F4、F5 断层及影响带。F4 产状：13°～

$200°∠70°\sim85°$，宽度 $10\sim50cm$；F5 产状：$25°\sim185°∠75°\sim80°$。断层带宽度 $10\sim50cm$，断层充填物为泥钙质及角砾、岩屑等，沿断层有溶蚀架空现象。另发育若干次生小断层，产状：$175°\sim50°∠64°\sim88°$，宽度 $1\sim20cm$，充填泥及岩屑等。断层错动 $∈_1m^4$ 岩石，断距 $1\sim3m$。该洞段沿洞顶及洞壁有串珠状滴水现象。洞段岩体受构造作用影响明显，岩体较破碎，稳定性差，总体为Ⅳ类围岩，应做好支护及排水处理。

桩号 $0+465.00\sim0+600.00$，洞段出露地层以寒武系白云岩、泥灰岩等为主，桩号 $0+544.00\sim0+600.00$ 段洞身下部出露中元古界汝阳群（Pt_2r）石英砂岩、石英砾岩以及太古界登封群（Ard）花岗片麻岩。出露岩性中，除泥灰岩为较软岩，其余为中硬岩与坚硬岩。该段岩体以层状结构为主，洞顶岩体易沿岩层面脱落；$∈_1m^3$ 泥灰岩岩性软，遇水易软化，为软弱结构面，不利洞室稳定；$∈_1m^2$ 与 $∈_1m^{3-2}$ 白云岩中裂隙较发育，$∈_1m^{3-2}$ 中受挤压作用影响，岩体破碎，底部沿方解石脉溶蚀现象较发育，溶孔孔径一般 $2\sim5cm$，局部可见沿裂隙面溶蚀深度大于 $2m$；汝阳群石英砾岩及登封群花岗片麻岩为硬质岩，但靠近隧洞出口，节理发育，且见有小断层发育，岩体较为破碎。洞段地下水活动性较弱，洞顶及洞壁一般呈干燥状态。该段洞室围岩完整性较差，且受构造、风化卸荷等作用影响，整体稳定性较差，其围岩类别定为Ⅳ类。

2. 2#泄洪洞龙抬头改建段围岩分类及评价

2#泄洪洞龙抬头改建段起止桩号为 2#泄洪洞 $0+000.00\sim2$#泄洪洞 $0+150.00$，其中 2#泄洪洞 $0+150.00$ 与导流洞桩号导 $0+274.00$ 重合。

（1）前期勘察结论。2# 泄洪洞 $0+000.00\sim0+048.00$ 洞段岩性为花岗片麻岩等，考虑到 F11 缓倾角断层的影响，围岩类别为Ⅳ类（断层带为Ⅴ类）。$0+048.00\sim0+116.00$ 洞段岩性为花岗片麻岩，为Ⅱ类围岩。$0+116.00\sim0+243.00$ 洞段为五庙坡断层（F8~F6）带及影响带，其围岩类别为Ⅳ类（断层带为Ⅴ类）；桩号 $0+243.00\sim0+396.00$ 洞段，岩性为 $∈_1m^4$ 板状白云岩夹紫红色页岩等，其围岩类别为Ⅲ类；桩号 $0+396.00\sim0+431.00$ 洞段为 F4、F5 断层及影响带，其围岩类别为Ⅳ类（断层带为Ⅴ类）。桩号 $0+431.00\sim0+616.00$ 洞段，岩性主要 $∈_1m^3$ 泥灰岩、白云岩等，岩体完整性差，并考虑出口风化卸荷影响，其围岩类别为Ⅳ类。

（2）开挖揭露地质条件及评价。桩号 $0+000.00\sim0+020.00$，岩性上半洞及顶拱为中元古界汝阳群石英砂岩、石英砾岩，下半洞为太古界登封群花岗片麻岩，均为硬质岩。洞壁中下部出露 F11 缓倾角断层，断层产状 $190°\sim200°$ $\angle10°\sim22°$，断层带宽度 $0.1\sim1m$，充填泥质、压碎岩等。洞段裂隙及片理面发育，多处发育节理密集带及破碎带，由于结构面相互切割，岩体整体较为破碎，以碎裂或镶嵌结构为主，施工开挖期间局部洞顶出现小规模掉块现象，围岩稳定性较差，沿部分裂隙面有滴水现象。该段围岩类别整体为Ⅳ类。

桩号 $0+020.00\sim0+045.00$，岩性为太古界登封群花岗片麻岩，岩性坚硬，洞段片理面较发育，片理面倾角一般较缓，多为 $15°\sim30°$，易造成洞顶岩体脱落掉块。洞段岩体整体完整性较差，镶嵌结构为主，部分裂隙面有滴水现象，围岩类别整体为Ⅲ类。

桩号 $0+045.00\sim0+110.00$，岩性为太古界登封群花岗片麻岩，岩性坚硬，洞段节理裂隙不发育，岩体较完整，块状或整体状结构，局部有轻微滴水现象，围岩类别整体为Ⅱ～Ⅲ类。

桩号 $0+110.00\sim0+243.00$，为五庙坡断层及其影响带（F8～F6）。其中，F8 断层洞内出露桩号为 $0+110.00\sim0+175.60$，断层产状 $161°\angle47°\sim54°$，断层带充填泥质、岩屑、角砾等，其中泥带宽 $1\sim2cm$。洞段出露岩性为太古界登封群花岗片麻岩，受断层作用影响，岩体破碎，碎裂结构为主，局部断层带呈散体结构，围岩稳定性差，围岩类别为Ⅳ～Ⅴ类。F7 断层洞内出露桩号为 $0+212.00\sim0+243.00$，断层倾向 $142°\sim166°$，倾角 $54°\sim74°$，断层带出露宽度一般 $0.5\sim2.5m$，断层带物质主要为断层泥、岩屑等。F6 断层出露于桩号 $0+239.40\sim0+269.00$，断层倾向 $192°\sim195°$，分上、下两个断层面，上断层面倾角 $62°\sim72°$，下断层面倾角约 $47°$，断层破碎带洞顶最大出露宽度达 $13m$，洞壁较窄，最窄处约 $1m$，断层带物质为碎块岩、角砾、断层泥及岩屑等。

桩号 $0+296.00\sim0+420.00$，岩性为 $\in_1 m^4$ 板状白云岩夹页岩等，岩性较坚硬，为层状结构，岩层面微倾向 NE，倾角一般为 $5°\sim15°$，岩体节理、裂隙不甚发育，整体完整性较好，其围岩类别为Ⅲ类。

桩号 $0+420.00\sim0+346.00$，为 F4、F5 断层及其影响带，岩性为 $\in_1 m^4$、$\in_1 m^3$ 板状白云岩、页岩及泥灰岩，岩体裂隙发育，沿断层面有溶蚀架空（架空最宽处近 $1m$）及滴水现象，其围岩类别为Ⅴ类。

桩号 $0+346.00\sim0+543.00$，洞段上、中部岩性主要为 $\in_1 m^3$ 泥灰岩及板

状白云岩，底部有中元古界汝阳群石英砂岩、砾岩出露。其中$\in_1 m^3$泥灰岩岩性较软，遇水易软化，层间有数层泥化夹层或镜面，为不稳定的软弱结构面；石英砂岩、砾岩岩性坚硬，但较多发育一组倾向$185°\sim200°$，倾角$74°\sim85°$节理，岩体完整性较差，洞段围岩整体为Ⅳ类。

桩号$0+543.00\sim0+616.00$，洞壁岩性主要为中元古界汝阳群石英砂岩、砾岩及太古界登封群花岗片麻岩等，岩性坚硬；拱脚以上至洞顶主要为$\in_1 m^3$下部泥灰岩及板状白云岩，其中泥灰岩岩性较软，强度较低。该洞段小型断裂构造较发育，受构造影响，岩体节理、裂隙发育，完整性差，综合考虑出口段岩体风化卸荷作用影响，其围岩类别定为Ⅳ类。

（3）主要工程地质问题及处理。在桩号导$0+274.00\sim0+420.00$五庙坡断层及影响带出露位置，岩体破碎，节理、裂隙发育，完整性差，呈碎裂～散体结构，施工过程中由于支护不及时等多次出现塌方、掉块等围岩稳定问题，特别是F6断层带出露段，最大塌方高度达10m以上，给施工安全和洞室稳定带来了较大的安全隐患。根据该段洞室的实际开挖情况，现场已采取了多层钢支撑、固结灌浆及断层塞等综合处理措施进行处理和加强支护。

（四）泄洪洞出口边坡工程地质条件及评价

泄洪洞出口位于坝下沁河左岸，坡顶紧接2#进场公路，高程260.00m，坡底至沁河水面，坡高约90m，坡面多基岩裸露，局部被土石覆盖。

1. 前期勘察结论

出口边坡底部由中元古界汝阳群（$Pt_2 r$）地层组成，其上为寒武系下统馒头组（$\in_1 m$）组成。泄洪（导流）洞出口边坡未发现较大断层及褶皱等构造，岩层为层状向山内缓倾单斜地层，岩层走向330°，倾向NE，倾角$3°\sim8°$，走向与洞轴线方向近垂直，属逆向坡对岸坡稳定有利。节理主要发育两组，走向$290°\sim330°$及$0°\sim20°$，水平延伸较远，垂向延伸较短，不切大层，多为高角度近垂向节理。

分布在岸坡下部洞脸附近的$\in_1 m^3$地层，其中所含两层泥灰岩，由于泥灰岩岩性极软且极易风化，开挖后暴露时间稍长易风化脱落，建议开挖后及时支护。另外，2#泄洪洞轴线附近沿一古冲沟分布有第四系冲洪积（al+plQ₄）的碎石、块石夹土，一般较松散，对边坡整体稳定不利，建议清除；边坡南侧坡脚临河处分布有Ⅱ级阶地堆积的砂卵石层（al+plQ₄），厚度和范围较小，对边坡影响较小。

al＋plQ₄ 地层建议开挖坡比为 1∶1.5～1∶1.75；$\in_1 m^4$～$\in_1 m^6$ 地层建议开挖坡比为 1∶0.5～1∶0.75；$\in_1 m^3$ 地层建议开挖坡比为 1∶0.75～1∶1；$\in_1 m^1$、$\in_1 m^2$ 地层建议开挖坡比为 1∶0.5～1∶0.75；$Pt_2 r$～Ard 地层建议开挖坡比为 1∶0.3～1∶0.4。

2. 施工开挖揭露地质条件及评价

出口边坡开挖揭露中上部由寒武系馒头组 $\in_1 m$ 白云岩、页岩、泥灰岩等组成，下部出露中元古界汝阳群石英砂岩、砾岩等，岩体整体属层状结构，节理裂隙较发育，但一般长度不大，不切层。岩层倾向 45°～55°，倾角 4°～5°，缓倾向坡内，为逆向坡。

260.00m 高程以上边坡出露地层为寒武系毛庄组 $\in_1 mz$，岩性为暗紫红色含白云母铁质粉砂岩与浅灰色鲕状灰岩互层，为中硬岩，边坡岩体呈弱风化状；260.00～193.00m 高程左右边坡出露地层主要为寒武系馒头组 $\in_1 m^6$～$\in_1 m^4$，岩性为紫色页岩、粉砂岩与板状白云岩互层，以中硬岩为主夹部分较软岩，岩体呈弱风化状；193.00～180.00m 高程主要分布 $\in_1 m^3$ 泥灰岩与板状白云岩互层，该层中泥灰岩厚度约占 7～8m，岩性极软，不耐风化，遇水易泥化，而板状白云岩层一般较破碎，溶蚀现象较发育。180.00～176.00m 高程主要为寒武系馒头组 $\in_1 m^2$ 厚层状白云岩地层出露，岩性坚硬，岩体呈弱风化状 $\in_1 m^1$ 角砾状白云岩大部分地段缺失，仅在局部有出露；180.00m 高程以下主要出露中元古界汝阳群 $Pt_2 r$ 石英砂岩、砾岩，岩性坚硬，岩体呈弱风化状。

泄洪（导流）洞出口明渠及挑流鼻坎均坐落在基岩上，岩性为中等风化的中元古界汝阳群石英砾岩及太古界登封群花岗片麻岩，岩性坚硬；受构造影响，该段分布有近东西向小断层，节理也较发育，但岩体整体较完整，按坝基岩体分类可分为 AⅢ类。

出口边坡 $\in_1 m^3$ 以下岩体中发育数条小断层，均为正断层，断层走向以近东西向为主，倾角较陡，断层带充填泥质、角砾等，断距 0.2～8.0m 不等，一般延伸不远即消失。由于断层分布范围小，规模不大，且以高倾角为主，对边坡稳定基本无影响。

该段边坡节理较发育，以高倾角为主，但一般延伸较短且不切层，节理面多平直、粗糙，充填钙质。主要发育有三组节理：第一组产状为 290°～300°，倾向 NE 或 SW，倾角约 $80°$，节理间距 $1\sim2m$；第二组产状为 $100°\sim110°$ $\angle85°\sim90°$，节理间距 $1\sim2m$；第三组产状为 $85°\sim90°\angle85°\sim88°$，间距 $2m$ 左右。

综上所述，泄洪洞出口边坡开挖揭露的地质条件与前期勘察结论基本一致，出口边坡为层状结构，岩层倾向与边坡倾向相反为逆向坡，断层不甚发育且规模小，无不利的结构面组合，边坡稳定性较好。

3. 主要工程地质问题处理及评价

泄洪洞出口边坡及其下游边坡处分布覆盖层，覆盖层物质主要为洪坡积土夹石，前期勘察中已查明了该覆盖层的分布范围，与现场开挖揭露情况基本一致，但原来考虑到边坡较陡且无大的断层破碎带经过，对覆盖层的厚度预计偏小。

出口边坡在开挖覆盖层时发现在泄洪洞轴线下游约 $30m$ 处分布一条古冲沟，由于古冲沟切割较深，从而造成沟内堆积的松散覆盖层厚度比原勘察资料预计的偏大，按原设计方案开挖时部分覆盖层将残留在边坡上，严重影响出口边坡的稳定。后根据现场开挖情况对古冲沟处的覆盖层厚度进行了重新修正，变更了泄洪洞出口边坡开挖方案及范围。为保证边坡的安全，对泄洪洞后仰坡古冲沟内的覆盖层进行清除并重新削坡，导致泄洪洞进口开挖范围扩大至原 2#路基础以下，造成 2#路基础部分出现脱空，采取混凝土高挡墙对路基进行了处理。泄洪洞左侧坡由于坡积层范围及厚度更大，为避免 2#路基础脱空长度更长，按 $1:1.5$ 的稳定边坡开挖。

七、溢洪道地质条件及评价

溢洪道布置在左坝肩，位于龟头山地形鞍部，古滑坡体后缘与五庙坡断层之间，溢洪道轴线选择沿垭口向下游布置，溢洪道轴线方向 $55°$，与坝轴线夹角 $32.54°$，为 3 孔净宽 $15.0m$ 的开敞式溢洪道，全长约 $174m$，溢洪道分为引渠段、堰坎闸室段、泄槽段和出口消能段。

（一）引渠段工程地质条件及评价

1. 前期勘察结论

引渠段桩号 $0-153.74\sim0+000.00$，引渠底板顶高程为 $259.70m$，引渠分衬砌段和非衬砌段，桩号 $0-153.74\sim0-050.00$ 为非衬砌段，以后为衬砌段。

引渠段整体位于龟头山褶皱断裂发育区，虽然引渠范围内无大的断层分布，但根据钻孔及平硐等资料揭露，该区域内小断层及小褶皱等发育，地层凌乱、岩体破碎，且分布有龟头山古滑坡体（delQ$_3$）和古崩塌体（colQ$_3$）等不良地质体，整体工程地质条件较差。

0−153.74～0−040.00 段引渠沿线穿越地层主要为古崩塌（colQ$_3$）破碎松动岩体、岩块及碎石等，局部钙质胶结，和龟头山古滑坡（delQ$_3$）体岩性为巨型鲕状灰岩岩块及碎石夹土等，其下为寒武系馒头 $\in_1 m^2$ 厚层白云岩及 $\in_1 m^1$ 角砾状白云岩等，受构造及风化卸荷等作用，岩体破碎，应进行基础处理和破碎岩体边坡的防护工作。colQ$_3$、delQ$_3$ 地层建议开挖坡比为 1：1～1：1.5，每 10m 高设一级马道；$\in_1 m$ 地层建议开挖坡比为 1：0.75～1：1，10～15m 高设一级马道，采取支护措施时可适当提高开挖坡比。

0−040.00～0+000.00 段引渠沿线穿越地层从下至上依次为中元古界汝阳群（Pt$_2 r$）石英砂岩、砾岩及页岩等，寒武系馒头组 $\in_1 m^1$～$\in_1 m^4$ 角砾状及中厚层白云岩、泥灰岩、页岩等，该段引渠位于一背斜核部上，五庙坡断层带在引渠南侧边坡穿过，与坡面交角较小约 40°，但倾向坡内。由于以上构造的作用该段岩体破碎凌乱，应进行基础处理和破碎岩体边坡的防护工作。Pt$_2 r$ 地层建议开挖坡比为 1：0.3～1：0.5；$\in_1 m$ 地层建议开挖坡比为 1：0.75～1：1，10～15m 高设一级马道，采取支护措施时可适当提高开挖坡比。

2. 施工开挖揭露地质条件及评价

引渠段开挖揭露的地质条件与前期勘察基本一致，实际开挖至 0−160.00 桩号附近。其中 0−160.00～0−130.00 段引渠底板出露 $\in_1 m^3$ 底部的泥灰岩，岩性软易风化和泥化；0−130.00～0−020.00 段引渠底板出露的地层岩性为 $\in_1 m^2$ 厚层白云岩，局部出露 $\in_1 m^1$ 厚层角砾状白云岩，岩性坚硬，岩体中节理裂隙较发育，岩体较完整；0−020.00～0+000.00 底板出露 Pt$_2 bd$ 石英砂岩为主，岩性坚硬，节理裂隙发育，岩体完整性较差。

引渠段边坡出露的地层岩性复杂，其中主要为寒武系馒头组白云岩、泥灰岩、页岩等，多为中硬岩或软岩，岩体中等—强风化，岩层产状：0°∠6°，为薄层—中厚层结构，基岩边坡整体稳定性较好。在 0−160.00～0−110.00 段边坡北部分布古崩塌体，上部为土夹石，下部为碎石土，碎石粒径 6～150cm，为灰岩，局部半胶结，根据计算在水库蓄水后水位骤降工况下可能失稳，进行了放缓边坡及网格梁加固护坡。0－090.00～0－065.00段边坡上部为一小冲沟，底部为坡积碎石土，上部为后期堆渣，稳定性较差，在该段采用浆砌石挡墙进行了防护。0－020.00～0＋000.00段边坡底部为中元古界汝阳群石英砂岩，上部馒头组地层中发育数个小型褶皱束，并分布有若干小断层，但对边坡稳定影响不大。

（二）堰坎闸室段的工程地质条件及评价

1. 前期勘察结论

堰坎闸室段（桩号0＋000.00～0＋042.00），堰坎闸室长27.5m，宽23m。闸室段位于龟头山褶皱束范围内，两个小背斜夹一个小向斜，轴向280°～290°，且中间有五庙坡和其他小断层穿过，岩层总体产状向北倾斜。在259.00～277.00m高程以上为$\in_1 m^3$、$\in_1 m^4$岩组。为滑坡体后缘松动变形张裂区，因受褶皱、断层和滑坡体的影响，岩体破碎。其下$\in_1 m^2$、$\in_1 m^1$岩组，底板高程为258.00～263.00m，底部含有性软易风化的泥灰岩，属强透水或极强透水层，岩体透水率$q＝450～3500Lu$，变形模量小于0.3GPa。因此不宜作为闸室基础，应予清除。对闸室两肩应进行补强和防渗处理。$\in_1 m^1$以下为$Pt_2 bd$、$Pt_2 b$、$Pt_2 y$岩组，其底板高程247.00～255.00m。岩石坚硬，强度较高，饱和极限抗压强度$Rg＞60MPa$。属弱透水—中等透水层，岩体透水率$q＝5～100lu$。247.00m高程以下为Ard岩组，故将闸室基础放在$Pt_2 bd$岩组及其以下岩组均可。闸室左边礅（墙）部位，因有F8及两条小断层，应做好基础加固和防渗处理，以消除工程隐患。建议开挖坡比同引渠段。

2. 施工开挖揭露地质条件及评价

闸室段开挖揭露的地质条件，与前期勘察资料相比无大的变化。该段底板基础出露岩性主要为中元古界汝阳群（$Pt_2 r$）石英砂岩、石英砾岩及太古界登封群（Atd）片麻岩，为坚硬岩。岩体基本呈中等风化状，受临近的五庙坡断层影响，岩体为碎裂或层状、次块状结构。石英砂岩中层面较发育，有褶皱，岩层产状变化较大。石英砾岩中裂隙较发育，主要发育一组：走向70°～90°，倾向SE或NW，倾角20°～77°，间距20～100cm。片麻岩中片理产状161°∠45°。小断层较发育，断距0.5～5.0m。底板岩体完整性差。按坝基岩体分类，整体属AⅢ类。

闸室段右侧边坡，出露岩性主要为寒武系馒头组白云岩、泥灰岩、页岩及中元古界汝阳群石英砂岩等，为软岩—坚硬岩。结构面主要表现为褶皱或断层、岩层。岩层产状变化较大，有时表现为褶皱的一翼。岩体呈中等—强风化状，层状或碎裂结构。由于受褶皱影响，局部岩层倾向与边坡倾向相近，形成小范围顺向坡，已进行了相应处理。

闸室段左侧边坡，出露岩性主要为中元古界汝阳群石英砂岩，寒武系馒头组白云岩、泥灰岩、页岩及毛庄组灰岩、页岩等。为坚硬岩～软岩。结构面较发育，主要表现为褶皱或断层。其中正断层 F7 上盘为 $\in_1 mz$ 灰岩，下盘为 $\in_1 m^3$ 白云岩、泥灰岩，断距较大，断层带宽度 3～5m，为断层泥、断层角砾岩及碎裂岩。该段边坡高陡，紧邻上方 2# 路，岩体基本为碎裂或层状结构，边坡整体稳定性较差。

（三）泄槽段的工程地质条件

1. 前期勘察结论

泄槽段桩号 0＋042.00～0＋136.00，泄槽段采用 1：2.247 的斜坡，为矩形横断面，净宽为 52.20m，在地形上呈现出左高右低，近闸室处高，远离闸室处低的特点。泄槽段沿线地质条件复杂，五庙坡断层与之近平行贯穿，且有较多小断层发育。沿线以五庙坡断层为界，断层下盘出露 $\in_1 m^4 \sim \in_1 m^1$、$Pt_2 r$ 及 Ard 地层，断层上盘主要出露 $\in_1 mz$ 及 $\in_1 m^{4-6}$ 地层。因此泄槽段不论在纵向和横向上，都呈现出工程地质条件复杂，岩体强度变化很大的特点。在纵向上接近闸室段为坚硬岩石，消能段附近为半坚硬岩石和断层破碎带，中间则为五庙坡断层带及断层影响带的破碎岩体。横向上右边墙及陡槽底板右半部为坚硬或半坚硬岩石，左边墙及陡槽底板左半部岩性变化则很大。泄槽段位于五庙坡断层破碎带及断层影响带，构造岩沿断层的走向及倾向常有变化，故岩体性质很不均一。为了陡槽底板及侧墙的稳定，必须做好混凝土底板与下面岩体的结合，进行基础加固处理，并在砌护面板下设置纵横方向的排水沟，沟内填充反滤料，以减轻渗透水的扬压力作用。

泄槽段左边坡开挖高度多大于 30m，岩层倾向与坡向相近，多为顺向坡，五庙坡断层带位于边坡下部，岩体受断层影响严重，工程地质条件较差，边坡稳定问题突出，建议开挖坡比为 1：0.75～1：1，坡高 15m 设一级马道，局部地质条件较好段坡比可提至 1：0.5。由于左边坡岩体条件较差，应在工程上采用一些支挡加固措施，以提高开挖坡比，减少削坡高度、避免开挖范围过大。

右边坡开挖高度一般小于 30m，岩层倾向和坡向相反或交角较大，为逆向坡或侧向坡，又无大断层，属坚硬或半坚硬岩体，地下水位远在设计高程以下，工程地质条件相对较好，但由于临近五庙坡断层带小断层较发育，需注意局部断层不利组合影响边坡稳定，右边坡建议开挖坡比 1∶0.5～1∶0.75，坡高 15m 设一级马道。

2. 施工开挖揭露地质条件及评价

溢洪道泄槽段大部分地段坐落于五庙坡断层带上或断层影响带岩体上，整体工程地质条件较差，其边坡稳定问题较为突出。其中，溢洪道闸室及泄槽段左侧边坡大部分为五庙坡断层带及其影响带组成，受断层影响严重，工程地质条件差，而左侧边坡受地形限制及结构需要开挖边坡高陡，部分边坡为直立边坡。边坡岩体多为断层带内的断层泥、断层角砾及影响带破碎岩体组成，工程地质特性差、易风化、自稳条件差、自稳时间短，受卸荷影响在遇雨水、冰雪冻融及爆破震动时极易产生边坡失稳问题，施工期内已在五庙坡断层带发生过两次塌方，其他岩体也有小规模塌方发生。采取了加密、加长系统锚杆，增加预应力锚杆等对边坡进行了加固。

泄槽段右侧边坡上部出露 Ard 片麻岩夹片岩，下部为花岗片麻岩，岩石坚硬，片岩中发育有片理，其产状 200°∠40°～50°，片理面光滑好略有起伏，贯通性；花岗片麻岩中，片麻理较发育，其倾向约 145°，倾角 35°，平直光滑且延伸长远。该段花岗片麻岩中片麻理倾向与坡向近于一致，片麻理倾角小于坡脚，形成顺向坡。同时在边坡内发育一条与片理产状相近的小断层，断层带含泥。边坡内受风化卸荷及爆破震动影响，开挖边坡岩体易沿片麻理面滑动造成边坡失稳。施工期内右侧边坡已多次发生塌滑，与左侧边坡一道采取了加密、加长系统锚杆，增加预应力锚杆等进行了加固。

（四）出口消能段的工程地质条件及评价

1. 前期勘察结论

出口消能段桩号 0＋136.00～0＋173.27，鼻坎齿墙处地质条件差异很大。右侧上部为坡积碎石土层，其底面高程约为 190.00m。下部为 Ard 石英云母片岩和花岗片麻岩，中间地段为 F6、F7、F8 断层破碎带及影响带，岩体破碎。170.00～180.00m 高程以下为五庙坡断层下盘的花岗片麻岩。左侧为 $\in_1 m^{4-5}$ 岩组。$\in_1 m^4$ 顶板高程 200.00m 左右，厚约 30m。岩层向上游倾斜，倾角 6°～

10°。因距 F6 断层较近，节理较发育，以走向 50°～70°和 280°～300°两组为主。为了地基的稳定性，挑流鼻坎基础应置于花岗片麻岩或 $\in_1 m^4$ 中厚层白云岩内，并做好断层破碎带、断层影响带及基础的整体加固工作。

过挑流鼻坎后，水流将被挑向沁河河床和漫滩，上部覆盖层岩性以含漂石的砂卵石为主，间夹含砂粉土和粉细砂层，其抗冲刷能力较弱，下部基岩位于五庙坡断层带及影响带，岩体完整性较差，按坝基岩体分类属 AⅣ～AⅤ类，其抗冲系数 K 建议取 1.5。应采取措施防止溯流冲刷，确保上游基础安全。

2. 施工开挖揭露地质条件及评价

出口消能段，以五庙坡断层为界，断层南侧底板岩性主要为登封群片麻岩，断层北侧为汝阳群石英砾岩、石英砂岩、白云岩。断层 F6 产状 180°∠40°～55°，充填断层泥、角砾等，泥带厚约 3cm，红色，致密。岩体小断层较发育，片麻岩中片理较发育，产状一般 120°～180°∠30°～50°。岩体整体较破碎，按坝基岩体分类，属 AⅢ～AⅣ类。

根据溢洪道挑流鼻坎及其下游段开挖地质揭露情况，挑流鼻坎末端护坡段、护坡段下游至 8# 路之间部分基础为覆盖层，部分虽已见基岩，但岩石风化破碎。为防止溢洪道运行期小流量时掏刷基础，危急挑流鼻坎的安全，对挑流鼻坎下游坡面进行浆砌石防护。

八、引水发电洞进水口地质条件及评价

根据枢纽布置方案，引水发电系统布置在左岸。为实现枢纽向下游供水，充分利用水能，该枢纽布置了大、小两个电站，均为引水式电站。主要建筑物包括岸塔式进水口、引水发电洞、主厂房、副厂房、尾水渠等。引水发电洞进口高程 220.00m，出口高程 168.40m，进口为岸塔式进水口，布置在 1# 泄洪洞进水口右侧与其一起组成联合进水口。引水发电洞主洞洞径 3.5m，全长 711.0m，全断面衬砌厚 0.5～0.7m；岔洞洞径 1.70m，长 70m，衬砌厚 0.5～0.6m。两洞均为圆形无压隧洞。

由于引水发电洞进口采用与 1# 泄洪洞进水口组成联合进水口，两洞距离较近，其进口边坡工程地质条件同 1# 泄洪洞。进口边坡附近分布有古崩塌体，将影响进口边坡稳定，应开挖清除或进行相应处理。

引水发电洞进口边坡整体稳定性较好，Ard～Pt_2r 建议开挖坡比为

$1:0.3\sim1:0.4$；$\in_1m^3$ 建议开挖坡比为 $1:0.75\sim1:1$；$\in_1m^1+\in_1m^2$ 建议开挖坡比为 $1:0.5\sim1:0.75$，坡高 15m 左右设一级马道。

第二节　工　程　布　置

一、工程总体布置

枢纽由混凝土面板堆石坝、泄洪洞、溢洪道及引水发电系统等建筑物组成。

大坝坝轴线布置在余铁沟口上游约 350m 的龟头山河流转入弯道的起点，该处河谷窄狭，地形地质条件较好，坝线较短，投资节省。

根据大坝右岸为凹岸，左岸为凸岸，左坝肩龟头山有天然鞍部地形，可布置溢洪道，泄洪洞及电站引水建筑物布置左岸，线路短，投资省；利于减少电站引水含沙量；且因下游灌溉及工业用水均在左岸，减少了供水过河建筑物投资，运行管理也较为方便，故所有泄洪及引水建筑物均布置左岸。

二、混凝土面板堆石坝布置

河口村水库大坝为面板堆石坝，最大坝高 122.5m（河床段趾板修建在深覆盖层上），坝顶高程 288.50m，防浪墙高 1.2m，坝顶长度 530.0m，坝顶宽 9.0m，上游坝坡 $1:1.5$，下游坝坡高程 220.00m 以上为 $1:1.5$，坝后 220.00m 高程以下为坝后堆渣，堆渣边坡 $1:2.5$，设 10.0m 宽的"之"字形上坝公路从下游围堰（高程 184.00m）至高程 220.00m 平台。坝体自上游至下游分别为上游铺盖、面板、垫层区、过渡层区、主堆石区、下游堆石区以及坝后石渣压盖。

大坝坝体通过布置在上游面的钢筋混凝土面板防渗，面板厚 $0.30\sim0.72$m，面板基础为趾板，河床段趾板置于深覆盖层上，两岸趾板均坐于基岩上。趾板与防渗面板通过设有止水的周边缝连接，形成坝基以上的防渗体。

河床段趾板下坝基覆盖层采用混凝土防渗墙截渗，防渗墙与趾板通过连接板连接，使坝基与坝体形成完整的防渗体系。大坝基础设帷幕，从左岸溢洪道至右岸坝肩，全长约 803m，沿大坝趾板、防渗墙基础布置。

河床段趾板基础坐落在深覆盖层上，最大覆盖层深度 41.0m，防渗墙至下游 53m 区域变形较大，对该核心区域选择了高压旋喷桩加换填基础进行处理。

高压旋喷桩坝基开挖面以下 20.0m，桩径 1.2m。

三、泄洪洞布置

泄洪洞布置两条，担负着泄洪、排砂及放空水库的任务。进口布置在坝轴线上游约 500m 处，老断沟下游，"S"形河道上弯段一带，走向 225°。由左岸岸边向山体内依次为 1# 低位洞和 2# 高位洞。两洞最大泄流能力为 3918.37m³/s。两洞均布置在左岸，由进口引渠、进水塔、洞身和出口段组成。

（1）1# 泄洪洞为高位洞，为明流洞，最大泄洪为 1961.6m³/s，进口高程 195.00m，进口为塔式框架结构，塔高 102.0m，塔顶高程 291.00m。泄洪洞长 600.0m，洞身纵坡 2.34%。进水口为有压短进口布置型式，分为两孔，单孔净宽 4.0m，经有压短管后合为一洞。洞身为城门洞型，断面尺寸为 9.0m×13.5m，全断面钢筋混凝土衬砌，衬砌厚为 0.8～2.0m，出口采用挑流消能结构。进水塔设两孔 4m×9m 事故平板门和 2 孔 4m×7m（宽×高）突跌突扩偏心铰弧形工作门各一道。1# 泄洪洞进水塔通过 2# 泄洪洞进水塔实现对外交通，布置结构为 1m×21.8m 跨后张预应力小箱梁，桥梁总长 22.3m。1# 泄洪洞施工期参与导流。

（2）2# 泄洪洞为低位洞，也为明流洞，进口高程为 210.00m，由导流洞改建形成，最大泄量 1956.7m³/s。进口为塔式框架结构，塔高 84.6m，塔顶高程 291.00m。泄洪洞洞身长 616.0m，洞身纵坡 1.0%。进水口为有压短进口布置型式，单孔布置，孔宽 7.5m。在桩号 2 泄 0+015.45～2 泄 0+150.28 之间设一龙抬头形成，龙抬头坡度 1:2.41。龙抬头后半部利用原导流洞，结构尺寸同 1# 洞，出口采用挑流消能结构。2# 泄洪洞进水塔设单孔 7.5m×10m 事故平板门和单孔 7.5m×8.2m 弧形工作门各一道。

导流洞封堵分临时堵头段（含封堵闸门）、永久封堵段及封堵回填段。临时封堵段长 12m，临时封堵前设封堵钢闸门封堵，永久封堵段长 64m，在与 2# 洞龙抬头结合段为封堵回填段，长 49.72m，封堵采用混凝土封堵。

四、溢洪道布置

溢洪道主要为泄洪作用，布置在左岸坝肩龟头山南鞍部地带。为开敞式溢洪道，最大下泄流量为 6794m³/s；由引渠段、闸室段、泄槽段和出口挑流消能

段组成，溢洪道长 174.0m。

引渠底板高程 259.70m，右岸与大坝结合部采用端部为圆裹头的衡重式导墙，左岸靠 2#路侧边坡采用扭曲面翼墙。溢洪道闸室为 3 孔，单孔净宽 15.0m，闸长 42.0m，宽 57.60m，高 31.00m；堰型采用 WES 型混凝土实体堰，堰顶高程 267.50m，墩顶高程 288.50m。闸门采用三支臂弧形钢闸门，孔口尺寸为 15.0m×18.3m，启闭机选用 2×2500kN 的液压启闭机启闭，溢洪道控制闸仅设检修门槽未设检修门。控制闸下游设交通桥，宽 7.50m，桥型布置为 3～17m 后张法预应力空心板结构。交通桥右边与坝顶公路相接，左边通向 2号公路。泄槽段为 1∶2.247 的斜坡，矩形断面，净宽为 52.20m，混凝土底板及侧墙衬砌厚 1.0m，侧墙高 9～10m。挑流段采用与泄槽等宽的连续式高低斜鼻坎，便于水流进入下游主河道，以防止顶冲对岸。

五、引水发电系统布置

引水发电系统布置在大坝左岸、泄洪洞右侧；分大、小两个电站，由电站进水口、引水发电洞、电站厂房和尾水渠组成。

（1）电站进口为岸塔式结构，进水口高程 220.00m，布置在 1#泄洪洞进水口右侧和 1#泄洪洞一起组成联合进水口。进水口分三层布置，高程分别为 220.00m、230.00m 与 250.00m。进口布置一道清污机门槽和一道拦污栅槽，拦污栅槽后布置三道不同高程工作门槽，工作门尺寸均为 3.5m×3.5m（宽×高），工作门采用行走门机启闭。

（2）引水发电洞主洞洞径 3.5m，全长 695.48m，发电洞桩号引 0＋547.00 前采用全断面钢筋混凝土衬砌厚 0.5～0.7m，以后采用钢衬，压力钢管外采用混凝土充填。小电站引水岔洞在主洞引 0＋557.96 处开始布置，与主洞洞轴线夹角为 57°，洞径 1.70m，长 61.54m，为钢衬。

（3）大电站为大体积混凝土排架结构，厂房长 28.92m，宽 13.00m，主厂房地上为一层，地下为 2 层，副厂房地上两层，总高度 24.54m，地上高度 14.14m。主厂房地上一层布置安装间及发电主机间，机组安装高程 171.20m，地下一层为电缆夹层、配电室、空压机室、油罐室、水轮机层等；地下二层为蜗壳层及蝶阀室等。副厂房一层为中控室、交接班室、楼梯间、出线小间及主变压器（室外）等；副厂房二层为电工实验室、通讯室、楼梯间及卫生间等。

电站出口接尾水渠，全长约 80.0m，出口高程（大电站）169.80m。

（4）小电站也为大体积混凝土排架结构，单层结构，厂房长 27.02m，宽 14.65m，建筑高度 9.5m，机组安装高程为 217.17m，建筑面积 396m²。厂房内为配电室、空压机室、安装间、水轮机及发电主机间、旁通阀及卫生间等。

第三节 大 坝

大坝工程于 2011 年 5 月 5 日开工，2016 年 9 月 1 日完工，2016 年 11 月 7 日通过验收。大坝工程主要施工内容有两岸岸坡及坝基开挖，坝基高压旋喷桩加固，一～三期坝体填筑，一期、二期混凝土面板浇筑等施工内容。

一、坝基及高边坡开挖及处理

坝基开挖包括河床坝基覆盖层开挖、左右坝肩覆盖层开挖、清基清坡岩石开挖及趾板基础岩石开挖。

1. 左右坝肩岸坡土石方开挖

主要施工顺序：山体开挖临时道路修建→测量放样→覆盖层清理→钻孔→预裂、松动爆破→石渣挖运。

覆盖层土方开挖采用 2m³ 挖掘机自上而下开挖，20～25t 自卸汽车运输至指定的弃渣场，TY220 型推土机进行渣场平整及开挖区道路修建。左右坝肩岸坡石方开挖，采用深孔梯段辅以浅孔爆破方式开挖，采用 2m³ 挖掘机挖装，20～25t 自卸汽车运输至指定的弃渣场，TY160～TY220 型推土机进行渣场整理。

2. 河床坝基覆盖层开挖

主要施工程序：测量放样→基坑降排水→坝基开挖→保护层开挖→隐蔽工程验收。

基坑开挖自上而下分层分段施工，每层开挖 2.5m 左右。开挖采用 2m³ 挖掘机挖装，20～25t 自卸车和 TY-160 推土机辅助作业的施工方法进行，开挖料大部分运至坝后压戗区，其他运至 2 号临时弃渣场。

3. 趾板基础保护层开挖

趾板保护层开挖施工工艺流程：测量放样→表层清理→保护层钻孔→装药爆破→石渣清理→基础整平。

为保证建基面岩石的完整性，在进行建基面以上岩石爆破钻孔时预留 1.0～2.0m 保护层，保护层开挖采用光面爆破施工，保护层采用手风钻浅孔爆破法，爆破底部留 20cm 撬挖层，采用人工辅以风镐清理至建基面设计高程。

二、坝基高压旋喷桩加固处理

2011 年 6 月 30 日开工，2012 年 2 月 2 日完工。高压旋喷桩布置在防渗墙至坝体下游 50m 范围内，孔距和排距由密到疏布置，施工工艺采用（新）三管法施工，灌浆材料为水泥浆。钻孔采用成孔效率高型号 JG-200 跟管钻机（型号 JG-200）造孔。

施工过程依次为施工准备、测量布孔、高喷台车就位、地面试喷、下喷射装置、喷射灌浆、终灌、高喷台车移位、封孔。

钻机钻孔过程中，每钻进 3～5m 检查用测斜仪测量一次孔斜，并及时调整钻杆垂直度纠偏，使钻孔垂直误差不超过 1.5%。

喷射灌浆，先对孔底进行原位高压旋喷 1～3min，待浆液返出孔口且比重达到 1.3g/cm³ 以上后，按设计的提升速度提升喷管喷射，进行自下而上、连续旋喷作业，直至达到设计旋喷体高程后，在原位旋喷 1～2min，即可停止供水、送气和浆液，从灌浆孔中抽入喷浆管。

三、坝体填筑

坝体填筑自上游往下游依次是垫层料、过渡料、主堆料、次堆料、主堆料。主堆料和次堆料填筑碾压后控制厚度 80cm。填筑料采用 25t 自卸汽车运输，14.7kW 以上的推土机摊铺，26t 自行式振动碾碾压，采用进占法填筑施工，高程贴饼法控制摊铺厚度。

坝体填筑采用先进的大坝 GPS 碾压施工质量实时监控系统进行质量控制。

填筑施工前，把作业区划分为填筑区和碾压区，形成流水作业。测量人员用 GPS 测量出区域边线，并用白灰线标示，填筑区和碾压区坐标上报至现场 GPS 分控室，开始碾压作业。

碾压质量控制中，采用先进的大坝 GPS 碾压施工质量实时监控系统，每仓碾压参数（碾压速度、振动状态、碾压遍数、压实厚度及行走轨迹）随时在掌握之中，每项指标不达标报警装置提醒，进行补充碾压。运用大坝 GPS 控制技术，确保大坝碾压施工质量全过程实时监控，达到有效控制坝体填筑质量的目的，同时也加快大坝填筑进度。

四、混凝土面板与接缝止水

面板分两期浇筑：

（1）一期面板顶高程为 225.00m，共有 27 条块，分 12m 和 6m 宽两种。面板厚度从上至下由薄变厚，最小厚度为 51.35cm，最大厚度为 71.7cm。面板配双层双向钢筋布置。面板底部挤压边墙坡面进行砂浆找平并喷涂乳化沥青，板间缝底部埋设铜止水，顶部设置表层止水。一期面板混凝土浇筑采用跳仓浇筑，两个作业队同时施工，从面板中间向两侧跳仓浇筑。施工时先集中河床部分面板混凝土施工，再进行两岸相对较短的面板混凝土施工。

（2）二期面板顶部高程 286.00m，共有 50 条块，分 12m 和 6m 宽及面板连接板三种。面板厚度从上至下由薄变厚，最小厚度为 30cm，最大厚度为 51.84cm。二期面板混凝土浇筑采用跳仓浇筑，三个作业队同时施工，从面板两侧向中间跳仓浇筑。施工时先集中左右岸面板混凝土施工，再进行中间河床段面板混凝土施工。

面板混凝土浇筑采用滑模施工。主要施工顺序：坡面整修与垂直缝→周边缝处理→喷涂乳化沥青→架立筋布设（插筋）→铜止水制安→钢筋制安→模板制安→滑模安装→混凝土拌制与运输→溜槽入仓→摆动布料（人工或皮带机）→混凝土浇筑→拆模养护→表层止水制安等。

面板混凝土由拌和系统集中拌制，12m³ 混凝土搅拌车水平运输，集料斗受料，沿溜槽顺坡溜至仓面，一期面板人工摆动溜槽均匀布料；二期面板皮带机摆动均匀布料。溜槽内每隔 20~30m 设置一道软挡板，缓冲混凝土下滑时的冲力以防止骨料离析。面板 12m 宽的仓面对称布置两道溜槽，6m 宽的仓面在中间位置布置一道溜槽。

混凝土振捣时，操作人员站在滑模前沿的振捣平台上进行施工。仓面采用 $\phi50mm$ 的插入式振捣器振捣；靠近侧模和止水片的部位，采用 $\phi30mm$ 软管振捣器振捣。

滑模滑升由 2 台 10t 慢速卷扬机牵引，每次滑升高度约 25~30cm，滑模速度为 1.0~2.0m/h，滑升时两端提升匀速、同步。滑模新滑出的混凝土适时进行人工一次收面，待混凝土初凝时采用人工进行二次压面抹光。

面板混凝土养护前期采用土工布进行表面覆盖洒水养护，在仓面施工期间，每隔 30～50m 布置一道养护水管进行前期养护。待仓面全部浇筑到顶时，采用花水管不间断进行喷水养护。

面板表层止水施工：表层止水采用机械化施工，施工操作流程如下：缝面清理→埋设胶棒→牵引台车坝顶就位→挤出机沿缝下行就位→缝面涂刷底胶→坝顶供料→喂料车不断喂料→挤出机工作并上行→GB 柔性材料挤出成型→盖板紧随其后覆盖→在盖板上用振动装置夯压 GB 填料→安装扁钢、螺栓固定→封闭剂封边。

五、上游铺盖和盖重

上游铺盖及盖重分部工程位于大坝混凝土面板上游并紧贴面板，河床段趾板、连接板和防渗墙上部。设计顶部高程为 6.00m，底部高程为 166.90m，上游铺盖及盖重分部工程由内向外依次以下三部分组成：水平厚度 1m 的粉煤灰（1A2）紧贴面板铺设；粉质壤土铺盖（1A1）位于粉煤灰外侧；石渣盖重区填筑任意料位于粉质壤土铺盖外侧。

粉煤灰回填施工：装载机装运运至填筑面进行摊铺，每层铺筑压实厚度不大于 40cm，与粉质壤土平起填筑。趾板及连接板上部 1.0m 厚粉煤灰铺盖，采用 5t 轻型振动碾（非振动）或 TY－160 推土机碾压；距面板 1.0m 范围内粉煤灰人工平整、振动板压实。

粉质壤土铺盖填筑：测量确定填筑位置边线→土料场粉质壤土挖装及运输→粉质壤土摊铺推平→推土机碾压，每层铺筑压实厚度不大于 40cm。

石渣盖重填筑：石渣盖重填筑时与粉质壤土同时进行回填，用挖掘机挖装，自卸车运输，用 SD16 推土机整平，铺筑压实厚度控制在 80cm，利用 22t 振动碾进行碾压，禁止块石集中。

反向排水管封堵：趾板外露排水管采用直径略小于镀锌钢管直径的长约 30cm 的桐木塞堵塞在斜管根部，保证桐木塞塞紧不上浮。用 GB 材料对桐木塞封闭不严的地方进行填塞密封，密封长度不小于 20cm。封堵完成后，用自吸泵将反向排水管中的水抽干，用 200# 膨胀速凝砂浆灌注，管口用 GB 塑性填料进行填塞，6mm 厚三复合 GB 盖板和 2cm 厚钢板对管口进行封堵，再浇筑混凝土配重块进行保护。

面板外露排水管封堵采用分为三段进行施工，第一段混凝土面板下部排水管回填 3%水泥特殊垫层料，第二段混凝土内部排水管在封堵前，先将 0.1m 厚 PVC 垫片置于混凝土面板与挤压边墙结合部位，后在排水管内灌入 C30 微膨胀混凝土，第三段排水管孔口位置填 0.02m 厚的环氧砂浆，面板外露面覆盖 GB 止水板，两侧均匀涂刷底胶。

第四节 防 渗 工 程

防渗工程于 2011 年 9 月 23 日开工，2014 年 1 月 8 日完工，2014 年 8 月 28 日通过单位工程验收。防渗工程主要包括大坝防渗墙、坝基、两岸坝坡及左右岸山体帷幕灌浆。根据总体施工安排，先进行大坝防渗墙施工，然后依次进行坝基、两岸坝坡及左右岸山体帷幕灌浆施工。

一、大坝混凝土防渗墙

主要施工顺序：临建系统→导墙及施工平台建造→组装施工机械→防渗墙造孔成槽→鉴定基岩确定孔深→清孔换浆→安装钢筋笼及灌浆预埋管→墙段连接→下浇筑导管→浇筑混凝土→转入下一个槽孔施工。

1. 造孔成槽

（1）成槽方法：采用 CZ-22 冲击钻"钻凿法"成槽，即钻凿两边主孔后劈打之间副孔抽取钻渣成槽。成槽分两期施工，先施工一期槽，后施工二期槽（一期槽长 6.0m、二期槽长 5.4m）。

（2）防渗墙墙底基岩面鉴定：根据钻凿取出的一定数量的岩样，由施工单位质检员会同监理工程师和设计地质工程师联合对基岩面进行确定。

（3）终孔检验：由建管、设计、地质、监理、施工五方对槽孔的终孔孔深、孔斜、固壁泥浆的各项指标等进行联合现场检测。

2. 泥浆固壁

（1）施工顺序：原材料（膨润土、分散剂）→泥浆制作→输送泥浆到各槽孔→清孔换浆→泥浆回收利用与废渣处理。

（2）泥浆制作与供应：采用 ZJ-1500（400）型高速泥浆搅拌机制浆；泥浆供应采用 22.5kW 泥浆输送泵通过供浆管输送到各用浆点。

（3）清孔换浆：槽孔终孔验收合格以后，采用"气举法"进行清孔换浆。

3. 钢筋笼、预埋灌浆管的制作与安装

钢筋笼制作根据设计要求及槽孔长度、深度进行加工，预埋灌浆管按 1.5m 间距焊接固定在钢筋笼中心线上，钢筋笼与预埋灌浆管同时下设，用平板车运至下设地点，使用 25t 吊车吊装，并按设计位置支撑在导墙顶部。

4. 墙段连接

采用接头管法进行墙段连接。一期槽混凝土浇筑前，两端接头部位安装 ϕ100cm 接头管。待本槽段混凝土浇筑完成后，起拔接头管；二期槽混凝土浇筑前，用特制接头刷刷洗两端接头孔端面，刷洗干净后进行混凝土浇筑。

5. 混凝土浇筑

（1）混凝土配合比设计指标：采用二级配 C25W12 混凝土，浇筑时混凝土入仓时坍落度为 18～22cm，扩散度为 34～40cm，坍落度保持 15cm 以上的时间不小于 1h；初凝时间不小于 6h，终凝时间不大于 24h。

（2）混凝土拌制采用集中混凝土生产系统拌制，运输采用 12m³ 混凝土罐车运至槽孔附近，经溜槽和浇筑导管进仓入槽。

（3）采用泥浆下直升导管法浇筑，双管下料。

二、防渗墙下帷幕灌浆

主要施工顺序：孔位布置→安装抬动监测装置→副帷幕→先导孔钻灌→Ⅰ序孔钻灌→Ⅱ序孔钻灌→Ⅲ序孔钻灌→主帷幕→Ⅰ序孔钻灌→Ⅱ序孔钻灌→Ⅲ序孔钻灌→检查孔施工。

1. 施工方法

采用孔口封闭、孔内循环、自上而下分段灌浆法进行灌浆，记录采用灌浆自动记录仪。

2. 钻孔施工顺序

ϕ91mm 开孔钻进第一段→镶注孔口管待凝→自上而下分段钻进（先导孔 ϕ76mm、灌浆孔 ϕ56mm）→孔深 10m 测斜一次→钻孔终孔。

3. 钻孔冲洗、压水试验

（1）钻孔冲洗采用大流量水流从孔底向孔外冲洗，至返清水为止。裂隙冲洗采用压力水冲洗，压力采用 80% 的灌浆压力，最大不大于 1MPa。

（2）压水试验：帷幕灌浆先导孔和检查孔采用"单点法"进行压水试验，一般帷幕灌浆孔的各灌浆段采用"简易压水"进行压水试验。压水压力为本段灌浆压力的80%，最大不大于1MPa。

4. 灌浆

（1）灌浆方法：帷幕灌浆孔的第1段（接触段）采用"卡塞灌浆法"进行灌浆，灌浆塞阻塞在岩面以上50cm混凝土内，灌浆结束后埋设孔口管；第二段及以下各段采用"孔口封闭、自上而下分段、孔内循环"（孔口封闭法）进行灌浆。各灌浆段灌浆时，射浆管管口距孔底小于50cm。

（2）灌浆浆液：采用高速搅拌机集中拌制成水灰比为0.5:1的浆液，通过送浆泵、输浆管输送至灌浆工作面，调制成5:1、3:1、2:1、1:1、0.8:1、0.5:1等六个比级进行灌浆。

（3）灌浆压力：灌浆压力按表2-9进行控制。

表2-9　　　　　　　　　灌浆压力控制表

项　　目		第一段	第二段	第三段	第四段	第五段及以下各段
段长/m		2	3	3	5	5
压力/MPa	Ⅰ序孔	0.3	0.5	1.5	2.0	3.0
	Ⅱ、Ⅲ序孔	0.4	0.8	1.8	2.2	3.0

（4）灌浆结束标准：在最大设计压力下，注入率不大于1.0L/min后，继续灌注60min，结束灌浆。

（5）封孔：灌浆结束即可封孔，采用压力灌浆法封孔，封孔压力为该孔最大灌浆压力，封孔浆液为水灰比0.5:1的浓浆；待孔内水泥浆凝固后，视孔口浓缩部分深度采用机械压浆法或直接用浓水泥浆人工封填，孔口抹平。

（6）特殊情况处理：部分孔灌浆段注入量大而难以结束时，采用了低压、浓浆、限流、限量、间歇灌浆。

三、坝肩及坝左右两岸防渗

坝肩及坝左右两岸防渗帷幕灌浆施工过程同防渗墙下帷幕灌浆。

第五节　泄　洪　洞

泄洪洞工程包括1#泄洪洞和2#泄洪洞，其中2#泄洪洞由导流洞改建而成。

2011 年 4 月 30 日开工，2016 年 4 月 20 日完工，2017 年 1 月 22—23 日通过单位工程验收。1#泄洪洞主要施工内容包括出口土石方开挖、进出口明渠、洞身开挖与支护、1#进水塔、工作门和检修门、电站取水口闸门等；2#泄洪洞主要施工内容包括出口土石方开挖、进口明渠、龙抬头段洞身开挖与支护、2#进水塔、工作门和事故检修门等。

一、1#泄洪洞

1. 洞身开挖与支护

石方开挖采用光面爆破，三层五区正台阶法平行施工。爆破后上部导洞用装载机装渣，下部四区用挖掘机装渣，自卸汽车运输出渣。

每循环爆破出渣结束后，及时进行洞室支护，支护方式以网片锚喷为主，地质条件较差时采用钢拱架支护。

2. 混凝土衬砌

衬砌分为标准段和渐变段，底板面层 0.8m 厚为 C9050 硅粉剂混凝土，面层 0.8m 以下为 C30 混凝土，标准段侧墙 3.0m 以下为 C9050 硅粉剂混凝土，上部为 C30 混凝土；渐变段侧墙混凝土分界线为台阶状，往上游高程逐渐增加，最低处距底板上平面 3.32m。

（1）标准段洞身衬砌采取先边顶拱后底板顺序施工，边顶拱采用钢模台车全断面施工，采用混凝土运输车，泵送入仓，人工振捣。底板采用跳仓法施工，先浇筑下部 C30 混凝土至设计高程以下 10cm，再浇筑 80cm 厚的 C9050 面层混凝土。

（2）渐变段洞身衬砌，采取先底板后边墙再顶拱顺序施工。边墙采用悬臂式爬升模板分层泵送浇筑，顶拱采用满堂扣碗式脚手架、钢拱架和普通钢模板，从上游泵送入仓，插入式振捣器振捣。

（3）底板采用跳仓法施工，泵送入仓。

3. 回填灌浆

1#泄洪洞底板和侧墙固结灌浆结束后进行顶拱回填灌浆。在洞内安装灌浆台车，从下游往上游分二序施工：①一序孔灌浆压力达到 0.2MPa 并稳定后持浆 20min 结束一序孔灌浆；②二序孔施工时另外钻灌浆孔并压入水泥浆，压力达到设计值后持浆 20min 结束灌浆。在规定压力下，单孔注入率小于 0.4L/min

延续灌注 30min 后结束灌浆。

4. 固结灌浆

1#泄洪洞四周岩石固结灌浆施工参数为：梅花状布置，间排距 3.0m，伸入岩石 5m，灌浆压力 0.2～0.4MPa。基础岩石固结灌浆采用潜孔钻造孔，边墙和顶拱采用气腿式风钻造孔

5. 1#进水塔施工

1#进水塔高 102m，流道迎水面 80cm 厚混凝土采用 C9050、二期混凝土采用 C30，其余部位均采用 C25 混凝土。混凝土浇筑采用 650mm 皮带机水平运输、300mm box 管垂直运输、臂长 22m 仓面布料机进行仓面布料浇筑的工艺施工；模板采用高 3.1m 的悬臂式爬升模板，现场安装 1 台 900tm 塔吊和 1 台 250tm 塔吊供材料运输和提升模板。整个混凝土分底板混凝土浇筑、高程 210.00m 以下采用混凝土浇筑、高程 210.00～267.00m 采用混凝土浇筑、高程 267.00～291.00m 采用混凝土浇筑四个阶段。

二、2#泄洪洞

2#泄洪洞进水塔塔基 43m×25m（长×宽），塔架高 86m（205.00～291.00m）。塔架为 C25 混凝土，流道为 C9050 混凝土，二期混凝土为 C30。闸门设备有：弧形工作门 1 扇、平板事故检修门 1 扇、液压启闭设备 1 台、固定卷扬机 1 台。

1. 龙抬头开挖与支护

石方开挖采用三层五区正台阶法平行施工。采用微差毫秒起爆，爆破后用挖掘机装渣，自卸汽车运输出渣。每循环爆破出渣结束后，及时进行洞室支护，支护方式以网片锚喷为主，地质条件较差时按设计要求采用钢拱架支护。

2. 龙抬头衬砌

（1）边墙钢筋。在流道内搭设脚手架，下部留 3.5m 宽的施工通道，前 6 段钢筋从 2#塔流道进入，后 9 段钢筋从导流洞出口进入。

（2）边墙模板。在洞壁围岩上安装锚杆作为 90cm×150cm 普通钢模板的施工拉筋，从下游往上游连续立模，混凝土顺仓浇筑。需拆除模板时，从顶部分界线向下挂铅垂线，保留下一仓能够用到的模板。

（3）边墙浇筑。边墙采用泵送浇筑法左右对称施工，入仓口设置在仓位中

间，从第 6 段往上游推进。

（4）顶拱浇筑。顶拱施工采用空中铜模台车方案。边墙施工时提前埋设埋件用于轨道安装，模板台车共 4 节，每节 3.0m，节间用螺栓连接，各节设置 8 套卡轨器，拱脚各设置一块与边墙紧贴且可活动的拐角模板。

顶拱浇筑除第 1 段外，其余 14 段均使用钢模台车。首先浇筑第 6 段顶拱，然后依次往上游浇筑第 5～2 段，第 2 段顶拱浇筑后，拆除顶拱台车并移至出口重新进行拼装，依次浇筑第 15～7 段顶拱。

（5）底板浇筑。在边墙与顶拱全部浇筑完成后从下游向上游用泵送混凝土和滑模方式施工，经试验室论证可行后，在混凝土内添加适当比例的早强剂。

3. 回填灌浆

底板和侧墙固结灌浆结束后进行顶拱回填灌浆，从下游往上游分二序施工：①一序孔灌浆压力达到 0.2MPa 并稳定后持浆 20min 结束一序孔灌浆；②二序孔施工时另外钻灌浆孔并压入水泥浆，压力达到设计值后持浆 20min 结束灌浆。

4. 固结灌浆

四周岩石固结灌浆施工参数为：梅花状布置，间排距 3.0m，伸入岩石 5m，灌浆压力 0.2～0.4MPa。基础岩石固结灌浆采用潜孔钻造孔，边墙和顶拱采用气腿式风钻造孔。在规定压力下，单孔注入率小于 0.4L/min 延续灌注 30min 后结束灌浆。

5. 2# 进水塔施工

2# 进水塔采用 650mm 皮带机水平运输、300mm box 管垂直运输、仓面布料机进行仓面布料浇筑的工艺施工，仓面布料机安装在距进口 20.27m 处，模板采用高 3.1m 的悬臂式爬升模板，现场安装 1 台 900tm 塔吊供材料运输和提升模板使用。

加工成型后的钢筋运至施工现场后，经塔吊吊运至工作面进行安装，塔体竖向钢筋长 4.5m。塔架底板模板主要采用 0.9m×1.5m 型号，边角部分采用小型组合钢模板和木模板，合钢模板和木模板尺寸不统一，主要填补边角空隙。塔架模板外模采用悬臂模板，交角部位采用加工联接角模联接，进口的曲面模板跟随悬臂模板一起爬升。

混凝土浇筑按分层阶梯循法环浇筑施工。下料口距离混凝土面高差不大于 2.0m，每层厚度控制在 50cm 以内。

第六节 溢 洪 道

溢洪道工程于 2011 年 11 月 1 日开工，2016 年 8 月 30 日完工，2017 年 1 月 22—23 日通过单位工程验收。溢洪道工程由引渠段、闸室段、泄槽段和挑流鼻坎段组成。进口引渠底板高程 259.70m，采用 WES 实用堰，堰顶高程 267.50m，堰上设 3 孔净宽 15.0m 弧形工作门；闸后为明渠泄槽，底坡 $i = 0.445$，矩形横断面，边墙为贴坡式直立挡墙，溢洪道总长度 174.00m。采用挑流消能，下泄水流直接挑入河道。

一、土石方工程

土石方一般明挖分为两个施工区域，闸室段和引渠段为一区，陡槽段、挑流反弧段和护坡段为二区。边坡采用预裂爆破，基础石方开挖采用浅孔爆破，分层进行，主要采用潜孔钻钻孔，同时使用部分 YT26 气腿式风钻钻孔解小，非电毫秒雷管起爆。土石方均采用 PC220 挖掘机开挖、15t 自卸车外运、ZL50 装载机进行料场平整。土方填筑和石渣填筑配备 1m³ 挖掘机挖装，15t 自卸车运输，T120 推土机推平，YZ18 振动压路机压实，蛙式打夯机夯实边角部位。

二、闸室段混凝土浇筑

模板采用定型大型钢模板，满堂脚手架支撑，对拉螺栓固定，钢筋加工在溢洪道内设置加工厂，采用 HZS60 混凝土拌和楼拌制混凝土，混凝土采用三级配，塔吊、履带吊吊运吊罐送混凝土入仓，斜层浇筑，插入式振捣器振捣密实。交通桥主梁采用预制吊装，预制在生产区预制场进行，底模及侧模采用钢模板，插入式振捣器振捣，草栅覆盖，洒水养护。

三、两岸边坡喷锚支护

钻孔采用风钻钻孔，清水冲洗后，由 HB50/15 灌浆泵灌入水泥砂浆，用浓浆封口后，将锚杆慢慢插入孔内。待砂浆强度达到一定设计强度后，挂钢筋网，由 PZ－5 混凝土喷射机自下而上喷射细石混凝土，初凝后洒水养护。

第七节 电 站

电站工程于 2011 年 5 月 8 日开工，2015 年 11 月 3 日基本完工，2017 年 4 月 13 日机组开始检修、调试，2017 年 5 月中旬外线线路全部架设完成。电站工程主要包括引水发电洞、大小电站厂房等。

一、引水发电洞

引水发电洞为圆形有压洞，分为主洞和岔洞，主洞长 711.952m，洞径 3.5m，岔洞长 61.44m，洞径 1.8m。岔洞从主洞桩号 0+558.08 处进行接入引水至小电站。引水发电洞采取钢筋混凝土衬砌和压力钢管衬砌。

1. 开挖与支护

引水发电洞石方开挖采用全断面光面爆破一次成型法施工，斜井段采用半洞法自下而上开挖。钻孔采用气腿式风钻，循环进尺约 1.8～2.2m，地质条件较差时适当缩小循环进尺。采用微差毫秒起爆，爆破后用 LWL-100 型扒渣机装渣，农用车运输出渣。

每循环爆破出渣结束后，及时进行洞室支护，支护方式以锚喷为主，地质条件较差时按设计要求挂网及钢拱架支护。在洞壁上安装喷射混凝土厚度控制钢筋，混凝土覆盖了控制钢筋和钢筋网片时停止喷混凝土作业。

2. 混凝土衬砌

引水发电洞衬砌分为标准转弯段、标准直线段及压力钢管段。

（1）标准转弯段：搭设满堂脚手架，采用组合钢模板全断面一次浇筑成型。

（2）标准直线段：采用针梁式钢模台车一次浇筑成型。

（3）压力钢管段：先安装压力钢管，分段进行混凝土回填。

标准直线段和标准转弯段钢筋采用焊接连接，制作成型的钢筋运至施工现场后进行安装和绑扎，然后进行模板安装。组合模板拼装采用 P3015 平面钢模板拼装，局部辅以木模版，拼装工程严格控制拼装模板缝隙及表面平整度。

针梁式钢模衬砌台车侧墙设仓门进料，侧墙入仓口完全关闭后，把泵管移至台车顶部入仓口，从顶部进行浇筑，当混凝土充满拱顶时及时停止泵送。关闭顶拱泵送仓门，摘除泵管，完成引水发电洞标准段一仓边顶拱混凝土衬砌浇筑作业。该过程振捣采用附着式平板振捣器，局部位置辅以人工振捣。

标准段模板拆除时先拆除挡头模板，割除外漏铁件后涂刷三道沥青作为永久分仓缝的伸缩材料。钢模台车拆除时，先松开钢模台车的侧墙支撑，再松开顶拱支撑，台车沿针梁轨道前行至下一浇筑工作面，已浇混凝土面涂刷养护剂进行养护。

3. 回填灌浆

引水发电洞衬砌结束后进行顶拱回填灌浆。从下游往上游分二序施工：①一序孔施工时，压力达到 0.2MPa 并稳定后持浆 30min 结束一序孔灌浆；②二序孔施工时压力达到设计值后持浆 30min 结束灌浆。

4. 固结灌浆

在规定压力下，单孔注入率小于 0.4L/min 延续灌注 30min 后结束灌浆。

封孔采用"压力灌浆封孔法"浆液水灰比为 0.5∶1。固结灌浆施工完毕、质量检查合格后，孔口 20mm 用环氧砂浆进行封口，并抹平。

二、大小电站厂房

大小电站厂房包括 2 个地面式明厂房，分别布置在高程 167.89m 和高程 211.73m。大厂房由主副厂房、安装间及尾水渠组成；小电站由主厂房、安装间和配电室等组成。

1. 厂房开挖

开挖总体分三层，自上而下进行施工，边开挖边支护。

（1）第一层：11 号道路（高程 210.00m）—边坡（195.00m 高程），层高 15.0m，分层出渣；

（2）第二层：边坡（高程 195.00m）—进场公路（高程 180.00m），层高 15.0m，边坡内侧为石方开挖，外侧主要为覆盖层砂卵石开挖，山体内侧石方开挖分层钻爆，装载机分层出渣，由 15T 自卸汽车运至指定渣场；

（3）第三层：进场公路（高程 180.00m）—厂房建基面（高程 166.89m），层高 13.1m，主要为主副厂房、安装间的石方开挖和尾水渠的覆盖层砂卵石以及石方开挖，分三层自上而下进行开挖。

2. 支护

一个部位的排水孔、锚杆及钢筋网安装完成后喷射 C20 混凝土。混凝土采

用干喷法施工。边坡浆砌石采用 50 号块石，M7.5 砂浆砌筑。

三、结构混凝土施工

厂房混凝土浇筑以主厂房 1# 机组段为核心，2# 机组段跟进，安装间和副厂房随主厂房自下而上逐层按"先底板后边墙、先一期后二期"的施工顺序上升，安装间屋面、各段吊车梁尽快形成，以便桥机安装和机组安装。

在基础约束区内，混凝土的浇筑层高不大于 1.5m；在基础约束区之上，混凝土浇筑的层高为 2.0～3.5m。

施工材料的吊运主要采用吊车，辅以人工配合。混凝土采用自拌，$10m^3$ 罐车运至工地现场，浇筑主要采用泵车，辅以溜槽和人工浇筑。

第三章　安全监测设计与施工

第一节　监　测　设　计

　　河口村水利枢纽工程安全监测的主要任务是及时发现和预报工程在施工期和运行期可能出现的安全隐患，以便及时采取工程措施。参照有关监测规范以及类似工程经验，同时考虑到本工程的地质、结构和环境情况，监测设计原则如下：

　　监测布置要突出重点，兼顾全局，关键部位的关键项目应作为重点集中布设；以监测建筑物的安全为主，监测项目的设置和测点的布设既要满足监测工程安全运行需要，同时兼顾到验证设计；永久监测设备的布置尽量与施工期的监测布置相结合，做到一个项目多种用途，在不同时期能反映出不同重点；各种监测项目的布设要互相结合，以便互相校核；设备选型要突出长期稳定、可靠，种类尽量少，以利于管理、施工和实现自动化；对于永久监测的测点全部实现自动化监测，自动化系统在可靠、先进的前提下，还要考虑留有人工监测接口；在进行仪器监测的同时，要重视人工巡视检查工作，以互相补充；对所有的监测资料应及时整理、分析，以便及时发现不安全因素，采取有效的工程处理措施。

一、变形监测网

1. 平面控制网的布设

　　枢纽区控制网的布设：枢纽区主要监测对象有大坝、泄洪洞进出水口及边坡、厂房后边坡、溢洪道闸室及边坡等。根据本工程的实际情况，本工程一级网点共布设6个，基准点位于大坝的左右坝肩，采用倒垂进行控制。

2. 高程控制网的布设

　　坝址区高程监测网由基准点和水准工作基点构成，基准点应布置在水库蓄

水后的影响范围外。水准工作基点选在靠近水工建筑物或监测对象的附近。

根据本工程的实际情况，基准点位于 4 号路转弯处的位置，采用双金属标进行控制。工作基点共设 5 个。

二、大坝

1. 坝体的表面变形监测

坝体共布设 5 个纵断面进行坝体的表面变形监测，其中上游面布设 1 个临时监测断面，位于一期、二期面板交界的高程部位，主要针对大坝及面板施工期的变形监测。下游侧布设 4 个监测断面。坝体下游侧的 4 个断面分别位于坝顶下游侧、高程 258.10m 观测房上、高程 242.35m 观测房上和高程 221.6m 观测房上，以监测大坝施工及运行期的变形监测。在上述断面上河床部位每隔 40m 左右布设一个监测标点，两岸每隔 50～60m 左右布设一个监测标点。

2. 坝体的内部变形监测

选择桩号 D0＋080.00、D0＋140.00 和 D0＋220.00 三个横断面进行监测。分别在 D0＋080.00 和 D0＋220.00 两个断面的高程 223.50m 布设 10 套钢弦式沉降仪，6 套引张线式水平位移计；在高程 244.25m 布设 7 套钢弦式沉降仪，5 套引张线式水平位移计。在这两个监测断面的坝下 0－007.00 位置个安装一套带沉降环的竖直测斜管，沉降环每 5m 布设 1 个。在最大坝高桩号 D0＋140.00 监测断面的高程 223.50m 布设 10 套钢弦式沉降仪，6 套引张线式水平位移计；在高程 244.25m 布设 7 套钢弦式沉降仪，5 套引张线式水平位移计；在高程 260.00m 布设 5 套钢弦式沉降仪，3 套引张线式水平位移计。在 D0＋140.00 监测断面的基础面上布设一条水平固定测斜仪测线，测斜管内安装 63 支水平固定测斜仪。在本断面的坝下桩号 0－007.00 和坝下桩号 0－049.00 各埋设一套带沉降环的竖直测斜管，沉降环每 5m 布设 1 个。

在坝轴线纵剖面，左岸坡高程 210.00m 安装 5 支土体位移计；高程 230.00m 安装 9 支土体位移计；高程 270.00m 安装 7 支土体位移计；在右岸坡高程 250.00m 安装 9 支土体位移计。

大坝典型断面监测布置图如图 3-1 所示。

3. 面板挠度及周边缝、竖直缝开合度监测

在三个重点监测断面的面板上布置电平器，监测面板的挠曲变化。在桩号

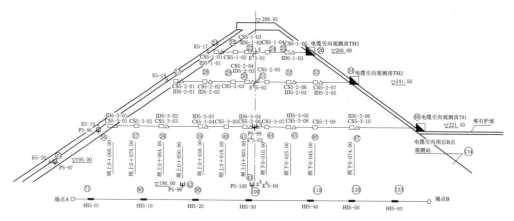

图 3-1　大坝典型断面监测布置图

D0+080.00 布置 20 支电平器，在桩号 D0+140.00 布置 23 支电平器，在桩号 D0+220.00 布置 23 支电平器。

沿面板周边缝布置 23 支三向测缝计。其中左岸布置 10 支，河床段布置 4 支，右岸布置 5 支。为监测趾板与连接板之间的接缝变化情况，在该接缝处布设 4 支三向测缝计。

为监测面板之间分缝变形，在左岸张性缝上布置 15 支表面单向测缝计，位置分别是：桩号 D0-104.83 布置 2 支，面板连接板与左右侧面板连接缝分别布设 2 支，桩号 D0+006.00 布置 2 支，桩号 D0+030.00 布置 3 支，桩号 D0+060.00 布置 4 支。右岸张性缝上布置 4 支表面单向测缝计：桩号 D0+300.00 与 D0+336.00 各布置 2 支。在河床段压性缝上布置 12 支表面单向测缝计：桩号 D0+096.00、D0+168.00 及 D0+240.00 各布置 4 支。为监测面板与防浪墙之间分缝变化量，在面板顶部与防浪墙结合处布置 5 支表面单向测缝计，桩号分别是 D0+027.00、D0+102.00、D0+174.00、D0+246.00、D0+318.00。

为监测面板与垫层料之间的脱空情况，在桩号 D0+105.00，D0+177.00，D0+250.00 的三个断面的不同高程各埋设 5 支脱空计。大坝趾板监测布置图如图 3-2 所示。

4. 坝体和坝基渗流监测

坝体及坝基渗流渗压主要包括坝基趾板渗压、岸坡趾板区渗压、下游岸坡渗压、坝基渗流量和绕坝渗流等项目。

沿周边缝在面板下的垫层料内埋设渗压计及温度计，监测周边缝和缝面下

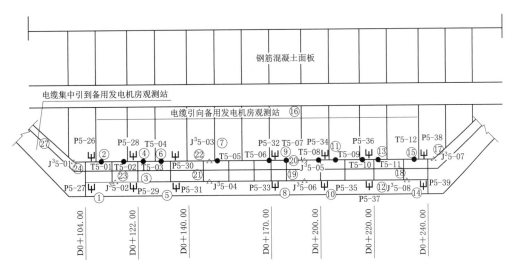

图 3-2　大坝趾板监测布置图

的渗水压力及温度变化。其中左岸面板周边缝下埋设 13 支渗压计，12 支温度计；河床段面板周边缝下埋设 7 支渗压计，12 支温度计；右岸面板周边缝下埋设 5 支渗压计。8 支温度计。按照面板的体形情况选择一定的部位在趾板或者连接板前后布设渗压计，其中在左岸趾板与踏步结合处布设 13 支渗压计；左岸防渗板下布设 8 支渗压计；河床段趾板与连接板接缝下方埋设 7 支渗压计；右岸趾板与踏步结合处布设 5 支渗压计。

　　为监测坝基渗流，在 D0+080.00 监测断面的堆石体底部沿基础面埋设 7 支渗压计；在 D0+140.00 监测断面堆石体底部沿基础面埋设 9 支渗压计；在 D0+220.00 监测断面堆石体底部沿基础面埋设 7 支渗压计。坝基渗压计监测布置图如图 3-3 所示。

　　为监测坝体渗流情况，在 D0+080.00 断面垫层料内高程 200.00m、高程 221.50m 各布置 1 支渗压计，在 D0+140.00 断面垫层料内高程 195.00m、高程 221.50m 各布置 1 支渗压计，同时在该断面坝轴线位置 190m、高程 221.50m 以及坝轴线上游侧 50m 处高程 190.00m 各布设 1 支渗压计，在 D0+220.00 断面垫层料内 195.00m、高程 221.50m 各布置 1 支渗压计，同时在该断面坝轴线位置高程 190.00m 以及坝轴线上游侧 50m 处高程 190.00m 各布设 1 支渗压计。

　　为监测绕坝渗流，结合左岸山体的防渗体系一考虑，在左岸坝肩布置 12 个水位监测孔，在右岸坝肩布置 5 个水位监测孔，在每个孔内安装测压管并埋

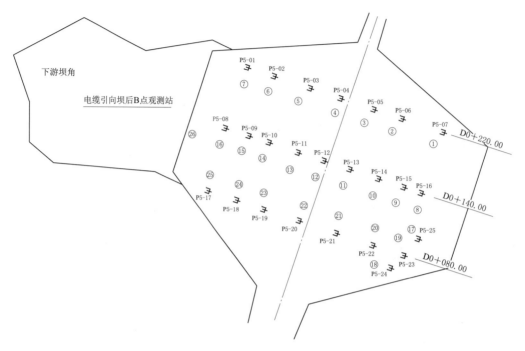

图 3-3 坝基渗压计监测布置图

设渗压计。

在大坝下游布置量水堰进行渗漏量监测。

5. 面板应力应变及堆石体应力监测

混凝土面板内的应力应变监测主要布置的监测仪器有双向钢筋计、两向应变计、三向应变计及无应力计。27#面板桩号 D0+054.00 附近在面板不同高程布置 3 组应力应变监测仪器；23#面板桩号 D0+102.00 附近在面板不同高程布置 5 组应力应变监测仪器；17#面板桩号 D0+174.00 附近在面板不同高程布置 5 组应力应变监测仪器；11#面板桩号 D0+246.00 附近在面板不同高程布置 5 组应力应变监测仪器；7#面板桩号 D0+294.00 附近在面板不同高程布置 3 组应力应变监测仪器。另外，在面板受力复杂的左岸坡面板也选择两个监测断面布置双向钢筋计、两向应变计，位置分别是 D0-122.83.00 和 D0-098.83.00。另外由于面板周边缝附近受力比较复杂，沿周边缝在面板布置 6 支三向应变计。

为监测施工及运行期混凝土面板温度的变化，在面板内不同高程埋设温度计，以评价温度对面板的影响，选择 7 个监测断面，桩号 D0-006.00 布置 2 支温度计；桩号 D0+027.00 布置 3 支温度计；桩号 D0+078.00 布置 4 支温度计；

桩号 D0＋126.00 布置 4 支温度计；桩号 D0＋186.00 布置 4 支温度计；桩号 D0＋234.00 布置 4 支温度计；桩号 D0＋294.00 布置 3 支温度计。

在 D0＋080.00 断面上游侧垫层料内高程 200.00m、高程 221.50m 及高程 244.25m 分别埋设一支界面土压力计，在 D0＋140.00 断面上游侧垫层料内高程 195.00m、高程 221.50m、高程 241.50m 及高程 260.00m 分别埋设一支界面土压力计，在 D0＋220.00 断面上游侧垫层料内高程 195.00m、高程 221.50m 及高程 244.25m 分别埋设一支界面土压力计。另外，在最大坝高断面 D0＋140.00 的坝轴线上的高程 190.00m、高程 221.50m、高程 241.50m 和高程 260.00m 分别布设一组四向土压力计组。

6. 坝体地震反应监测

在 D0＋140.00 剖面的坝顶、高程 258.10m、高程 242.35m 和高程 221.60m 观测房内均设置一台三分向强震仪，并在两岸坝肩各布设一台三分向强震仪。

7. 左右岸趾板开挖边坡监测

在左岸趾板边坡高程 180.00m、高程 200.00m、高程 220.00m、高程 240.00m 布置 7 个位移标点，在 220.00m 及 240.00m 高程分别布设 1 套 3 点位移计；在右岸板边坡高程 180.00m、高程 200.00m、高程 220.00m、高程 240.00m 布置 7 个位移标点。

三、防渗工程

1. 混凝土防渗墙和连接板监测

（1）混凝土防渗墙和连接板的变形监测。为监测混凝土防渗墙的水平变形，选择 3 个断面进行监测，每个断面的防渗墙内部布设垂直固定测斜仪。桩号 D0＋146.00 布置 4 支垂直固定测斜仪；桩号 D0＋170.00 布置 5 支垂直固定测斜仪；桩号 D0＋202.00 布置 4 支垂直固定测斜仪。

混凝土防渗墙的连接板与平趾板的结合部位也是我们重点关注的对象，在连接板内埋设一条水平固定测斜仪测线，布置 24 支水平固定测斜仪。

（2）混凝土防渗墙和连接板的渗流监测。为监测混凝土防渗墙和连接板的防渗效果，布设渗压计进行监测。

（3）混凝土防渗墙和连接板的应力监测。为监测混凝土防渗墙的受力情况，在防渗墙 3 个主监测断面布置应力应变监测仪器，在桩号 D0＋146.00 及桩号 D0＋202.00 每个断面布设 6 支钢筋计、6 支应变计及 3 支无应力计进行监测；在桩号 D0＋170.00 布设 8 支钢筋计、8 支应变计及 4 支无应力计进行监测。

为监测连接板的受力情况，在上述 3 个主监测断面的连接板内布置应力应变监测仪器，在每个断面内埋设 2 支单向钢筋计、2 支双向应变计及 1 支无应力计。

为监测土体对混凝土防渗墙的侧向土压力，在上述 3 个断面布置土压力计进行监测。在桩号 D0＋146.00 及桩号 D0＋202.00 每个断面布设 3 支土压力计；在桩号 D0＋170.00 布设 4 支土压力计。

为监测运行期连接板的外荷载作用状况，分别在桩号 D0＋146.00、桩号 D0＋170.00 及桩号 D0＋202.00 连接板下各布设 1 支界面土压力计。

为监测河床段趾板的受力情况，在 D0＋140.00、D0＋180.00、D0＋220.00 三个监测断面的连接板内布置应力应变监测仪器，在每个断面内埋设 2 支单向钢筋计，2 支双向应变计及 1 支无应力计。

2. 高趾墙（现浇混凝土防渗墙）与混凝土防渗墙连接部监测

在高趾墙（现浇混凝土防渗墙）与混凝土防渗墙左右侧连接部位桩号 D0＋118.00 及桩号 D0＋231.00 各布置 1 支测缝计进行监测。

在左右岸各选 1 个断面 D0＋115.00，D0＋234.00，每个断面布设 8 支钢筋计、8 支应变计及 3 支无应力计进行监测。

为了监测防渗墙的防渗效果，在防渗墙部位选择 3 个主监测断面 D0＋146.00，D0＋170.00，D0＋202.00。在防渗墙桩号 D0＋146.00 断面的防渗墙上游侧埋设 1 支渗压计，下游侧不同高程钻孔埋设 4 支渗压计；D0＋170.00 断面的防渗墙上游侧埋设 1 支渗压计，下游侧不同高程钻孔埋设 4 支渗压计；D0＋202.00 断面的防渗墙上游侧埋设 1 支渗压计，下游侧不同高程钻孔埋设 5 支渗压计。同时在 D0＋104.00、D0＋108.00、D0＋240.00、D0＋245.00 防渗板下各布置 1 支渗压计，在高趾墙（现浇混凝土防渗墙）与混凝土防渗墙左右侧连接部位 D0＋118.00、D0＋231.00 连接板下各布设 1 支渗压计。

3. 左右岸山体绕坝渗流

为监测绕坝渗流，左岸在绕坝渗流布置时，结合左岸山体的防渗体系一考虑，整个左岸山体水位监测孔布置 12 个；在右岸坝肩布置 5 个水位监测孔。

四、引水发电系统

1. 引水发电洞

选择 2 个断面进行监测，具体位置为引 0＋070.00 和引 0＋415.00。每个断面布置的监测仪器有：3 支 3 点位移计、4 支测缝计、3 支锚杆测力计、4 支渗压计、8 支钢筋计、4 支应变计、1 支无应力计。另外，为了监测围岩表层收敛变形，选择 14 个收敛监测断面，每个断面布置 5 个收敛点，收敛断面的位置分别是：引 0＋040.00、引 0＋090.00、引 0＋140.00、引 0＋190.00、引 0＋240.00、引 0＋290.00、引 0＋340.00、引 0＋390.00、引 0＋440.00、引 0＋490.00、引 0＋540.00、引 0＋590.00、引 0＋640.00、引 0＋690.00。

2. 厂房

对厂房开挖边坡的表面变形进行监测，在高程 195.00m 马道布置 6 个位移标点；高程 182.50m 马道布置 2 个位移标点，11 号道路边缘高程 210.00m 布置 4 个位移标点。

为监测厂房开挖边坡内部变形及锚杆支护情况，选择两个边坡开挖断面布置监测仪器，在大厂横桩号 0＋002.00 位置高程 210.00m 布置 1 支竖直测斜管，测斜管底部装 1 支渗压计；在高程 195.00m 马道布置 1 支 4 点位移计，并在该断面安装 5 支锚杆测力计。另外 1 个断面位于大厂横桩号 0＋020.00，在该断面高程 210.00m 布置 1 支竖直测斜管，测斜管底部装 1 支渗压计；在高程 195.00m 和高程 179.00m 马道各布置 1 支 4 点位移计，并在该断面安装 5 支锚杆测力计。

为了监测厂房底板扬压力，在厂房底板基础布置 6 支渗压计。

五、泄洪洞

1. 进水塔

对 1# 泄洪洞进水塔进行基础应力、基础渗流及基础深层变形的监测，选 3 个横断面进行监测：1 泄 0－023.00、1 泄 0＋000.00、1 泄 0＋024.00。在 1 泄 0－023.00 和 1 泄 0＋024.00 断面左侧和右侧分别布置 1 支土压力计、1 套 3 点位移计及 1 支渗压计，并在塔体中间部位基础各布置 1 支渗压计；在 1 泄 0＋000.00 基础布置 3 支渗压计。

为了解进水塔底板以上结构缝灌浆前后缝面张开情况，为结构缝接缝灌浆提供依据，在结构缝缝面埋设 4 支测缝计。

2. 洞身

泄洪洞选择 3 个监测断面，其中在 F6～F8 断层处设 2 个监测断面为重点监测断面，桩号分别是 1 泄 0＋180.00、1 泄 0＋260.00，F4、F5 断层间处的监测断面为次要监测断面，桩号为 1 泄 0＋445.00。

主监测断面设置的监测项目有：围岩表层收敛监测，围岩深部变形监测布置 3 支 3 点位移计；锚杆支护应力监测布置 5 支锚杆应力计；衬砌混凝土的应力应变监测布置 10 支钢筋计、5 支应变计、2 支无应力计；隧洞衬砌与围岩接触缝的监测布置 5 支测缝计；隧洞外水压监测布置 2 支渗压计等。次要监测断面监测项目与主监测断面一样，但仅对隧洞一侧布置仪器。

另外，每 50m 选择一个收敛监测断面，每个断面布设 5 个收敛监测点，收敛监测断面具体位置根据施工时出露的地质情况进行选定。

3. 进口边坡

在洞脸边坡选择 3 个监测断面：xzF01 断面、2# 泄洪洞轴线断面、1# 泄洪洞轴线断面，在洞右侧边坡设两个监测断面：XF02 断面和 XF03 断面。

（1）在 xzF01 断面布置 2 个位移标点，分别位于高程 250.50m 和高程 270.50m，1 支 4 点位移计位于高程 270.50m 马道的边坡上；在 2# 泄洪洞轴线断面布置 1 个位移标点，位于高程 250.50m，1 支 4 点位移计位于高程 250.50m 马道的边坡上，5 支锚杆应力计；在 1# 泄洪洞轴线断面布置 2 个位移标点，分别位于高程 230.50m 和高程 250.50m，2 支 4 点位移计分别位于高程 230.50m 和高程 250.50m 马道的边坡上，5 支锚杆应力计。

（2）在 XF02 断面布置 3 个位移标点，分别位于高程 220.50m、高程 250.50m 和高程 270.50m，3 支 4 点位移计分别位于高程 220.50m、高程 250.50m 和高程 270.50m 马道的边坡上，5 支锚杆应力计。

（3）在 XF03 断面布置 3 个位移标点，分别位于高程 250.50m、高程 270.50m 和高程 280.50m；3 支 4 点位移计分别位于高程 220.50m、高程 250.50m 和高程 270.50m 马道的边坡上；5 支锚杆应力计，在高程 280.50m 马道埋设 1 支竖直测斜管，管底部安装 1 支渗压计。另外，在泄洪洞左侧边坡 5 根锚索中选择 2 根锚索（间隔选取），各布置 1 根测力计进行锚索长期监测。

4. 2#古崩塌体

在 2#古崩塌体布置 8 个位移标点和 1 套竖直测斜管（底部装渗压计）。

六、溢洪道

溢洪道主要设置的监测项目有底板扬压力、锚杆应力、侧墙位移。

沿溢洪道轴线从上游至下游布设 11 支渗压计，桩号分别是溢 0−049.00、溢 0−022.00、溢 0−016.00、溢 0−001.50、溢 0+020.00、溢 0+039.00、溢 0+070.00、溢 0+110.00、溢 0+138.00、溢 0+153.50、溢 0+165.00 用以监测底板的扬压力。在下游侧基础锚杆上布置 3 支锚杆应力计，桩号分别是溢 0+138.00、溢 0+153.50、溢 0+165.00，用以监测底板受力状况。另外，在溢洪道与左岸面板接触部位布置 3 支渗压计来监测溢洪道与面板之间渗流情况。

为监测溢洪道闸室及闸墩的沉降变形，在闸室边墙及中墩四周各布设 1 个沉降标点，共布置 8 个。为监测溢洪道开挖边坡的表面变形及稳定性，在左右岸边坡马道上各布置 2 个位移标点。

七、导流洞

1. 进口边坡

为监测导流洞进口边坡在施工期和运用期的工作状况，根据进口边坡的结构和地质情况，在导流洞进口左侧边坡选择两个断面进行监测。位置分别为导 0−043.50 和导 0−013.50。在导 0−043.50 监测断面，在高程 209.00m 马道布设 1 套 4 点式位移计，在边坡上布设 4 支锚杆测力计；在导 0−013.50 监测断面上，在高程 209.00m 及高程 239.00m 马道各布设 2 套 4 点式位移计，在高程 239.00m 马道布置一支测斜管（底部装渗压计）；根据边坡的实际情况，在边坡上共布设位移标点 6 个，位移标点利用河对岸的控制点采用极坐标法进行监测。

2. 洞身

根据导流洞的洞身结构和地质情况，选择 3 个断面进行监测，其中 2 个为主监测断面，桩号分别为导 0+105.00 和导 0+360.00，另外 1 个为次要监测断面，位置为导 0+535.00。

测断面设置的监测项目有：围岩表层收敛监测，围岩深部变形监测，衬砌混凝土的应力应变监测，隧洞衬砌与围岩接触缝的监测布置，隧洞外水压监测等。

主监测断面仪器具体布置情况为：顶拱布设一套 3 点式位移计，边墙两侧上部各布设一套 3 点式位移计；在混凝土衬砌内外层钢筋上布设 10 支钢筋计；在顶拱、两侧拱肩以及边墙两侧中部衬砌与围岩的结合部各布设一支测缝计；在顶拱、两侧拱肩以及边墙两侧中部的锚杆上各布设一支锚杆测力计；在边墙两侧下部各布设一支渗压计。次要监测断面监测项目与主监测断面一样，但仅对隧洞一侧布置仪器。

另外，收敛监测断面布置在Ⅲ～Ⅴ类围岩处，Ⅲ、Ⅳ类围岩监测断面间距 100m，Ⅴ类围岩监测断面间距 500m，共设 14 个断面，每个断面布设 5 个收敛监测点，收敛监测断面具体位置根据施工时出露的地质情况进行选定。

3. 出口边坡

在导流洞和泄洪洞的洞脸边坡各设 1 个监测断面，分别位于导流洞轴线和泄洪洞轴线。并在导流洞出口左侧边坡设 1 个监测断面，桩号为导 0＋727.00。其中导流洞洞脸边坡布设 3 套 4 点式位移计和 3 个位移标点，分别位于高程 231.40m，高程 216.40m，高程 186.40m 马道上，在高程 216.40m 马道上布置 1 套测斜管（底部装 1 支渗压计），并在边坡上设置 5 支锚杆测力计；泄洪洞的洞脸边坡布设 2 套 4 点式位移计，分别位于高程 216.40m 和高程 193.00m 马道，在高程 216.40m 马道上布置 1 套测斜管（底部装 1 支渗压计），在边坡上设置 3 个位移标点，分别位于高程 231.40m、高程 216.40m 和高程 193.00m 马道，并在边坡上设置 4 支锚杆测力计；在导 0＋727.00 监测断面的高程 186.40m 及高程 201.40m 马道上各布设 1 套 4 点式位移计和 1 个位移标点，同时在边坡支护锚杆布设 4 支锚杆测力计。

4. 导流洞堵头

导流洞堵头封堵时，选择 2 个监测断面 D0＋090.00 和 D0＋112.00，在每个断面分别布置 3 支渗压计、5 支温度计、3 支测缝计、4 支应变计、2 支无应力计。

第二节 监 测 施 工

安全监测仪器设备的埋设安装严格按照设计图纸、通知和相关的技术规程规范执行，并接受现场监理人的指导与监督。

（1）各种监测仪器须在仪器安装埋设的土建工程施工完成，经验收合格后，才能安装埋设。

（2）仪器安装就位经现场监理检测合格后，方可填筑或浇筑混凝土。

（3）埋设仪器周围的填筑料或混凝土要人工或小型振捣器小心振捣密实，防止损坏仪器。

（4）仪器埋设过程中应随时对仪器进行检测，确定仪器是否正常。

一、平面监测控制网点

（1）点位选择在视野开阔，通视良好，基础稳定的地方。

（2）对平面监测网基准点的基础开挖至基岩，并深入基岩下 0.5m；对平面监测网其他工作基点，基础开挖至原状土层以下 3m，地面观测墩高 1.3m。

（3）观测墩采用 $\phi 16$ 螺纹钢和 C20 混凝土，并按规定养护；测墩立柱为单层钢管，立柱高度应在 1.25～1.30m，并与监测部位紧密结合，标墩顶部设置强制对中盘，强制对中盘采用长水准气泡调整水平，其倾斜度不大于 $4'$。

（4）埋设时，注意避开交会视线上的障碍物 1m 以上。

具体埋设和监测技术要求按照设计图纸和《土石坝安全监测技术规范》（SL 551—2012）的要求执行。

二、表面位移测点

表面位移测点包含水平位移测点和垂直位移测点，采用钢筋混凝土标墩或图纸所示标点，强制对中盘的倾斜度不大于 $4'$。具体埋设和监测技术要求按照设计图纸和《土石坝安全监测技术规范》（SL 551—2012）的要求执行。其典型变形观测墩结构示意图如图 3-4 所示。

三、垂直位移控制网点

（1）垂直位移监测网点为现浇标墩，一般按基岩水准标形式，条件好时，可按岩石水准标形式浇筑，水准标心顶端高于标面 5～10mm。监测墩采用 $\phi 16$ 螺纹钢和 C20 混凝土，并按规定养护。

（2）水准标心顶端应高于标的顶面 0.5～1.0cm。

水准点埋设示意图如图 3-5 所示。

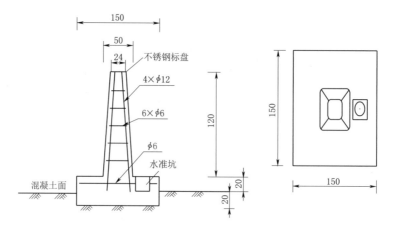

图 3-4 外观墩（标）埋设示意图（单位：cm）

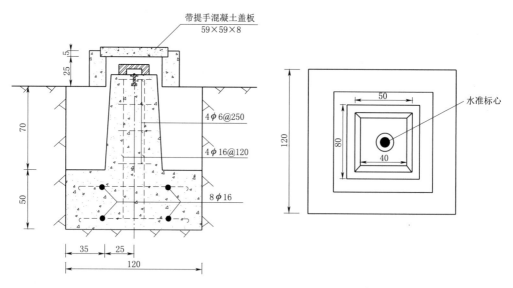

图 3-5 水准点埋设示意图（单位：cm）

四、倒垂线

1. 钻孔

（1）倒垂钻孔的放样误差小于±2cm，造孔孔径不小于 ϕ219mm，在 ϕ168mm 保护管埋设后，其有效管径一般不小于 10cm。

（2）造孔过程中，每钻进 1～2m 检测一次孔斜，发现孔斜超限时，及时纠正。

（3）对倒垂孔的钻孔进行地质素描，绘制钻孔柱状图，其岩芯获取率达 90％。

（4）终孔后的孔口，认真做好保护，防止杂物掉入孔内。

（5）终孔孔深达到设计图要求，其误差小于±10cm。

2. 垂线的安装

（1）垂线埋设安装严格按设计施工图、厂家使用说明书和《土石坝安全监测技术规范》（SL 551—2012）的要求执行。

（2）倒垂线锚块的埋设牢固，并使垂线处于倒垂孔有效孔径圆心上。

（3）安装浮体组时使倒垂线与浮子处于自由状态，并处于浮筒中央。

（4）先安装测线，再安装坐标仪底盘。应使仪器导轨平行于观测方向，坐标仪底盘应调整水平。其倒垂线安装埋设示意图如图 3-6 所示。

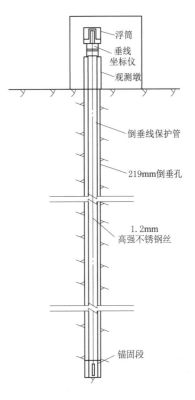

图 3-6　倒垂线安装埋设示意图

五、多点位移计

1. 钻孔

（1）多点位移计采用钻孔法埋设，在仪器埋设部位开挖完成后按设计的孔向、孔深钻孔，钻孔孔径 ϕ110mm。钻孔偏差应小于 3°，孔深比最深测点深 1.0m，孔口保持稳定平整。

（2）钻孔要求孔壁光滑、通畅，孔口扩大段与孔轴同心，钻孔完成后用清水将钻孔冲洗干净，严防孔壁沾油污。

2. 仪器组装

（1）按设计的测点深度，将锚头、位移传递杆和保护管与传感器严格按厂家使用说明书进行组装，其传递系统的杆件保护管应胶接密封，传递杆、灌浆排气管每隔一定距离用胶带绑扎固定。

（2）组装过程中每个锚头都要绑有安全绳，以便必要时，可将测杆拉回，同时做好测杆编号标记，以防混淆。

3. 仪器安装

（1）组装的位移计经现场检测合格后，缓慢送入孔中，用水泥砂浆密封孔口，保证测头基座与孔壁之间要密实。

（2）在孔口水泥砂浆固化后，进行封孔灌浆，水泥砂浆灰砂比为 1∶1，水灰比为 0.5，灌浆压力不大于 0.5MPa，灌至孔内停止吸浆时，持续 10min 结束，确保最深测点锚头处浆液饱满。

（3）灌浆完成待水泥砂浆达到初凝状态后，进行电测基座和位移计的安装。

（4）安装完毕并检测合格后，安装传感器保护罩，并上紧固定螺栓。

多点位移计安装埋设示意图如图 3-7 所示。

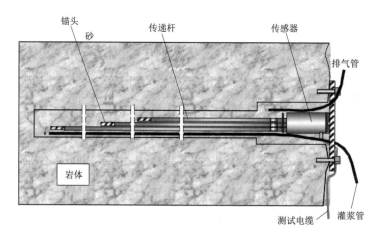

图 3-7 多点位移计安装埋设示意图

六、水平固定测斜仪

根据测斜仪的原理及要求，必须在同高程一次性开基础槽通长埋设；该仪器埋设高程位于大坝主堆料区域，根据该填筑区分层填筑要求，每 0.8m 为一个填筑碾压层高度，本仪器填筑高程为 172.80m，正处于一个填筑高程处，根据仪器上部回填最小厚度（1.0m）的要求，需两个填筑层高度才能满足要求，即填筑高度需在高程 174.40m 时才能挖基础槽埋设仪器，以避免分段分期填筑和填料摊平碾压期间损坏仪器，影响监测仪器基准值选取和监测精度（图 3-8）。

大坝主堆料为不同粒径的石料组成，根据级配要求，大坝主堆料最大粒径 800mm，结合现场现有施工机械设备情况及土建施工进度要求，开槽需采用 PC360 挖掘机和 PC220 破碎锤配合作业完成，其中 PC360 挖掘机的挖料斗宽度 1.2m，结合测斜仪基础墩的宽度以及两侧填料对基础墩及仪器的保护要求，经推算槽底最小开挖宽度需 1.6m。由于堆石料为散粒体，基础槽两侧需要一定的坡比才能满足基础槽两侧的边坡稳定，以避免影响施工期设备仪器及人员的安全，一般取坡比为 0.75。

安装时，测斜管管轴线尽量保持水平。其中一对槽的方向尽量垂直，偏斜不超过 1°，检查合格后方能回填沟槽。固定测斜仪逐节安装在测斜管内。传感器上方人工回填 1m 厚才可机械碾压。传感器电缆沿测斜管引出。

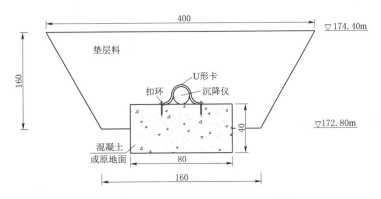

图 3-8　水平固定测斜仪设计断面尺寸（单位：cm）

七、沉降仪

沉降仪安装时，须在同高程一次性开基础槽通长埋设；为避免仪器被碾压机械损坏，设计规定水管式沉降仪中的传感器上方人工回填 1m 厚度才可进行机械碾压。

水管式沉降仪是沿坝体断面通长埋设，因此埋设时根据水管式沉降仪的性能要求，为避免分段分期填筑和填料摊平碾压期间损坏仪器，影响监测仪器基准值选取和监测精度，该套仪器需考虑通长埋设，即需要大坝全断面填筑完毕才能进行开槽埋设。沉降仪埋设示意图如图 3-9 所示。

槽底整平后置放传感器及钢板，用水准仪监测钢板的初始高程。电缆与通液管用钢管或硬塑料管保护后置于沟中且处于松弛状态。沟槽回填后再铺设坝

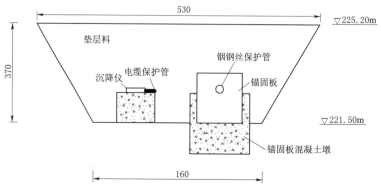

图 3-9　沉降仪埋设示意图（单位：cm）

体材料，有适当保护层后才可用机械碾压。储液罐的埋设高程高于传感器与通液管，考虑到施工期就须监测坝体沉降，储液罐分两次安装。

八、土体位移计

土体位移计 1 套 5～9 支仪器，顺坝轴线埋设。由于每支仪器与仪器之间采用测杆连接，因此每套仪器需要在大坝纵向同一高程一次性开基础槽通长（沿坝轴线方向）埋设。

该仪器埋设高程位于大坝主次堆料区域，大坝主堆料为不同粒径的石料组成，根据级配要求，大坝主堆料最大粒径 800mm，结合现场现有施工机械设备情况及土建施工进度要求，开槽采用 PC360 挖掘机和 PC220 破碎锤配合作业完成。其中，PC360 挖掘机的挖料斗宽度 1.2m，结合测斜仪基础墩的宽度以及两侧填料对基础墩及仪器的保护要求，槽底最小开挖宽度 1.6m。由于堆石料为散粒体，基础槽两侧需要一定的坡比才能满足基础槽两侧的边坡稳定，以避免影响施工期设备仪器及人员的安全，坡比为 0.75。在沟槽底部为法兰留出一个凹槽。传感器以上土体最初用人工压实，当保护层厚度达到 1m 后才可用机械碾压。电缆用钢管或硬塑料管保护且处于松弛状态。土体位移计安装断面尺寸示意图如图 3-10 所示。

九、水平位移计

引张线式水平位移计挖沟埋设，沟底整平后置放传感器及钢板，用水准仪监测钢板的初始高程。茵钢丝通过钢管保护后置于沟中且处于自由状态。

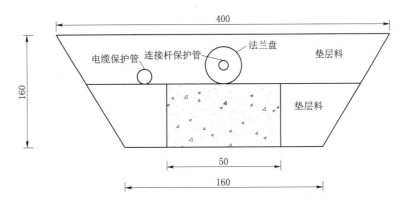

图 3-10 土体位移计安装断面尺寸示意图（单位：cm）

沟槽回填后再铺设坝体材料，有适当保护层后才可用机械碾压。测值装置安装保持保护钢管中心、滑轮上边缘在一条水平线上，安装初期放置 5kg 砝码，待坝体填筑 5m 后放置合理配重（砝码），并进行连续三次读数，稳定后选取初值。

十、测斜管

竖直测斜管（带沉降环）安装埋设在坝下游，随坝体填筑逐渐升高，安装埋设过程中使用填料桶保护，填料桶内回填 5mm 以下的细料。

竖直测斜管（带沉降环）或固定测斜仪基准管等监测仪器安装时，首先封住管底，用混凝土浇筑保护墩，然后每隔 2m 或 3m 用管接头连接下一根测斜管，在此过程中每隔 5m 安装一个沉降磁环，重复上述步骤直至管顶。考虑不影响大坝填筑施工工期，加大测斜管周围细骨料填筑半径，在填料时测斜管周围预留回填空间，待细料回填后整体摊平和碾压，以利于测斜管安装埋设保护。

根据填筑区分层填筑要求，每 0.8m 为一个填筑碾压层高度，在上层填筑碾压前，将测斜管周围预先回填垫层料，高度一般为 2 层填筑碾压层的厚度 1.6m。回填料顶面有效保护直径 60cm，按 1∶0.5 放坡，形成一个顶面宽 0.6m，高度为 1.6m，底面宽 2.2m 的圆柱梯形体。按上述步骤，在每层填筑碾压前重复上述填料保护措施，直至填筑结束。测斜管设计断面尺寸示意图如图 3-11 所示。

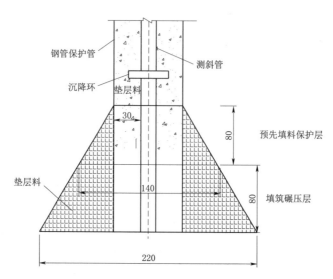

图 3-11 测斜管设计断面尺寸示意图（单位：cm）

十一、电平器

在面板浇完后，按设计位置浇一安装平台。电平器固定在平台面上，调整水平位置，使其倾斜小于±10′。电平器外设有保护罩，电缆用钢管保护后沿面板表面引至坝顶。

十二、测缝计

（1）测缝计安装前，用棉纱将套筒外部擦干净，使其与混凝土良好结合。

（2）面板伸缩缝内测缝计埋设时，在先浇的混凝土块上，按设计位置在模板上定出埋设点位置，预埋测缝计套筒，为保证套筒的方向用细铅丝将套筒固定在模板上，套筒位置用油漆在模板上做出标记，以便拆模后在混凝土表面找到套筒位置。

隧洞衬砌与围岩间测缝计埋设时，在测缝计安装位置造孔，钻孔直径为 ϕ100mm，钻孔入岩深度 50cm。将钻孔用清水冲洗干净，然后在孔内填满 M20 微膨胀性水泥砂浆，在套筒底座上焊一根 ϕ12mm 的螺纹钢筋，将套筒挤入孔内，筒口与孔口齐平。

（3）在套筒内的螺纹上涂上机油，塞满布条以防水泥浆堵塞。

（4）当后浇块混凝土浇至仪器埋设高程以上 20cm 时，振捣密实后挖去混

凝土，露出套筒，打开套筒盖，取出填塞物，安装测缝计，回填同标号混凝土，人工插捣密实。

十三、渗压计

渗压计埋设采用钻孔法，在渗压计埋设位置附近基础处理完成后钻孔埋设。左右岸山体渗压计安装在测压管内，其余部位的渗压计埋设在钻孔中。

1. 钻孔

（1）钻孔直径为 $\phi110mm$，平面位置误差不大于 10cm，孔深误差不大于 $\pm20cm$，钻孔倾斜度不大于 1°。

（2）土层造孔时采用干钻，套管跟进；基岩、砂层或砂卵石层造孔时采用清水钻进，严禁用泥浆固壁，造孔过程中为了防止塌孔可采用套管护壁（若估计套管难以拔出时，可预先在监测部位的套管壁上钻好透水孔）。

（3）造孔过程中应连续取芯，并对芯样作描述，记录初见水位、终孔水位，造孔完成后应测量孔深、孔斜并提出钻孔柱状图。

2. 埋设准备

（1）渗压计现场安装前外壳及透水石须在清水中浸泡 24h 以上，使其充分饱和。

（2）加工砂囊〔用土工布和过滤料（中、粗砂）〕并用细钢丝将砂囊固定在仪器及电缆上。

3. 安装、埋设

（1）安装在测压管内的渗压计用 1.2mm 钢丝悬吊，慢慢放入孔内，下放时仪器应靠近孔壁以便于人工比测。仪器就位测值正常后，将钢丝固定在电缆保护管管口处的钢筋上，钢筋呈十字交叉焊于管口处，仪器电缆绑扎在钢丝上，每隔 1.5m 绑扎一处，电缆保持适当的松弛，仪器安装无误后，尽快安设管口保护装置。

（2）在结构物底部埋设的渗压计按照设计图纸和相关技术规范执行。

（3）埋设在建筑物两侧的渗压计按照相关技术规范中深孔内渗压计埋设方法进行。

（4）隧洞侧壁衬砌外水平浅孔内埋设的渗压计，如浅孔无透水裂隙，在浅孔的孔底再套钻一个孔径 $\phi30mm$、深 1.0m 的钻孔，孔内回填砾石，然后按结构物底部渗压计的埋设方法进行埋设。

十四、量水堰

（1）堰板采用不锈钢板制作，过水堰口下游做成 45°斜角。

（2）堰板应与水流方向垂直。并需直立，垂直度误差不得超过 1°。

（3）堰身用水泥浆抹平，水尺设在堰口上游 3～5 倍堰上水头处，并与地面垂直。

量水堰安装埋设示意图如图 3-12 所示。

十五、土压力计

埋设前，将土压力计压力盒周边用橡皮或胶带裹几圈以保护工作缝，防止水泥浆进入。

（1）在土压力计埋设位置，在基础底面用素混凝土垫层铺设，使受力面平整、均匀、密实。

（2）将土压力计的承压面朝向受力方向，并保证承压面与埋设基面密贴。

（3）仪器定位后，分层回填，人工插捣密实。

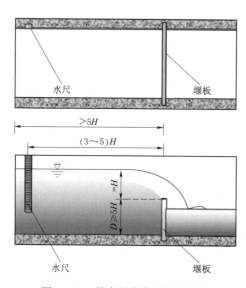

图 3-12　量水堰安装埋设示意图

十六、应变计

（1）应变计随所在部位的混凝土一起埋设，采用在钢筋上绑扎定位。

（2）在混凝土浇筑到仪器埋设高程时，将应变计按设计要求的位置和方向定位，埋设仪器的角度误差不超过 1°。

（3）应变计组。

1）应变计组固定在支座及支杆上埋设。

2）支座定向孔应能固定支杆的位置和方向。

3）根据应变计组在混凝内的位置采用预埋锚杆固定支座位置和方向。

4）埋设时设置无底保护木箱，随混凝土的升高而逐渐提升，直至取出。

5）严格控制仪器方位，角度误差不得超过±1°。

6）坑内及坑口以上1m范围内混凝土必须用人工回填和捣实。

十七、无应力计

无应力计埋设前，先将无应力计筒内放置的应变计用细铅丝固定在无应力计筒内中心位置上，将无应力计筒内用仪器埋设断面周围的混凝土人工填满，回填过程中保持应变计的位置，用人工振捣使混凝土密实，然后将无应力计筒固定在埋设位置。其安装埋设示意图如图3-13所示。

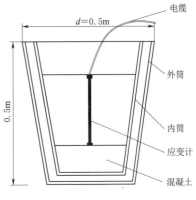

图3-13　无应力计安装埋设示意图

十八、钢筋计

（1）钢筋计应与所测钢筋的直径相匹配，钢筋计埋设前要进行除污除锈等工作，保证和混凝土良好结合，钢筋计安装埋设过程中不要用钢筋计本身的电缆来提起钢筋计。钢筋计安装埋设示意图如图3-14所示。

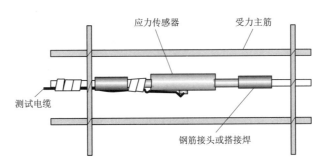

图3-14　钢筋计安装埋设示意图

（2）钢筋计安装埋设时，将监测部位的钢筋按钢筋计长度裁开，然后将钢筋计对焊在相应位置的钢筋上，保证钢筋计与钢筋在同一轴线上。

（3）焊接时，可采用对焊、坡口焊或熔槽焊，要求焊缝强度不低于钢筋强度。机械连接时采用直螺纹接头。

（4）为避免焊接时温升过高，损伤仪器，钢筋计在焊接过程中，仪器要包上湿棉纱，并不断浇水冷却，使仪器温度不超过 60℃，直至焊接完毕。仪器浇水冷却过程中，不得在焊缝处浇水。

（5）焊接时不能损坏或烧着电缆，电缆头的金属线头不能搭接在待焊钢筋网上，以防止焊接时形成回路电弧打火损坏钢筋计。

十九、锚杆应力计

（1）锚杆应力计焊接在被测锚杆上。

（2）布置有仪器的锚杆孔，钻孔孔径应适当扩大。

（3）仪器安装完毕，锚杆入孔时小心轻送，防止岩壁擦伤仪器。锚杆应力计安装埋设示意图如图 3-15 所示。

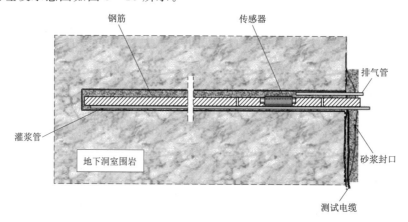

图 3-15　锚杆应力计安装埋设示意图

二十、锚索测力计

（1）锚索测力计安装在预应力端头锚孔口垫板与外锚板之间。测力计的安装与锚索外锚板的安装同步进行。

（2）测力计安装前，锚索的孔口垫板表面进行打磨处理和擦拭干净，以保证孔口垫板与测力计的接触面平整光滑。

（3）测力计安装之前，在施工现场检验其零点读数是否正常。如超过允许的零点漂移值，则应更换测力计。

（4）测力计安装时将测力计平稳放置在测力计垫板上，轴线与孔口垫板和锚板轴线一致，检查无误后，方能进行张拉。锚索测力计安装埋设示意图如图 3-16 所示。

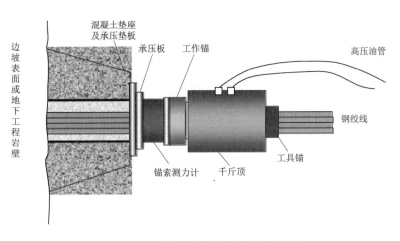

图 3-16 锚索测力计安装埋设示意图

二十一、强震监测仪器

强震仪安装严格按出厂说明书和设计要求实施，控制强震仪拾震器安装方向，安装偏差小于 3°，并使仪器与混凝土结构牢固结合，敷设好强震专业信号线缆。安装完成后施工人员通过数据采集仪和专业软件对仪器进行测读、调试，按照设计图纸和安装埋设情况确定自由场和工程强震测点通道，并读取初始读数，建立系统初始状态信息，经现场监理工程师确认后投入运行。

二十二、电缆的牵引和保护

（1）监测仪器的电缆在结构物内部牵引时，仪器电缆沿钢筋牵引，并将电缆用尼龙绳绑扎在钢筋上，每隔 1m 绑扎一处。

（2）监测仪器的电缆沿建筑物底面、建筑物外部及隧洞洞顶牵引时，电缆外加保护管保护。

（3）穿保护管的电缆，在保护管出口处和入口处应采用三通或弯头相接，出入口处电缆应用布条包扎，以防电缆受损。

（4）水平敷设的电缆应呈"S"形，垂直上引的电缆要适当放松，不能频繁拉动电缆，以防损坏。

（5）电缆牵引过程中将电缆理顺，不能相互交绕。

（6）电缆跨缝时，有 5～10cm 的弯曲长度，电缆在跨缝处，在电缆外包扎多层布条，包扎长度为 40cm。

（7）电缆牵引时若遇转弯，转弯半径不小于 10 倍的电缆保护管管径。

（8）电缆牵引过程中，要保护好电缆头和编号标志，防止浸水和受潮，随时检测电缆和仪器的状态及绝缘情况，并记录和说明。

（9）从监测仪器引出的电缆不能暴露在日光下或淹没在水中，如不能及时引入监测室，设置临时保护措施（可用木箱储藏），以防破坏和老化。电缆连接示意图如图 3-17 所示。

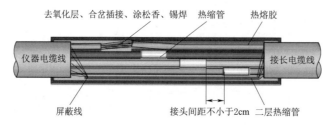

图 3-17　电缆连接示意图

第四章　工程变形监测控制网及外部变形监测成果分析

第一节　变形监测控制网的建立及稳定性评价基准值

一、监测网设计、选点

为满足工程枢纽变形监测的基准要求，布设枢纽区变形监测网，变形监测网包括平面变形控制网和精密水准控制网。平面变形监测控制网为一等边角网，布置网点 6 个，编号为 TN1～TN6。其中起测基点 2 个，TN3 点为起算点，TN3－TN4 为起算方向。监测网点标墩采用为钢筋混凝土测墩。精密水准控制网为一等水准网，水准网网点 5 座，基准点 1 座，为双金属标，水准工作基点 4 座，为钢筋混凝土测墩；布设在枢纽区下游左岸公路及左右坝肩。平面变形监测控制网布置图如图 4－1 所示。

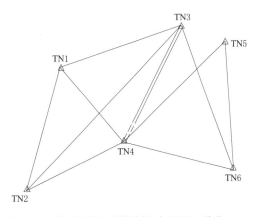

图 4－1　平面变形监测控制网布置图（单位：cm）

二、监测网选点

按照设计布置图进行选点，完成了平面变形监测控制网选点 6 点，左右两岸分别布设三个，右岸监测网点编号为 TN1、TN3、TN5，左岸监测网点编号为 TN2、TN4、TN6。精密水准控制网选定 4 座水准点和 1 座双金属标点，分别布设在左右坝肩和左岸下游公路内侧。

三、观测实施

1. 观测方案

总体观测方案：平面变形控制网按一等边角观测技术要求观测；精密水准控制网观测按一等水准测量技术要求观测。

首次观测所用仪器：平面变形控制网与三角高程测量采用1台徕卡 TS30 全站仪及相应辅助仪器施测，该仪器测量的标称精度为：测距精度 ± （0.6＋1× $10^{-6} \times D$）mm，测角精度 ±0.5″，D 以 km 计。一等精密水准测量采用1台徕卡 DNA30 数字水准仪，仪器标称精度为±0.3mm/km。主要仪器经国家法定检测部门检定合格，观测过程中进行了规范要求的必要检查。

2. 平面坐标与高程联测

利用原施工控制网点 HP04、HP05 与新建平面控制网点 TN3、TN4 组成大地四边形，按三等边角测量技术要求观测与平差，计算出新建平面控制网点 TN3、TN4 坐标和高程。

精密水准控制网测量从原施工控制网点 HP04、HP05 联测高程，计算出工作基点 TN4 高程。以 TN4 高程为起算高程，计算出双金属标的初始高程作为精密水准控制网的基准值。

3. 精密水准控制网观测

精密水准控制网观测采用徕卡 DNA30 数字水准仪，按一等水准测量精度施测。首次观测独立进行了 2 次，每次进行了 2 个往返观测。一等水准测量观测资料满足设计要求，其主要技术指标见表 4-1、表 4-2。

表 4-1 　　　　　　　　　一等水准测量观测测站技术指标

视线长度 /m	前后视距差 /m	累计视距差 /m	视线高度 /m	重复测量 次数	重复测量 差值/mm
≥4 且≤30	≤1.0	≤3.0	≤2.8 且≥0.65	≥3	≤0.3mm

表 4-2 　　　　往返测高差不符值、环闭合差和检测高差较差的限差 　　　　单位：mm

测段、路线往返测高差不符值	环闭合差	检测已测测段高差
$1.8\sqrt{K}$	$2\sqrt{F}$	$3\sqrt{R}$

4. 平面变形控制网观测

平面变形控制网观测采用徕卡 TS30 全站仪配机载软件，按一等边角技术

要求进行，水平角采用方向观测法观测 12 测回，边长往返观测各 1 个时段，每个时段 12 测回（一测回读记 4 次），气象元素、仪器高、觇标高在观测前后各量取 1 次，取两次读数平均值，天顶距对向观测各 12 测回。其主要技术指标见表 4-3～表 4-5。

表 4-3 水平角方向观测的限差

等　级	两次照准读数差	半测回归零差	一测回2c较差	同方向值各测回互差	三角形闭合差	按菲列罗公式计算的测角中误差
一	3″	5″	9″	5″	2.5″	0.7″

注　当观测方向的垂直角互差大于±3°时，该方向的 2c 较差按相邻测回同方向进行比较。

表 4-4 测距作业技术要求

等　级	气象数据测定				一测回读数较差限差/mm	测回间较差限差/mm	往返测较差限差
	温度最小刻度（读数）/℃	气压最小刻度（读数）/Pa	测定时间间隔	数据取用			
一	0.2	50	每边观测始末	每边两端平均值	2	3	$2\sqrt{2}(a+b\times D)$

表 4-5 天顶距测量的技术要求

仪器标称精度		天顶距（中丝法）		仪镜高丈量精度	对向观测高差较差
测距精度	测角精度	指标差较差	测回差		
2mm/km	0.5″	8″	5″	±1mm	$±35\sqrt{D}$

5. 变形监测点观测

以变形监测网点为工作基点，采用前方交会或极坐标观测方法对变形监测点进行观测，首次观测为两次独立观测，取两次独立观测值的平均值为首次观测值。变形监测点平面观测精度为一等边角观测，高程为代三等水准高程，各项限差符合设计规范要求。

四、观测成果精度

1. 数据处理与精度要求

原始数据按前述观测方案要求进行采集，经 100% 检查合格的原始观测数据，利用仪器与计算机通信导入计算机后，采用控制测量及徕卡三维变形监测软件自动引入进行整体符合性概算与预平差计算，包括观测边长的投影高程面、气象元素、仪器与镜站高、仪器参数等各种参数的改正计算。概算满足规范限差要求后，进入整体平差计算，取得合格的观测成果。

概算项目：概算条件采用专用软件自动搜索进行。平面变形控制网三角形闭合差应不大于±2.5″（一等），测角中误差应不大于±0.7″（一等），边长对向观测互差均应满足限差要求。精密水准控制网测段往返测高差较差不大于相应线路限差，以测段往返测较差计算的每公里水准测量偶然中误差应不大于±0.45mm/km（一等）。

平差计算：平面变形控制网验后方向单位权中误差应不大于±0.5″（一等），平差后的平面变形控制网水平位移量中误差限值为±2mm；一等精密水准控制网位移量中误差限值为±2mm。

2. 精密水准控制网成果符合性

精密水准控制网为一等水准网，其线路均为支线水准。每个测段往返测高差较差均小于相应线路限差；两次观测每公里水准测量偶然中误差分别为±0.41mm/km、±0.38mm/km，均不大于0.45mm/km。其网点高程互差列于表4-6，高程互差最大值为0.40mm小于4mm，首次观测概算与观测成果精度满足规范与设计要求。

表4-6　　　　　　　精密水准控制网网点首次观测高程互差表

序号	点名	高程互差/mm	限差/mm	备注
1	LS1	−0.08	±4	
2	LS2	0.06	±4	
3	LS3	−0.40	±4	
4	LS4	—	±4	起算点
5	LE1 钢	−0.22	±4	
6	LE1 铝	0.20	±4	

3. 平面变形控制网成果符合性

平面变形控制网以TN3为起算点，以TN3～TN4为起算方位角，对独立2次观测进行2次平差计算，取两次平差计算的平均值为平面控制网点首次观测值。

概算后三角形闭合差均不大于2.5″（限值），测角中误差均小于0.7″（限值），方向、测角单位权中误差验后值分别为±0.46″、±0.67″；两次平差计算最弱点误差椭圆长半轴值分别为±1.0mm、±1.5mm；两次观测坐标互差值列于表 4-7，坐标互差最大值为 3.6mm 小于 ±4mm，首次观测概算与观测成果精度满足规范与设计要求。

表 4-7　　　　　　　　两次观测坐标平差值表

点　名	坐　标　差/mm		高程/m	限　差	备　注
	ΔX	ΔY	ΔH		
TN1	2.5	0.3	−0.20	±4	
TN2	0.9	3.1	−0.60	±4	
TN3	0.0	0.0	0.00	±4	起算点
TN4	2.1	1.2	−1.50	±4	起算方向
TN5	2.8	−1.3	−1.30	±4	
TN6	3.6	0.3	−0.90	±4	

4. 首次观测成果

平面变形控制网首次观测成果列于表 4-8，精密水准控制网首次观测成果列于表 4-9。

表 4-8　　　　　　　平面变形控制网首次观测成果表　　　　　　单位：m

点　名	首次观测成果			备　注
	X	Y	H	
TN1	3897277.3096	376616.4996	239.3669	
TN2	3896810.1187	376474.4342	251.8378	
TN3	3897435.2050	377132.0009	294.8009	已知点
TN4	3896994.4592	376884.7670	289.7177	已知方向
TN5	3897374.8180	377318.4907	314.3903	
TN6	3896887.8402	377354.0063	304.6527	

表 4-9　　　　　　　精密水准控制网首次观测成果表

序　号	点　名	高程/m	备　注
1	LE1 钢	252.36	起算点
2	LE1 铝	252.24	
3	LS1	265.24	
4	LS2	277.18	
5	LS3	288.96	
6	LS4	288.17	

第二节 变形监测控制网网点的基准值选取与复核

变形监测控制网基准值及最新复核结果见表 4-10～表 4-13。

表 4-10　　　　河口村水库工程变形监测控制网基准值统计　　　　单位：m

坐标系统：1954 年北京坐标系		观测时间：2014 年 8 月	
高程系统：1956 年黄海高程系		投影面高程：280.00	

点　名	坐　标		高　程	备　注
	X	Y	H	
TN3	3897435.2050	377132.0009	294.80	已知点
TN4	3896994.4602	376884.7676	289.72	已知方向
TN1	3897277.3108	376616.4997	239.37	
TN2	3896810.1191	376474.4357	251.84	
TN5	3897374.8194	377318.4900	314.40	
TN6	3896887.8419	377354.0064	304.66	

表 4-11　　　　2017 年 6 月平面变形监测控制网观测成果表　　　　单位：m

点　名	坐　标			备　注
	X	Y	H	
TN1	3897277.31	376616.5117	239.368	
TN2	3896810.131	376474.4547	251.8383	
TN3	3897435.205	377132.0009	294.8028	已知点
TN4	3896994.471	376884.7737	289.7174	已知方向
TN5	3897374.814	377318.4861	314.3851	
TN6	3896887.857	377354.0025	304.654	

表 4-12　　　　2015 年 1 月水准网基准值统计

点　名	高　程/m	备　注
TN4	288.17	起算点高程
LS1	265.24	
LS2	277.18	

续表

点 名	高程/m	备 注
LS3	288.96	
LS4	288.17	
LE1 钢标	252.36	
LE1 铝标	252.24	

表 4-13　　　　　　　　　2017 年 6 月水准网观测成果表

点 名	高程/m	备 注
LE1 钢标	252.36	起算点
LE1 铝标	252.24	
LS1	265.24	
LS2	277.18	
LS3	288.96	
LS4	288.17	

河口村水库变形监测控制网于 2014 年 8 月取得基准值，2015 年进行两次复测，当前复测值为 2016 年 6 月。河口村水库水准网于 2015 年 1 月取得基准值，2015 年进行两次复测，当前复测值为 2017 年 6 月。

第三节　大　　坝

D5-06、D5-07 两测点因坡面施工拖车碰撞，2015 年 5 月观测值变形较大，为真实反映大坝边坡变形情况，累计变形值计算采用 2015 年 5 月观测值作为首次观测值。变形较大的测点为 D5-04，Y 方向累计变形值为 26.6mm，向下游位移，其次为 D5-05 测点，Y 方向累计变形值为 23.7mm，向下游位移，其他测点平面发生了不同程度位移，位移相对较小。

D5-13~D5-19 测点，其中 D5-14 测点 Y 方向变形值为 22.5mm；其次 D5-17 测点 Y 方向变形值为 20.7mm，向下游位移，其他测点平面位移相对较小。

垂直位移最大的测点为 D5-01，累计变形值为 29.6mm，测点下沉；其次为 D5-10 测点，累计下沉 24.3mm，D5-02 测点，累计下沉 23.6mm，其他测点沉降变形相对较小。

大坝坝后坡面测点位移矢量图如图 4-2 所示。

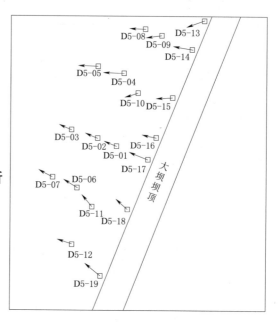

一、左、右岸方向变形分析

通过典型监测断面 0＋140.00 断面各测点变化趋势可以看出，各测点整体向右岸变形，蓄水后向右岸变形趋势略有增加。二次泄水后变化不大，目前坝后 0＋140.00 断面向右岸方向变形。

图 4-2　大坝坝后坡面测点位移矢量图

大坝坝后 0＋140.00 断面左、右岸方向表面变形过程线如图 4-3 所示。

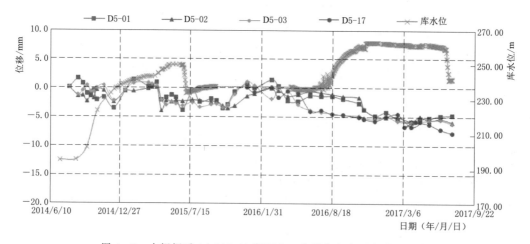

图 4-3　大坝坝后 0＋140.00 断面左、右岸方向表面变形过程线

二、上、下游方向变形分析

大坝坝顶及坝后边坡测点整体上向下游变形，与库水位变化呈一定的相关性。通过典型监测断面 0＋140.00 断面各测点变化趋势可以看出，初次蓄水水位较低，各测点呈向下游变形趋势；2016 年 8 月蓄水后，蓄水最高水位

262.70m，各测点向下游变形有不同程度的增长。由于渗流场和重力作用不断调整，产生沉降的同时还引起水平位移。水位逐渐平稳后，大坝坝顶及坝后边坡测点表面变形逐渐趋于平稳。二次泄水个别测点向下游变形趋势有所减缓，变化较小。大坝坝后0＋140.00断面上、下游方向表面变形过程线如图4－4所示。

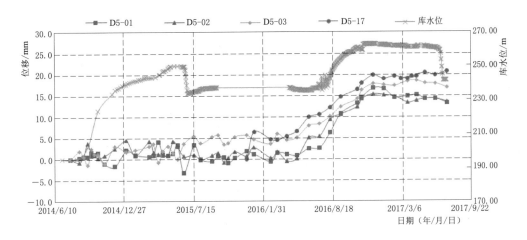

图4－4　大坝坝后0＋140.00断面上、下游方向表面变形过程线

三、垂直向变形分析

大坝坝顶及坝后边坡测点垂直向变形与库水位变化呈正相关关系，即水位上升时沉降速率增大。水库蓄水后，坝体在水的作用下，主要产生三个方面效应：水压力、上浮力和湿化变形。不论作用在坝上游面的水压力还是渗透力都可以分解为水平分力和竖直分力，其竖直分力引起坝体竖向位移。另外，在水压和上浮力作用的同时，土颗粒间由于水的润滑作用，在自重作用下重新调整排列形式，使土体压缩下沉，而产生湿化变形。由于蓄水后坝体渗流场及应力重分布处于不断调节的过程中，因此综合以上三个方面的因素，各测点在初蓄期，沉降量仍有一定增加的趋势。水位逐渐平稳后，大坝坝顶及坝后边坡测点表面变形逐渐趋于平稳。二次泄水后，坝后0＋140.00断面沉降有小幅变化，整体变化不大。大坝坝后0＋140.00断面垂直向表面变形过程线如图4－5所示。

根据坝顶布置表面变形监测点成果，当前坝顶高程在288.22～288.26m。

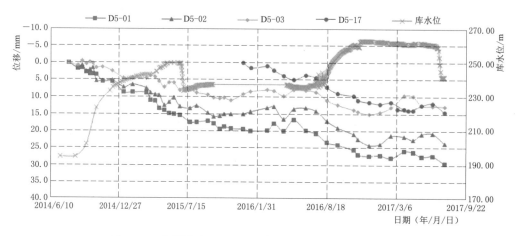

图 4-5　大坝坝后 0+140.00 断面垂直向表面变形过程线

第四节　左右岸边坡

一、右岸边坡

右岸边坡测点平面位移变形较大的测点为 D5-23，X 方向变形值为 34.6mm，向河流方向位移，Y 方向变形 7.2mm，向下游方向位移；其他测点位移相对较小。右岸边坡测点分布位置如图 4-6 所示。

图 4-6　右岸边坡测点分布位置

测点垂直方向变形较大的测点为 D5-24，累计变形值为 60.3mm，测点下沉；其次为测点 D5-23，累计下沉 13.8mm，其他测点相对变形较小。右岸边坡测点位移矢量图如图 4-7 所示。

右岸边坡外观测点在初次蓄水后取得基准值，初次蓄水水位较低，右岸边坡变形受蓄水影响较小。由图 4-8～图 4-10 可以看出，受二次蓄水影响，各测点不同程度地向河流方向变形，二次泄水后仍呈向河流方向变形增加趋势。各测点上下游方向变化较小，目前呈平稳趋势。D5-24 测点两侧临空，位置稳定性相对较差，沉降持续增加，可能存在局部不稳；其余各测点沉降变形变化不大。由于右岸多为堆积体，目前变形趋势收敛不明显，需加强关注。

二、左岸边坡

测点 D5-27～D5-28 位于溢洪道进口边坡护坡上，变形较大的为 D5-28，X 方向变形值为 13.8mm，向河流方向位移。D5-29～D5-33

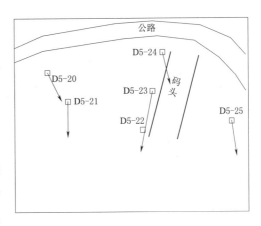

图 4-7　右岸边坡测点位移矢量图

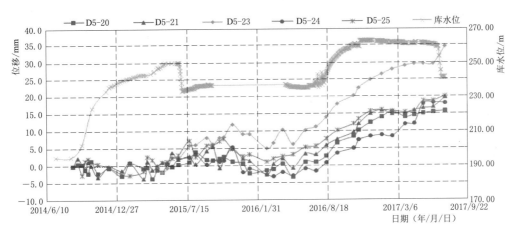

图 4-8　右岸边坡左、右岸方向表面变形过程线

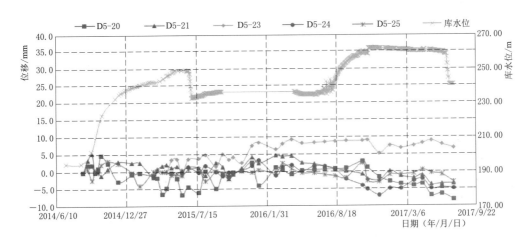

图 4-9　右岸边坡上、下游方向表面变形过程线

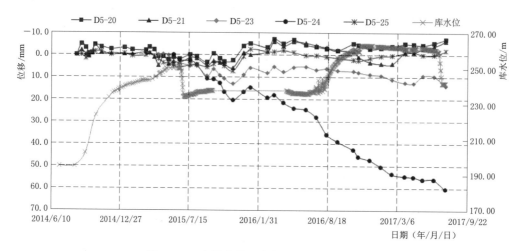

图 4-10　右岸边坡垂直方向表面变形过程线

位于左岸山体上，变形较大的为 D5-29，X 方向变形值为 17.2mm 向河流方向位移。其余方向变形量相对较小。左岸边坡测点位移矢量图如图 4-11 所示。

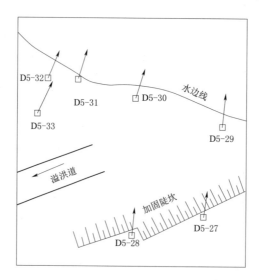

图 4-11　左岸边坡测点位移矢量图

蓄水期左岸边坡多个测点被水淹没无法观测，二次泄水后测点出露。从图 4-12～图 4-14 可以看出，左岸边坡各测点均向河流方向变形，在上下游方向向上游方向变形，目前较为平稳。受二次泄水影响，部分测点垂直向变形略有抬升。水平向和垂直向变形相较于库水位变化有一定的滞后性。

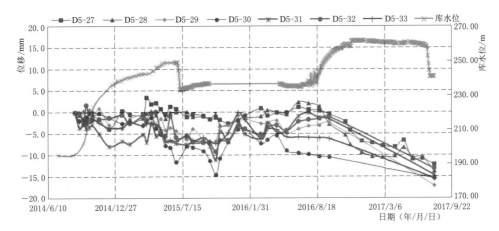

图 4-12　左岸边坡左、右岸方向表面变形过程线

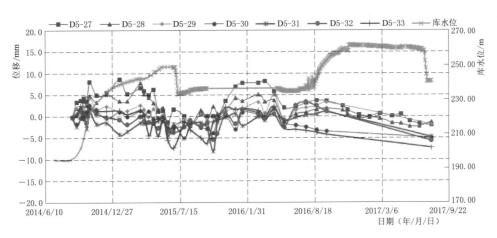

图 4-13　左岸边坡上、下游方向表面变形过程线

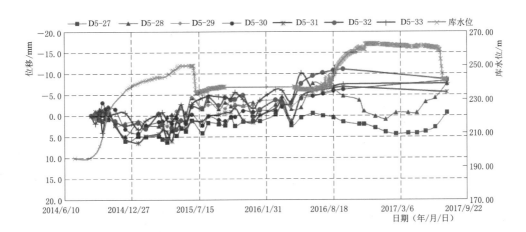

图 4-14　左岸边坡垂直方向表面变形过程线

第五节 引水发电系统

大电站厂房边坡变形较大的测点为 LS4-1，X 方向累计变形值为 7.6mm，向厂房左侧位移，Y 方向累计变形值为 13.9mm，向下游方向位移。D4-05 测点，X 方向累计变形值为 7.2mm，向厂房左侧位移，Y 方向累计变形值为 8.9mm，向下游方向位移；其他测点位移相对较小。垂直位移测点变形相对较小。大电站厂房边坡测点位移矢量图如图 4-15 所示。

由图 4-16～图 4-18 可以看出，二次蓄水后大电站边坡厂房左右侧方向变

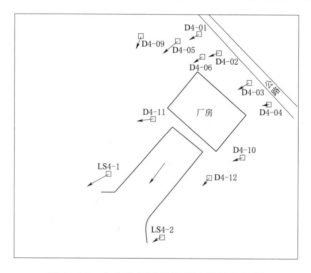

图 4-15 大电站厂房边坡测点位移矢量图

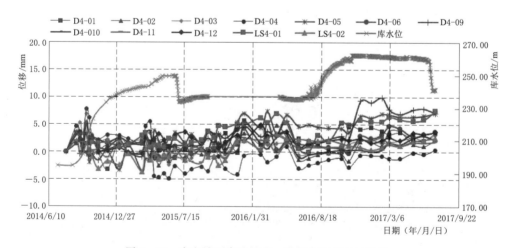

图 4-16 大电站厂房边坡左、右侧方向变形过程线

化较小，整体向厂房左侧位移。大电站边坡在二次蓄水一段时间后，各测点向下游方向位移，LS4－01测点附近有渣料堆积，变化较为明显，其余测点变化量不大。大电站边坡各测点沉降变形变化不大。二次泄水后，大电站边坡各方向变形较小。

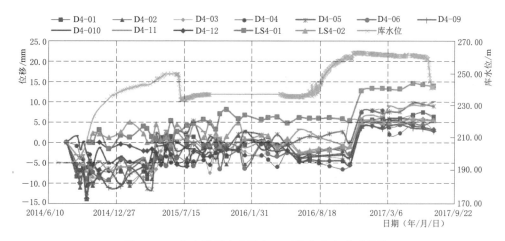

图 4－17　大电站厂房边坡上、下游方向变形过程线

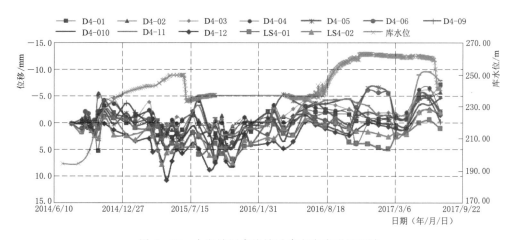

图 4－18　大电站厂房边坡垂直方向变形过程线

第六节　泄　洪　洞

D6－17测点前期由于旁边堆土引起测点发生较大变形，为了分析测点后期

变形趋势，采用 2015 年 3 月 14 日观测值作为首次观测值计算该测点累计变形值，X 方向累计变形值为 29.0mm，向河流方向位移，Y 方向累计变形值为 9.0mm，向下游方向位移，变形相对较大；D6 - 15 测点，X 方向累计变形值为 23.0mm，向河流方向位移，Y 方向累计变形值为 15.2mm，向下游方向位移，其他测点变形相对较小。

测点垂直位移较大的测点为 D6 - 17，累计变形 9.5mm，其余测点均出现不同程度变化，泄洪洞边坡测点位移矢量图如图 4 - 19 所示。

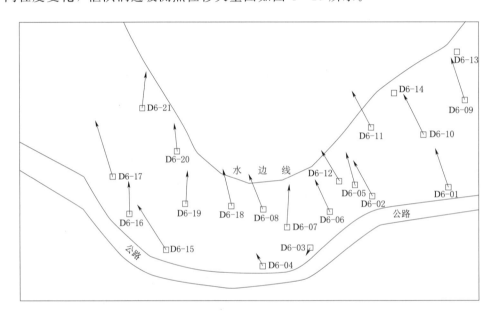

图 4 - 19　泄洪洞边坡测点位移矢量图

由图 4 - 20～图 4 - 22 可以得出，泄洪洞边坡测点受二次蓄水影响变化明显，各方向变形趋势相较于库水位上升有一定的滞后性。二次蓄水初期库水位上升较快，边坡渗透系数相对较小，致使库水无法完全入渗，会给坡脚一定的压重作用，压重作用会增加边坡的抗滑力，该阶段位移随时间变化较小。蓄水一段时间后，库水浸泡的坡体逐渐变为饱和容重，抗滑力降低，表面变形逐渐增加。泄洪洞边坡各测点总体向河流方向变形，二次泄水后，除个别测点外，整体变化不大。个别测点向上游方向变形，多数测点向下游变形，目前逐步趋于稳定。受蓄水影响，沉降有所增加，整体变化较小。二次泄水后，个别测点沉降略有抬升。

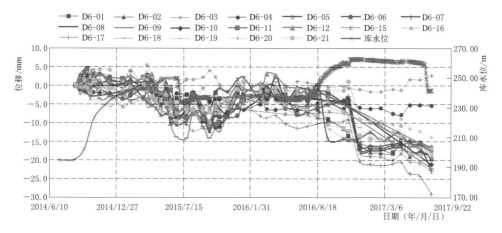

图 4 - 20　泄洪洞边坡左、右岸方向表面变形过程线

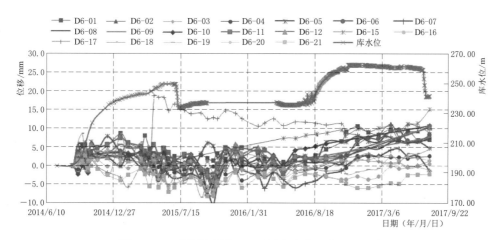

图 4 - 21　泄洪洞边坡上、下游方向表面变形过程线

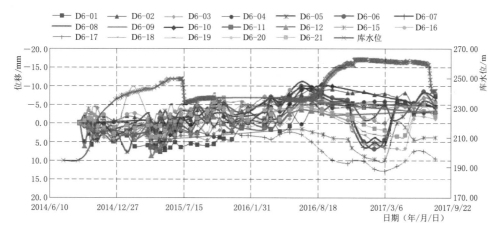

图 4 - 22　泄洪洞边坡垂直方向表面变形过程线

第七节 溢 洪 道

变形较大的测点为 D7-03，Y 方向累计变形值为 21.7mm，向下游方向变形，D7-04 测点，Y 方向累计变形值为 18.2mm，向下游方向变形，其他测点平面位移变形相对较小。

D7-03 测点累计下沉 8.0mm，D7-04 测点累计下沉 3.1mm，其他测点变形较小。溢洪道测点位移矢量图如图 4-23 所示。

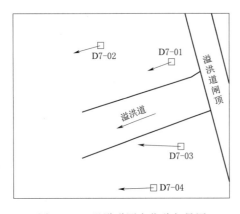

图 4-23 溢洪道测点位移矢量图

溢洪道边坡各外观测点位置在大坝下游溢洪道两侧，在初次蓄水后水平向变形较小，沉降变形略有增加。由图 4-24～图 4-26 可以看出，受二次蓄水影响，溢洪道边坡各测点向左岸变形趋势有所增长，目前逐渐趋于平稳。各测点均向下游方向位移，变化较为明显，目前已逐渐趋稳。沉降变形有所增加，变化量较小。二次泄水后，各方向变形变化不大。

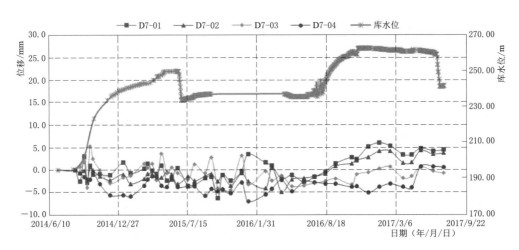

图 4-24 溢洪道边坡左、右岸方向表面变形过程线

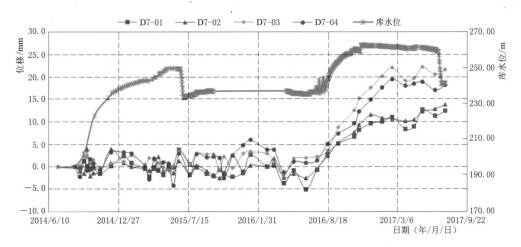

图 4 - 25　溢洪道边坡上、下游方向表面变形过程线

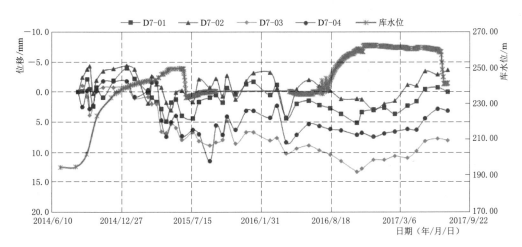

图 4 - 26　溢洪道边坡垂直方向表面变形过程线

第五章 大坝监测成果分析

在堆石坝坝体（坝基）主要安装埋设变形观测墩、土体位移计、水平固定测斜仪、引张线、振弦式沉降仪、测斜孔、土压力计、应变计、钢筋计和渗压计等监测仪器。变形观测墩分别布置在坝后观测房和坝后踏步附近，用于监测堆石坝表面变形；土体位移计用于监测坝轴线断面围岩与填料间不同位置的变形；水平固定测斜仪用于监测坝基表面沉降；振弦式沉降仪用于监测坝体不同高程处填料的沉降；测斜孔用于监测坝体水平位移和不同位置填料的沉降；土压力计用于监测坝基受力；应变计用于监测混凝土结构应变；钢筋计用于监测钢筋结构受力；渗压计用于监测坝基渗透压力。

第一节 坝 基

一、坝基沉降变形

在大坝 0+140.00 断面高程 173.00m 处埋设一套从上游到下游贯通的水平固定测斜仪，按照每隔 5m、6m、7m 等间距布置了 63 支水平固定测斜仪，用于监测大于 350m 的坝基沉降。考虑到水平固定测斜仪布置在坝基深厚覆盖层上，覆盖层的不均匀沉降对监测系统误差影响较大，存在两支仪器布置间距范围测值被放大或缩小的可能。

根据坝基覆盖层开挖处理情况，坝轴线上游至防渗墙之间基础由原河床高程 175.00m 挖至高程 165.00m，并对防渗墙、连接板、趾板及防渗墙下游 50m 范围基础采用高压旋喷桩进行了专门加固处理；坝轴线下游次堆区覆盖层基础开挖至高程 170.00m，但在坝下 0+000.00～0+180.00 靠近右岸岸坡部位发现有较厚的黏性土层及砂层透镜体，且有向左岸延伸的趋势，该层黏性土并未完全挖除。并结合水平固定测斜仪安装埋设位置：坝上游的 HI5-1-1～HI5-1-5 位于高压旋喷桩坝基处理范围内；HI5-1-6～HI5-1-30 位于坝轴线上游坝

基处理至高程 165.00m 之上；HI5 - 1 - 31～HI5 - 1 - 36 位于坝轴线下游坝基处理从高程 165.00～170.00m 过渡段之上；HI5 - 1 - 37～HI5 - 1 - 63 及基准点 B 位于坝轴线下游坝基处理至高程 170.00m 之上，且在坝下 0＋000.00～0＋180.00 靠近右岸岸坡部位发现有较厚的黏性土层及砂层透镜体地层之上。从水平固定测斜仪埋设位置看坝轴线下游沉降受地质情况和基础处理情况影响较大。

随着坝体填筑，坝基沉降变形逐渐增加，填筑至高程 225.00m 时，最大沉降变形为 461mm（D0－182.00）；填筑至高程 240.00m 时，最大沉降变形为 651mm（D0－51.00）；填筑至高程 286.00m 时，最大沉降变形为 789mm（D0－51.00）；初次蓄水前最大沉降变形为 800mm（D0－36.00），初次泄水前最大沉降变形为 800mm（D0－51.00），二次蓄水前最大沉降变形为 801mm（D0－51.00），二次泄水前最大沉降变形为 803mm（D0－51.00），当前最大沉降变形为 810mm（D0－36.00）。

大坝填筑期坝基沉降变形最大变化量为 789mm（D0－51.00），静置期沉降变形最大变化量为 54mm（D0＋4.00），初次蓄水沉降变形最大变化量为 133mm（D0＋118.00），初期泄水沉降变形最大变化量为 8mm（D0＋14.00），二次蓄水沉降变形最大变化量为 48mm（D0＋124.00），二次泄水沉降变形最大变化量为 11mm（D0－91.00）。

监测结果表明，坝基沉降随填筑高度增加而增大，坝上游受高压旋喷桩加固影响而较小，坝下游受覆盖层厚度影响而较大，整体与坝型呈不对称分布。沉降速率与填筑高程较为吻合，呈现先增加而后减小的趋势，最大沉降位置在坝下 36m 处，最大沉降速率发生在坝体填筑至高程 230.00～250.00m 时，这与坝上游经高压旋喷桩和坝基表层处理有明显关系，并直接受大坝整体应力重分布动态调整影响。在初蓄期，由于库水位升高，在水荷载作用下，坝基及连接板沉降增加，受此影响，水平固定测斜仪监测坝基沉降有所增长。

截至 2017 年 7 月 11 日，坝基沉降量存在小幅波动，主要受坝基地质条件和水平固定测斜仪系统误差影响。总体上，沉降量变化符合一般规律，坝基沉降较好地反馈设计和施工，为控制大坝填筑时间和高程提供科学依据。

水平固定测斜仪典型测点时程曲线和水平固定测斜仪各测点剖面分布曲线分别如图 5－1、图 5－2 所示。

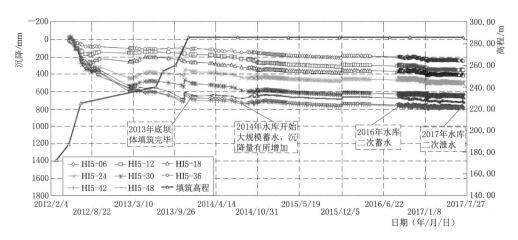

图 5-1 水平固定测斜仪典型测点时程曲线

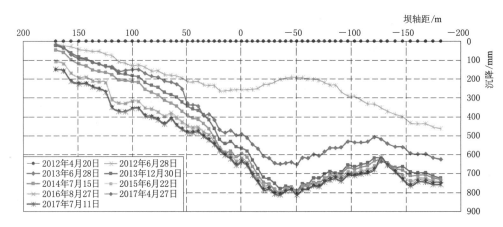

图 5-2 水平固定测斜仪各测点剖面分布曲线

二、坝基渗压

在大坝基础内 0+080.00、0+140.00、0+220.00 三个监测断面埋设渗压计：在 0+080.00 断面（靠近左岸边坡附近）从下游到上游布置 P5-17～P5-25；在 0+140.00 断面（坝中心线附近）从下游到上游布置 P5-08～P5-16；在 0+220.00 断面（靠近右岸边坡附近）从下游到上游布置 P5-01～P5-07。

坝基渗压计所测渗压历史最大值在 0～200.96kPa，渗压最小值在 -19.76～0kPa，渗压当前值在 -18.46～184.4kPa。坝基大部分渗压计安装埋设后基本呈无压或少压，靠近左右岸山体附近有少许渗压，右岸边坡比左岸山体水对坝基渗压影响小。

初蓄期坝基水位变化量在−0.46～11.82m，初次泄水期坝基水位变化量在−1.08～0.84m，二次蓄水坝基水位变化量在−0.02～2.17m，二次泄水坝基水位变化量在−1.03～0.3m。蓄水期坝中心线附近上游侧增长较为明显，左岸右岸坝基增长较小。泄水阶段，库水位持续下降，坝基渗压计监测水位整体变化较小。目前各测点渗压基本趋于平稳。

不同断面典型时程曲线如图5−3～图5−5所示。

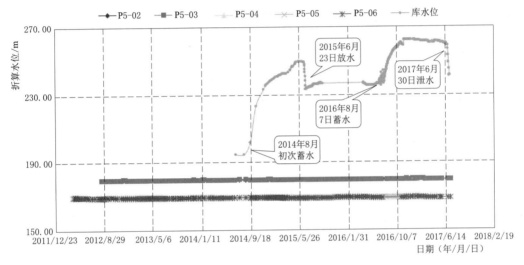

图5−3　D0＋220.00断面典型时程曲线

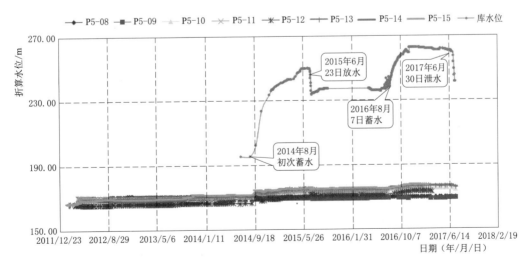

图5−4　D0＋140.00断面典型时程曲线

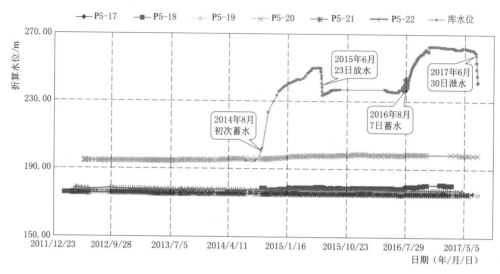

图 5-5 D0+080.00 断面典型时程曲线

三、坝基土压力

初次蓄水前坝基土压力为 0.02～0.71MPa，初次蓄水期变化量为-0.66～0.04MPa；初次泄水前坝基土压力为 0.01～0.71MPa，初次泄水期变化量为-0.02～0.22MPa；二次蓄水前坝基土压力为 0～0.72MPa，二次蓄水期变化量为-0.01～0.18MPa；二次泄水前坝基土压力为 0.01～0.77MPa，二次泄水期变化量为-0.14～0MPa。历史最大值为 0.03～1.49MPa。截至 2017 年 7 月 11 日，当前坝基土压力为 0.01～0.72MPa。

土压力随着填筑高度（时间）增加而增大，静置期大部分测值随着时间增加而增大，但部分测值有所减小，但降幅较小。填筑期堆石料对坝基所施加压力未及时消散，静置期堆石料及坝基相互间应力动态调整，以及坝基开挖轮廓、坝基地质条件和高程有所差异，土压力呈现不同增减趋势。现阶段，土压力计测值趋于稳定。

典型土压力计 E5-04 时程曲线如图 5-6 所示。

四、坝基钢筋应力

初次蓄水前坝基钢筋应力为-23.00～-14.98MPa，初次蓄水期变化量为-8.47～-0.11MPa；初次泄水前坝基钢筋应力为-31.47～-17.46MPa，初

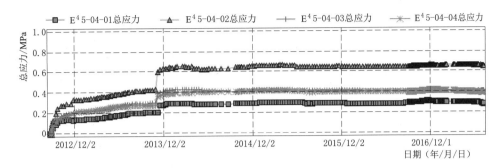

图 5-6　典型土压力计 E5-04 时程曲线

次泄水期变化量为 1.76～8.46MPa；二次蓄水前坝基钢筋应力为－23.01～
－11.9MPa，二次蓄水期变化量为－5.46～－0.32MPa；二次泄水前坝基钢筋应力为
－28.47～－14.39MPa，二次泄水期变化量为 0.53～2.19MPa。历史最大值为 0～
3.02MPa。截至 2017 年 7 月 11 日，当前坝基钢筋应力为－26.28～－12.75MPa。

坝基 X 线钢筋计呈受压状态，钢筋计在填筑期测值变化较大，静置期测值
波动较小主要受混凝土温度和坝体填筑所产生的坝基变形影响。现阶段，钢筋
计测值较稳定。

典型钢筋计时程曲线如图 5-7 所示。

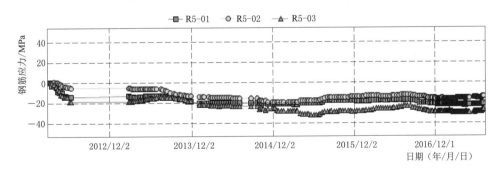

图 5-7　典型钢筋计时程曲线

五、坝基混凝土应变

初次蓄水前混凝土微应变为－75.91～112.35$\mu\varepsilon$，混凝土自生体积变形为
－28.87～93.58$\mu\varepsilon$，初次蓄水期变化量为－57.34～20.02$\mu\varepsilon$，混凝土自生体积
变形变化量为－20.94～22.91$\mu\varepsilon$；初次泄水前混凝土微应变为－97.39～
99.73$\mu\varepsilon$，混凝土自生体积变形为－49.81～116.49$\mu\varepsilon$，初次泄水期变化量为

$-11.94\sim58.84\mu\varepsilon$，混凝土自生体积变形变化量为$-44.59\sim26.78\mu\varepsilon$；二次蓄水前混凝土微应变为$-88.82\sim100.87\mu\varepsilon$，混凝土自生体积变形为$-90.60\sim71.9\mu\varepsilon$，二次蓄水期变化量为$-49.86\sim-6.59\mu\varepsilon$，混凝土自生体积变形变化量为$-9.50\sim34.51\mu\varepsilon$；二次泄水前混凝土微应变为$-102.92\sim95.73\mu\varepsilon$，混凝土自生体积变形为$-79.86\sim106.41\mu\varepsilon$，二次泄水期变化量为$-1.82\sim-23.01\mu\varepsilon$，混凝土自生体积变形变化量为$-16.85\sim4.12\mu\varepsilon$；历史微应变最大值为$0\sim147.97\mu\varepsilon$，混凝土自生体积变形为$0\sim139.32\mu\varepsilon$。截至 2017 年 7 月 11 日，当前混凝土微应变为$-97.29\sim95.73\mu\varepsilon$，混凝土自生体积变形为$-96.71\sim98.75\mu\varepsilon$。

混凝土自生体积变形与温度呈正相关，混凝土微应变与温度呈负相关。大部分混凝土微应变测值较小，个别测值较大，主要混凝土自生体积变形受混凝土水化升温变大和混凝土浇筑影响。现阶段，混凝土应变计测值较稳定。

坝基 $S^2 5-04$ 应变—时间过程线如图 5-8 所示。

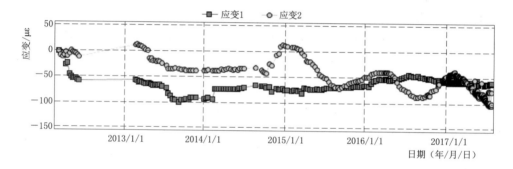

图 5-8　坝基 $S^2 5-04$ 应变—时间过程线

第二节　坝　　体

一、坝体沉降变形

在大坝坝体 0+080.00 断面、0+140.00 断面、0+220.00 断面各埋设振弦式沉降仪。

坝体高程 221.50m 初次蓄水前坝体沉降量为 173～496mm，初次泄水前坝体沉降量为 205～592mm，初次蓄水前坝体沉降量为 216～604mm，二次泄水前坝体沉降量为 221～612mm。初蓄期坝体沉降变化量为 -11～154mm，初次泄水期坝体沉降变化量为 -5～46mm，二次蓄水期坝体沉降变化量为 -4～

44mm，二次泄水期坝体沉降变化量为 $-1 \sim 3\text{mm}$。历史最大沉降量为 $227 \sim 613\text{mm}$。截至 2017 年 7 月 11 日，当前沉降量为 $220 \sim 613\text{mm}$。

初始沉降（2012 年 3 月坝体填筑开始至 2013 年 12 月填筑完毕）是建筑物及其基础发生的压缩变形，这部分沉降在填筑过程中发生，坝体在施工期发生的沉降主要部分就是初始沉降。堆石体的压缩变形，初期主要是颗粒的位移与结构调整，并伴有少量的颗粒棱角破碎，这是变形较快的主压缩阶段；其后，随着颗粒破碎增加，将进入次压缩阶段，并趋于平稳。施工期，随着大坝填筑的升高，大坝上升为主压缩阶段，沉降越大。水库蓄水后，坝轴线上游侧测点沉降与库水位有关，越靠近上游侧受水位影响越大，两次蓄水后变化沉降变化较大测点主要集中在坝体上游侧。

监测资料表明，竣工蓄水后（2014 年 9 月至今），受上游水荷载影响，坝体沉降变形有所增大，目前沉降已逐渐收敛的趋势。现阶段沉降量变化仍呈小幅度的波动，测值变化较稳定。

振弦式沉降仪 CS5 - 3、CS5 - 5 时程曲线分别如图 5 - 9、图 5 - 10 所示；振弦式沉降仪 D0＋080.00、D0＋140.00、D0＋220.00 典型断面曲线分别如图 5 - 11～图 5 - 13 所示。

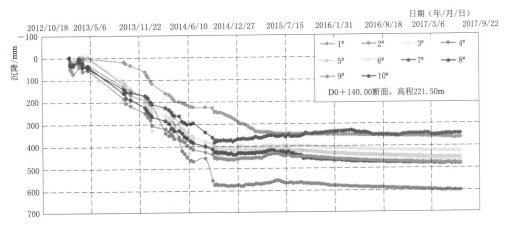

图 5 - 9　振弦式沉降仪 CS5 - 3 时程曲线

综合分析坝基和坝体沉降变形，将大坝 D0＋140.00 断面布置的水平固定测斜仪、振弦式沉降仪所监测的沉降变形整体整编分析，堆石坝沉降变形分布曲线如图 5 - 14 所示。

目前工况下，坝基最大沉降 810mm（D0 － 36.00），坝体最大沉降

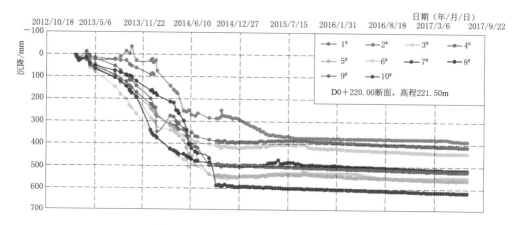

图 5-10　振弦式沉降仪 CS5-5 时程曲线

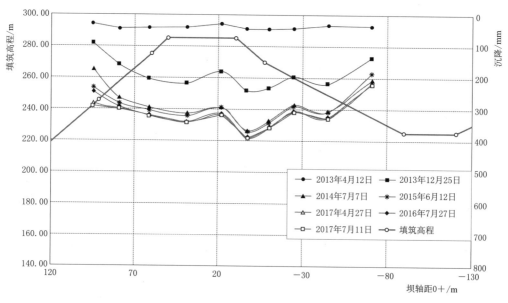

图 5-11　振弦式沉降仪 D0+080.00 典型断面曲线

613mm（D0-71.00），大坝整体最大沉降 1256mm（D0-46.00）。河口村水库工程堆石坝最大坝高 112m，坝基最大覆盖层厚度 40m。综合考虑大坝高度，现阶段大坝整体最大沉降量约占坝高的 0.826%，整体沉降变形量符合一般土石坝沉降变形规律。

二、左右岸坝体纵向水平变形

为监测左右岸坝体纵向水平位移，在坝轴线纵剖面不同高程以岸坡岩体为

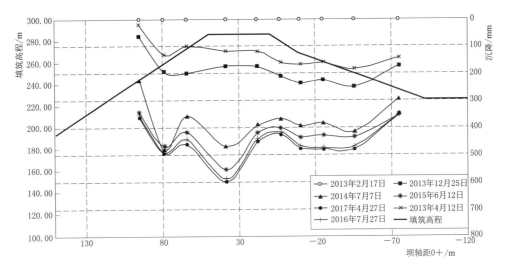

图 5-12　振弦式沉降仪 D0+140.00 典型断面曲线

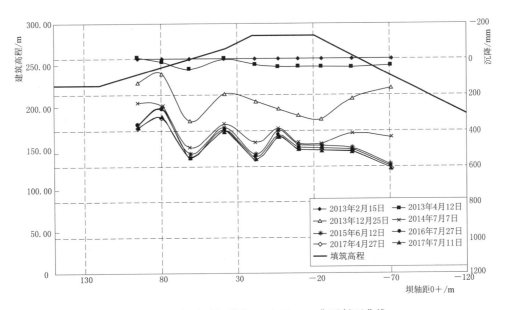

图 5-13　振弦式沉降仪 D0+220.00 典型断面曲线

固定端向坝体延伸共布设 4 套土体位移计，每套以 6m 或 10m 为间距布设测点，其中左岸高程 270.00m、高程 230.00m 和高程 210.00m 各布设 1 套土体位移计，SR5-1（高程 270.00m）成串连接 6 个测点，SR5-3（高程 230.00m）成串连接 8 个测点，SR5-4（高程 210.00m）成串连接 4 个测点；右岸高程 250.00m 布置 1 套土体位移计，SR5-2 成串连接 8 个测点。

初次蓄水前坝体纵向累计变形为 2.50～44.80mm，初次蓄水期变化量为

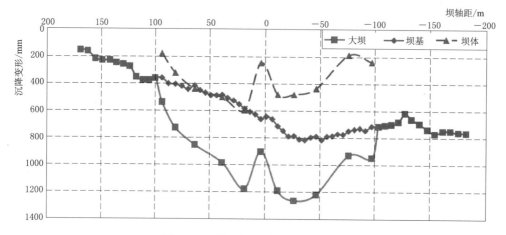

图 5-14　堆石坝沉降变形分布曲线

0.20～1.40mm；初次泄水前坝体纵向累计变形为 2.90～46.20mm，初次泄水期变化量为 0.20～1.20mm；二次蓄水前坝体纵向累计变形为 3.20～47.40mm，二次蓄水期变化量为 0～0.80mm，二次泄水前坝体纵向累计变形为 3.30～48.2mm，二次泄水期无变化。历史最大值为 3.30～49.2mm。截至 2017 年 7 月 11 日，当前坝体纵向累计变形为 3.30～48.20mm。

　　监测成果表明，坝体纵向累计变形主要发生正在施工期，蓄水后库水位变化对坝体纵向变形影响较小。施工期，坝体沿坝轴线的纵向变形随填筑高度增加而明显增大，2013 年年底，随着坝顶填筑完毕后，高程相对较高的两支土体位移计 SR5-1（高程 270.00m）与 SR5-2（高程 250.00m），由于上覆土层相对较薄，受自重荷载影响明显，土体沿左右岸方向变形速度趋缓。

　　而根据坝体位置高程相对较低的两支土体位移计 SR5-3（高程 230.00m）与 SR5-4（高程 210.00m）监测成果显示，坝体填筑完毕，坝体沿左右岸的变形速率有所减缓。2013 年 12 月—2014 年 12 月，由于土颗粒骨架在较大自重荷载下产生的蠕变及土体中孔隙水压的消散，变形量仍处于低速增加中。2015 年后，SR5-3 与 SR5-4 土体变形已趋于收敛。高程 210.00m、高程 230.00m、高程 270.00m 与高程 250.00m 坝体大部分变形发生在围岩体与堆料（基覆界线）附近，堆料内变形不显著。现阶段，各高程土体位移计监测结果表明当前坝体左右岸方向位移趋于收敛，处于稳定状态。

　　各典型时程曲线分别如图 5-15～图 5-17 所示。

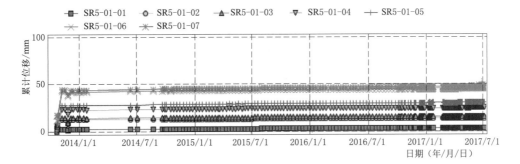

图 5-15 土体位移计 SR5-1（高程 270.00m）累计位移时程曲线

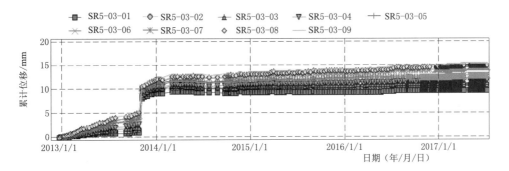

图 5-16 土体位移计 SR5-3（高程 230.00m）累计位移时程曲线

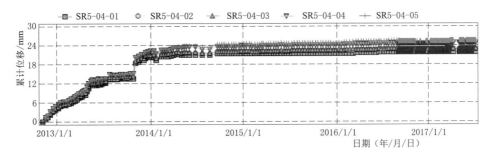

图 5-17 土体位移计 SR5-4（高程 210.00m）累计位移时程曲线

第三节 面　　板

在混凝土面板主要安装埋设电平器、脱空计、三向测缝计、表面单向测缝计、钢筋计、应变计、土压力计和温度计等监测仪器。电平器用于监测面板挠度变形，脱空计用于监测面板与堆石体间的两向（开合、剪切）变形；三向测

缝计用于监测趾板与连接板、面板与连接板间的三向（沉降、开合、剪切）变形；表面单向测缝计用于监测趾板与连接板、面板与连接板以及面板与面板间的开合变形；钢筋计用于监测面板钢筋结构受力；应变计用于监测面板混凝土结构受力；土压力计用于监测面板与堆石体间受力情况；温度计用于监测面板温度变化情况。

一、面板挠度

在混凝土面板表面安装埋设电平器，根据电平器工作原理，以面板底部与底板接触点为不动点，根据各个测点的位置及倾斜值，以及各个测斜仪的仪器标距，对各个测点的测值进行计算和累计叠加，以获得面板的挠度曲线。各典型断面变形分布图分别如图 5-18～图 5-20 所示，图中"正值"为垂直面板向下，"负值"为垂直面板向上。

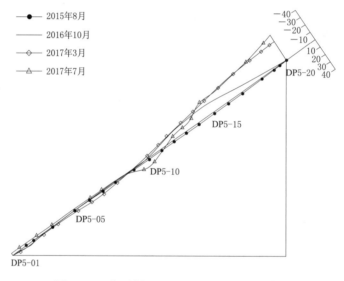

图 5-18　典型断面（D0+80.00）变形分布图

电平器安装后整体运行平稳，蓄水前的面板挠度变形不明显，主要表现为大坝的沉降变形。蓄水开始后，堆石坝坝体受浸水影响，面板随之下沉。

蓄水后在库水压力的作用下，面板上部测点产生上翘变形，即面板的下部都是产生下凹变形，而面板的上部及顶部则向上凸变形。由于水库刚完成二次泄水，泄水后面板挠度变形变化不大。通过变形分布图还可以看出，坝体中间断面 D0+140.00 变形大于两侧的 D0+80.00 断面和 D0+220.00 断面。

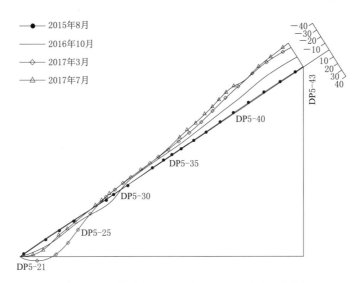

图 5-19 典型断面（D0＋140.00）变形分布图

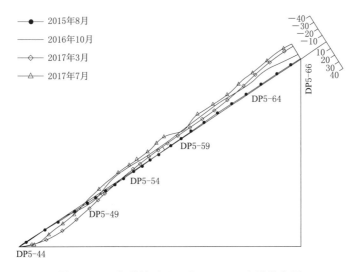

图 5-20 典型断面（D0＋220.00）变形分布图

二、脱空变形

初次蓄水前面板脱空为－0.40～5.50mm，初次蓄水期脱空变化量为－1.80～2.60mm；初次泄水前面板脱空为－2.20～7.00mm，初次泄水期脱空变化量为－10.5～0.4mm；二次蓄水前面板脱空量为－12.70～7.30mm，二次蓄水期变化量为－0.80～0.50mm；二次泄水前面板脱空量为－12.20～

6.70mm，二次泄水期变化量为－0.70～3.50mm。历史最大脱空量为0.04～7.51mm。截至2017年7月11日，当前面板脱空量为－8.7～6.7mm。

初次蓄水前面板相对位错为－8.30～0.30mm，初次蓄水期相对位错变化量为－1.30～0.90mm；初次泄水前面板相对位错为－9.10～1.20mm，初次泄水期相对位错变化量为－0.20～4.90mm；二次蓄水前面板相对位错为－9.30～6.10mm，二次蓄水期相对位错变化量为－0.40～0.40mm；二次泄水前面板相对位错为－9.00～5.70mm，二次泄水期相对位错变化量为－5.0～0.40mm。历史最大相对位错为－13.36～1.0mm。截至2017年7月11日，当前面板相对位错在－8.80～1.0mm。

监测结果表明，一期面板混凝土浇筑完成后，在后续坝体的填筑及蓄水的影响下，大坝会发生沉降，分期面板施工进程的合理安排保证了面板脱空变形受施工期随坝体填筑影响较弱，水库蓄水后，部分面板脱空变形和相对位错略有增长，但整体变化不大。总体而言，脱空量与相对位错均处在正常的变化范围内。

脱空计TK5-2时程曲线如图5-21所示。

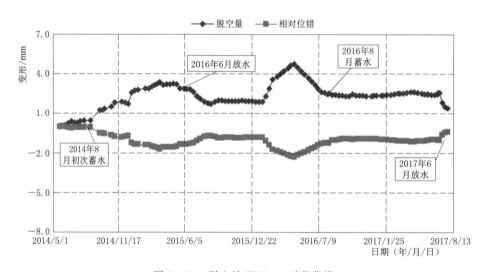

图5-21 脱空计TK5-2时程曲线

三、面板缝开合度

监测结果显示，初次泄水前面板开合度为－12.32～3.59mm，初次泄水期变化量为－3.18～6.06mm；二次蓄水前面板开合度为－6.99～5.70mm，二次蓄水期变化量为－10.64～7.44mm；二次泄水前面板开合度为－16.99～9.31mm，二次泄水期变化量为－1.3～8.16mm。历史最大值为0～14.76mm。截至2017年7月11日，当前面板开合度为－8.83～9.52mm。

面板表面测缝计主要与温度呈明显的负相关性，即温度上升，开合度有所减小，反之亦反。现阶段面板表面测缝计开合度呈平稳变化趋势。

单向测缝计K5-11时序过程线如图5-22所示。

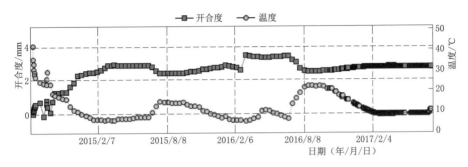

图5-22 单向测缝计K5-11时序过程线

四、周边缝开合度

三向测缝计监测结果显示，初次蓄水前周边缝开合度为0～0.09mm，初次蓄水期变化量为－0.35～0.88mm；初次泄水前周边缝开合度为－0.35～0.88mm，初次泄水期变化量为－1.39～0.26mm；二次蓄水前周边缝开合度为－0.88～1.14mm，二次蓄水期变化量为－0.18～1.79mm；二次泄水前周边缝开合度为－0.32～1.85mm，二次泄水期变化量为－1.5～0.02mm。周边缝开合度历史最大值为0.10～1.89mm，当前周边缝开合度为－0.59～1.73mm。周边缝开合度总体较小，缝张开变形主要受蓄水影响。在水库泄水后，左右岸趾板部分三向测缝计露出水面，开合度变形主要受气温影响，与气温呈负相关关系。目前周边缝开合度变化已经趋于平稳。

初次蓄水前周边缝剪切位移为－0.35～0.72mm，初次蓄水期变化量为－12.68～6.90mm；初次泄水前面板缝剪切位移为－12.68～7.62mm，初次泄水期变化量为－7.13～5.48mm；二次蓄水前周边缝剪切位移为－13.56～7.40mm，二次蓄水期变化量为－7.07～6.57mm；二次泄水前周边缝剪切位移为－18.15～9.42mm，二次泄水期变化量为－9.24～4.57mm。周边缝剪切位移历史最大值为 0～15.98mm，当前周边缝剪切位移为−18.64～9.54mm。周边缝剪切变形主要与水位变化有关，水库蓄水、泄水过程中，受水荷载变化影响，剪切变形相应变化。目前各部位剪切变形变化已趋于平稳。

初次蓄水前周边缝沉降为−0.06～0.25mm，初次蓄水期变化量为−0.81～14.78mm；初次泄水前周边缝沉降为−0.81～14.78mm，初次泄水期变化量为−4.21～1.23mm；二次蓄水前周边缝沉降为−3.79～13.04mm，二次蓄水期变化量为−2.27～1.35mm；二次泄水前周边缝沉降为−3.12～14.39mm，二次泄水期变化量为−1.23～1.35mm。周边缝沉降历史最大值为 0～15.35mm，当前周边缝沉降为−3.28～13.16mm。周边缝大部分沉降主要发生在初蓄期，后续随水位变化小幅波动，目前各部位沉降变形逐渐趋缓。

河床趾板与面板接缝面三向测缝计 $J^3 5-06$ 时序过程线如图 5-23 所示。

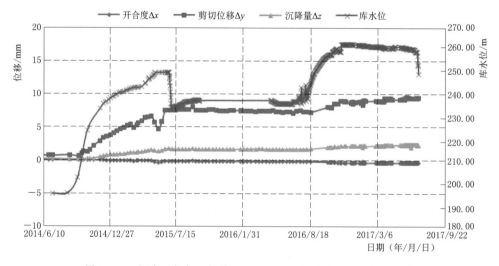

图 5-23　河床趾板与面板接缝面三向测缝计 $J^3 5-06$ 时序过程线

五、钢筋应力

初次蓄水前面板钢筋应力为−41.77～−14.89MPa，初次蓄水期变化量为−47.30～−42.08MPa；初次泄水前面板钢筋应力为−47.28～23.98MPa，初次泄水期变化量为−31.43～10.55MPa；二次蓄水前面板钢筋应力为−51.63～21.38MPa，二次蓄水期变化量为−14.21～31.01MPa；二次泄水前面板钢筋应力为−51.85～24.13MPa，二次泄水期变化量为−14.22～6.28MPa。历史最大值为 25.31～50.26MPa。截至 2017 年 7 月 11 日，当前面板钢筋应力为

$-52.14\sim24.36$ MPa。

钢筋计测值与温度变化呈负相关,且大部分呈受压状态。钢筋计测值有所改变,但增幅较小。现阶段,钢筋计测值较稳定。

钢筋计 $R^2 5-10$ 时序过程线如图 $5-24$ 所示。

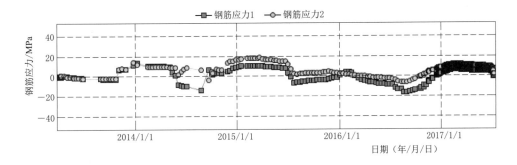

图 $5-24$　钢筋计 $R^2 5-10$ 时序过程线

六、混凝土结构应变

初次蓄水前混凝土微应变为 $-40.54\sim67.53\mu\varepsilon$,混凝土自生体积变形为 $-127.95\sim33.88\mu\varepsilon$,初次蓄水期变化量为 $-91.47\sim66.57\mu\varepsilon$,混凝土自生体积变形为 $-23.61\sim64.00\mu\varepsilon$;初次泄水前混凝土微应变为 $-113.92\sim134.1\mu\varepsilon$,混凝土自生体积变形为 $-146.18\sim60.04\mu\varepsilon$,初次泄水期变化量为 $-50.1\sim27.18\mu\varepsilon$,混凝土自生体积变形变化量为 $-20.79\sim6.05\mu\varepsilon$;二次蓄水前混凝土微应变为 $-129.6\sim121.9\mu\varepsilon$,混凝土自生体积变形为 $-158.2\sim49.75\mu\varepsilon$,二次蓄水期变化量为 $-42.84\sim175.97\mu\varepsilon$,混凝土自生体积变形变化量为 $-10.22\sim14.56\mu\varepsilon$;二次泄水前混凝土微应变为 $-144.56\sim230.34\mu\varepsilon$,混凝土自生体积变形为 $-158.67\sim50.53\mu\varepsilon$,二次泄水期变化量为 $-33.6\sim30.71\mu\varepsilon$,混凝土自生体积变形变化量为 $-20.73\sim0.76\mu\varepsilon$;历史微应变最大值为 $-24.61\sim238.07\mu\varepsilon$,混凝土自生体积变形为 $0\sim64.68\mu\varepsilon$。截至 2017 年 7 月 11 日,当前混凝土微应变为 $-129.67\sim196.74\mu\varepsilon$,混凝土自生体积变形为 $-164.98\sim44.75\mu\varepsilon$。

混凝土自生体积变形与温度呈正相关,混凝土微应变与温度呈负相关。现阶段,混凝土微应变测值较稳定。

应变计 $S^2 5-19$ 时序过程线如图 $5-25$ 所示。

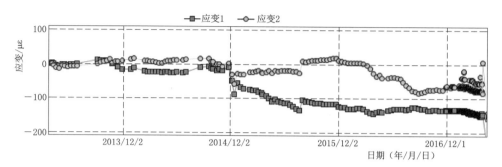

图 5-25　应变计 S^{2}5-19 时序过程线

七、面板土压力

初次蓄水前面板土压力为 -0.10～0.13MPa，初次蓄水期变化量为 -0.02～0MPa；初次泄水前面板土压力为 -0.1～0.13MPa，初次泄水期变化量为 0～0.08MPa；二次蓄水前面板土压力为 -0.10～0.13MPa，二次蓄水期变化量为 -0.01～0MPa；二次泄水前面板土压力为 -0.10～0.13MPa，二次泄水期变化量为 -0.04～0MPa。历史最大值为 0.01～0.14MPa。截至 2017 年 7 月 11 日，当前面板土压力为 -0.10～0.14MPa。

土压力基本呈无压状态。现阶段，土压力计测值较稳定。

E5-19 混凝土土压力时序过程线如图 5-26 所示。

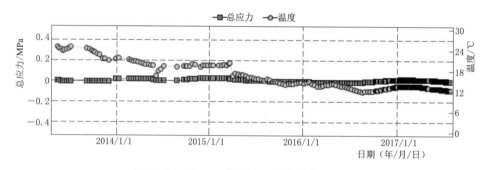

图 5-26　E5-19 混凝土土压力时序过程线

八、面板温度

初次蓄水前温度计测值为 19.6～29.5℃，初次蓄水期变化量为 -18.4～3.8℃；初次泄水前温度计测值为 6.9～28.4℃，初次泄水期变化量为 -8.6～7.6℃；二次蓄水前温度计测值为 9.0～30.6℃，二次蓄水期变化量为 -19.7～

4.4℃；二次泄水前温度计测值为 7.9～33.9℃，二次泄水期变化量为－0.3～16.7℃。历史最大值为 23.6～36.7℃。截至 2017 年 7 月 11 日，当前温度计测值为 7.8～35.1℃。

温度计测值在混凝土水化过程中升温较大，当前主要受水体温度和环境温度影响。

混凝土面板温度 T5-43—时间过程线如图 5-27 所示。

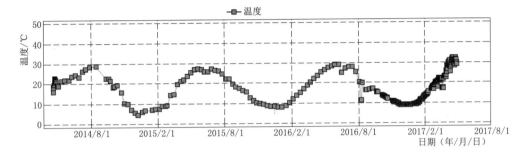

图 5-27　混凝土面板温度 T5-43—时间过程线

第六章　防渗工程监测成果分析

在防渗墙、高趾墙主要安装埋设渗压计、钢筋计、应变计和土压力计等监测仪器。渗压计用于监测渗透压力和绕坝渗流；钢筋计用于监测混凝土内钢筋结构受力；应变计用于监测钢筋应力；土压力计用于监测防渗墙侧向受力情况。

第一节　防　渗　墙

一、渗流渗压

防渗墙渗压当前测值为 204.69～644.35kPa，防渗墙前渗压计监测水位变化与库水位变化呈正相关关系。两次蓄水期间，库水位明显抬升，防渗墙前渗压水位较库水位略低，与库水位变化正相关；防渗墙后渗压水位有所降低，与下游坝基渗压计折算水位相近。经巡视检查也未发现工程有出渗水点，说明防渗墙防渗效果较好。二次泄水后，防渗墙前水位明显下降，墙后水位变化不大。在目前工况情况下，防渗墙、连接板及趾板坝基渗压计测值较稳定。

各典型断面渗压水位时程曲线分别如图 6-1～图 6-6 所示。

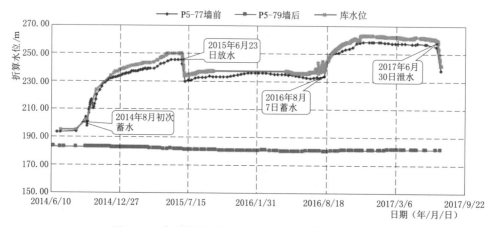

图 6-1　典型断面（D0＋140.00）渗压水位时程曲线

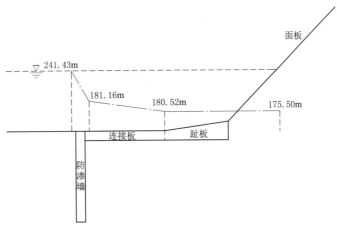

图 6-2　典型断面（D0+140.00）渗压水位分布示意曲线

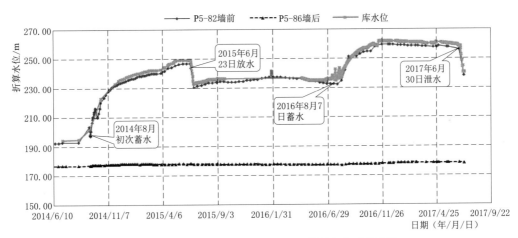

图 6-3　典型断面（D0+170.00）渗压水位时程曲线

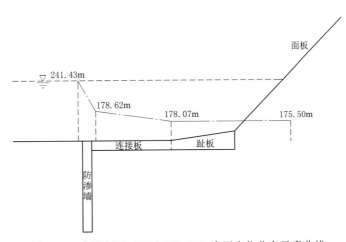

图 6-4　典型断面（D0+170.00）渗压水位分布示意曲线

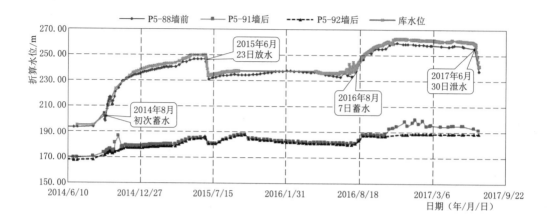

图 6-5 典型断面（D0+202.00）渗压水位时程曲线

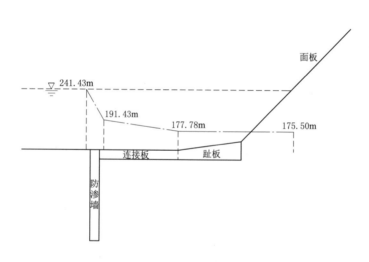

图 6-6 典型断面（D0+200.00）渗压水位分布示意曲线

二、钢筋应力

初次蓄水前钢筋应力为 $-31.57 \sim 5.8$ MPa，初次蓄水期变化量为 $-29.24 \sim$ 9.24MPa；初次泄水前钢筋应力为 $-32.13 \sim -5.78$ MPa，初次泄水期变化量为 $-9.65 \sim 7.21$ MPa；二次蓄水前钢筋应力为 $-31.17 \sim -4.56$ MPa，二次蓄水期变化量为 $-9.39 \sim 13.04$ MPa；二次泄水前钢筋应力为 $-38.78 \sim -5.88$ MPa，二次泄水期变化量为 $-5.37 \sim 5.27$ MPa。历史最大值为 $0 \sim 16.00$ MPa。截至

2017 年 7 月 11 日，当前钢筋应力为－33.52～－5.32MPa。现阶段，钢筋计测值较稳定。

典型断面钢筋计时程曲线如图 6－7 所示。

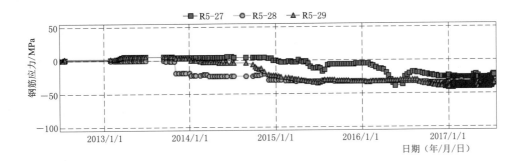

图 6－7　典型断面钢筋计时程曲线

三、混凝土应变

初次蓄水前混凝土微应变为 50.47～112.35$\mu\varepsilon$，混凝土自生体积变形为 －80.3～31.48$\mu\varepsilon$，初次蓄水期变化量为－57.34～3.4$\mu\varepsilon$，混凝土自生体积变形变化量为－20.94～46.04$\mu\varepsilon$；初次泄水前混凝土微应变为 30.49～99.73$\mu\varepsilon$，混凝土自生体积变形为－49.81～23.53$\mu\varepsilon$，初次泄水期变化量为－8.7～40.12$\mu\varepsilon$，混凝土自生体积变形变化量为－40.79～15.54$\mu\varepsilon$；二次蓄水前混凝土微应变为 23.68～100.87$\mu\varepsilon$，混凝土自生体积变形为－90.6～36.79$\mu\varepsilon$，二次蓄水期变化量为－41.54～－7.98$\mu\varepsilon$，混凝土自生体积变形变化量为－9.50～19.74$\mu\varepsilon$；二次泄水前混凝土微应变为－7.58～79.02$\mu\varepsilon$，混凝土自生体积变形为－70.86～48.17$\mu\varepsilon$，二次泄水期变化量为－0.85～23.01$\mu\varepsilon$，混凝土自生体积变形变化量为－25.85～4.12$\mu\varepsilon$；历史微应变最大值为 87.28～147.97$\mu\varepsilon$，混凝土自生体积变形为 0～54.92$\mu\varepsilon$。截至 2017 年 7 月 11 日，当前混凝土微应变为－4.66～95.73$\mu\varepsilon$，混凝土自生体积变形为－96.71～52.29$\mu\varepsilon$。

混凝土自生体积变形与温度呈正相关，混凝土微应变与温度呈负相关。现阶段，混凝土微应变测值较稳定。

防渗混凝土应变 S5－14 时程曲线如图 6－8 所示。

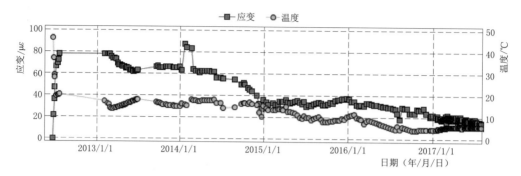

图 6-8　防渗墙混凝土应变 S5-14 时程曲线

四、侧向土压力

初次蓄水前防渗墙土压力为 -0.51~0.71MPa，初次蓄水期变化量为 -0.21~0.62MPa；初次泄水前防渗墙土压力为 -0.72~0.86MPa，初次泄水期变化量为 -0.65~0.07MPa；二次蓄水前防渗墙土压力为 -0.65~0.67MPa，二次蓄水期变化量为 -0.15~0.18MPa；二次泄水前防渗墙土压力为 -0.80~0.84MPa，二次泄水期变化量为 -0.12~0.05MPa。历史最大值为 0~0.92MPa。截至 2017 年 7 月 11 日，当前防渗墙土压力为 -0.75~0.72MPa。现阶段，土压力计测值较稳定。

防渗墙土压力 E5-16 时间过程曲线如图 6-9 所示。

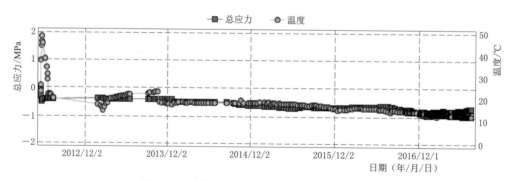

图 6-9　防渗墙土压力 E5-16 时间过程曲线

五、防渗墙连接板沉降变形

为监测防渗墙连接板变形情况，在连接板内在 D0+100.00~D0+220.00 桩号布置一套水平固定式测斜仪，总计 24 个测点，点间距 4~6m。防渗墙连接

板水平固定测斜仪安装时，在连接板中部开槽，将组装好的仪器安装至槽内，安装完成后重新浇筑混凝土。

水平固定测斜仪布置在防渗墙连接板下地质较均匀且经旋喷桩加固处理的坝基处，历史最大值为 69.79mm，发生位置为纵向桩号 D0＋136.00 的测点 HI5-02-20。当前沉降量为 3.02～67.30mm。

初蓄期，库水位抬升，坝体上游面静水压力荷载变化明显，且坝体浸润线高程上升，防渗墙连接板坝基沉降有相对较为明显的增加。初蓄期后，坝体内渗流场及应力场形成并趋于稳定，沉降量变化幅度也随之降低，目前连接板沉降逐渐趋于收敛。二次泄水后，防渗墙连接板整体沉降变化不大。

从监测成果来看，防渗墙连接板沉降变形较大，主要受以下几方面的影响：

（1）连接板浇筑较晚，且存在坝体排水孔倒灌现象，沉降变形初期变化较大，初次蓄水前最大沉降变形为 29mm，沉降变形主要受倒灌水浸泡影响和坝前石渣压坡影响。

（2）防渗墙连接板水平固定测斜仪监测沉降是以 HI5-01 为基准点，每个测点的沉降值等于该测点监测沉降量与其前边多个大桩号测点沉降量的累加值。

因此，某一个测点的较大变化会对其他仪器的监测成果有影响。由于水平固定测斜仪单支仪器仅 0.5m，将其通过组装测量 6m 间距的沉降量会存在系统误差。

防渗墙连接板水平固定测斜仪各测点剖面分布曲线如图 6-10 所示，防渗墙连接板水平固定测斜仪典型测点时程曲线如图 6-11 所示。

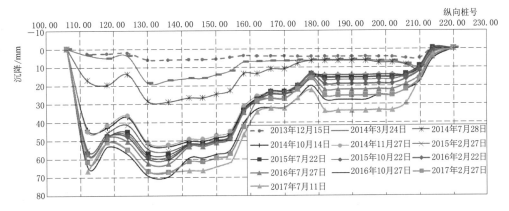

图 6-10　防渗墙连接板水平固定测斜仪各测点剖面分布曲线

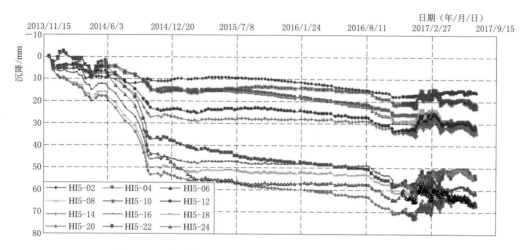

图 6-11　防渗墙连接板水平固定测斜仪典型测点时程曲线

第二节　绕　坝　渗　流

　　测压管安装后库区已经开始蓄水，安装初期，基本处于无压或者少压状态。监测结果表明，左岸测压管初次泄水前水位为 234.10～248.49m，初次泄水变化量为 -8.28～2.29m；二次蓄水前水位为 227.27～250.41m，二次蓄水变化量为 0.11～13.09m；二次泄水前水位为 236.09～253.27m，二次泄水变化量为 -11.25～-0.39m；当前左岸水位为 228.49～248.72mm。右岸测压管初次泄水前水位为 219.56～240.68m，初次泄水变化量为 -7.50～0.81m；二次蓄水前水位为 218.32～245.55m，二次蓄水变化量为 0.35～14.24m；二次泄水前水位为 224.4～249.62m，二次泄水变化量为 -7.97～-2.69m；当前右岸水位为 219.62～245.49mm。蓄水期间，左右岸渗压有不同程度增长；泄水时渗压随水位下降而减小。左岸的渗压变化与水位变化相关性较为明显，主要为影响因素为其一左岸测压管大部分在山体防渗体以内，其二左岸山体岩体结构较差、渗透性较好。

　　2016 年 8 月 7 日二次蓄水后，左右岸山体渗压缓慢增长。其中，右岸坝后测压管 SP5-13 水位增长明显，本次蓄水至最高水位增大 6.25m。现场巡视检查附近坝下 2# 灌浆洞存在渗水情况。整条洞子存在 11 处漏水点，其中 6 处在结构缝位置，5 处为混凝土自身裂缝处。通过实地测量，2# 灌浆洞的渗流量为

5.54m³/h。2#灌浆洞经过灌浆修复后，现已无渗水。

左岸进水口塔架附近测压管 SP5-10、SP5-11 蓄水后水位增长较大，二次蓄水至最高水位分别增长 13.80m、9.10m。由于左岸岩石相对破碎，透水性较强，水位上升后，渗压变化响应较为明显需要引起注意。

二次泄水后，左右岸测压管监测水位不同程度下降，总体上左右岸绕坝渗流变化符合一般规律，可反映水库蓄水、泄水变化情况。左、右岸水位时间过程线分别如图 6-12、图 6-13 所示。左、右岸测压管水位分布图如图 6-14 所示。

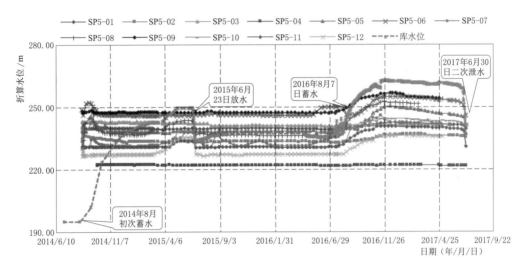

图 6-12 左岸水位时间过程线

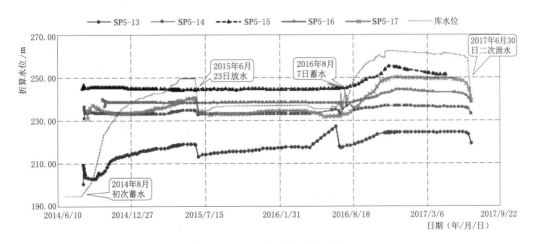

图 6-13 右岸水位时间过程线

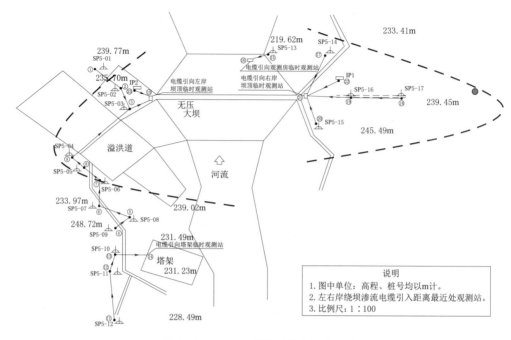

图 6-14　左、右岸测压管水位分布图

第三节　渗　漏　监　测

一、坝后渗漏监测

为监测渗水点流量，在坝后布置一支堰流计进行监测。量水堰部位汇水包括大坝渗漏、两岸山体渗水、地表降水径流等，其流量是总体渗流量。随着库水位升高和近日降雨影响，量水堰测值有所增加。加密监测成果表明，坝后渗漏量变化受引沁渠泄水影响非常大，库水位上升对坝后渗漏影响相对较小。

2016 年蓄水至最高水位后，引沁渠未泄水时，最大渗漏量为 $538.95\text{m}^3/\text{h}$。二次泄水后，渗漏量明显减小，当前坝后渗漏量为 $350.45\text{m}^3/\text{h}$。坝后渗漏量时间过程线如图 6-15 所示。

二、地质探洞渗漏监测

大坝右岸坡脚布置一支流量计，监测坝后地质探洞渗漏情况，渗漏量时间过程线如图 6-16 所示。

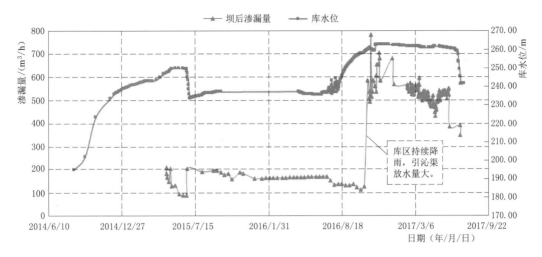

图 6-15　坝后渗漏量时间过程线

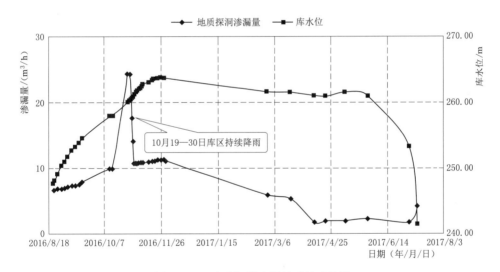

图 6-16　地质探洞渗漏量时间过程线

监测成果表明，由于 2016 年 8 月后坝区内持续蓄水，另受 2016 年 10 月底以来连续降雨影响，库水位抬升较大，地质探洞渗漏有所增加。

2016 年蓄水至最高水位后，地质探洞最大渗漏量为 11.22m³/h，当前地质探洞渗漏量为 4.2m³/h。现库水位逐渐回落，渗漏量逐渐减小。

第七章　泄洪洞监测成果分析

第一节　泄洪洞进出口

一、深部位移

为监测泄洪洞进出口基础变形情况，在泄洪洞流道中心线左右侧分别布置了2套三点式多点位移计。初次蓄水前塔架基础围岩深部位移为−12.19～9.96mm，初次蓄水期变化量为−2.39～0.90mm；初次泄水前塔架基础围岩深部位移为−14.58～9.82mm，初次泄水期变化量为−0.16～1.29mm；二次蓄水前塔架基础围岩深部位移为−13.83～9.72mm，二次蓄水期变化量为−0.11～11.59mm（测点长期受压）。二次泄水前塔架基础围岩深部位移为−7.2～9.61mm，二次泄水期变化量为−0.58～0.03mm。历史最大值为0.08～11.68mm。截至2017年7月11日，当前塔架基础围岩深部位移为−7.19～9.03mm。当前围岩位移大部分随着深度增加逐渐减小，随着时间增加逐渐增大，围岩位移变化较小。目前测值较稳定，未见明显异常。

泄洪洞进口塔架基础部位BX6−19、BX6−22测点位移时间序列过程线分别如图7−1、图7−2所示。

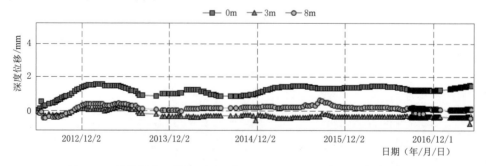

图7−1　泄洪洞进口塔架基础部位BX6−19测点位移时间序列过程线

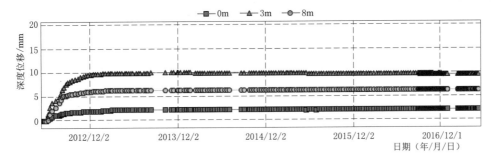

图 7 - 2 泄洪洞进口塔架基础部位 BX6 - 22 测点位移时间序列过程线

二、缝开合度

塔架基础初次蓄水前测缝开合度为 -1.22~0.28mm，初次蓄水期变化量为 0.08~1.46mm；初次泄水前测缝开合度为 -0.19~0.36mm，初次泄水期变化量为 -0.22~0.22mm；二次蓄水前测缝开合度为 -0.41~0.57mm，二次蓄水期变化量为 -0.20~0.16mm；二次泄水前测缝开合度为 -0.25~0.38mm，二次泄水期变化量为 -0.13~0.06mm。历史最大值为 0.60~1.32mm。截至 2017 年 7 月 11 日，当前测缝开合度为 -0.38~0.44mm。塔架基础缝开合度变化与温度呈负相关，当前均处于微小张开状态，测值较稳定，未见明显异常。现场巡视检查建筑物结构无开裂现象，未见明显异常。

典型开合度时间序列过程线如图 7 - 3 所示。

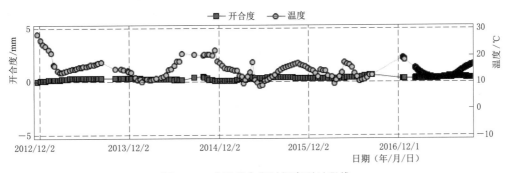

图 7 - 3 典型开合度时间序列过程线

三、基础渗压

为监测泄洪洞流道的渗压状况，在进口、流道中部和出口布置了 9 支渗压计。塔架基础渗透压力随着水位的逐渐上升，最大压力达到 825.59kPa（超量程）。2017 年蓄水塔架渗压计监测水位有不同程度增长，最大变化量为 P6 - 17，水位增长 21.71m。二次泄水后，塔架渗压计监测水位不同程度下降，P6-12 水位降低 16.67m。

泄洪洞进口塔架基础典型测点渗透压力—时间过程线如图 7-4 所示。

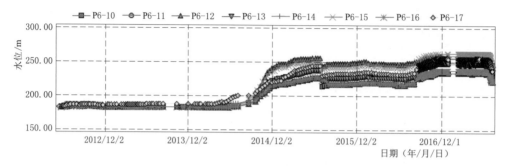

图 7-4　泄洪洞进口塔架基础典型测点渗透压力—时间过程线

四、基础土压力

为监测泄洪洞进出口基础受力情况，在进口和出口分别布置了 2 套土压力计。初次蓄水前塔架基础受力为 $-0.15 \sim 0.01$MPa，初次蓄水期变化量为 $-0.40 \sim 0.90$MPa；初次泄水前塔架基础受力为 $-0.55 \sim 0.88$MPa，初次泄水期变化量为 $-0.11 \sim 0.11$MPa；二次蓄水前塔架基础受力为 $-0.44 \sim 0.77$MPa，二次蓄水期变化量为 $-0.19 \sim 0.23$MPa。历史最大值为 $0.04 \sim 1.01$MPa。二次泄水前塔架基础受力为 $-0.63 \sim 1.00$MPa，二次泄水期变化量为 $-0.15 \sim 0.15$MPa。截至 2017 年 7 月 11 日，当前塔架基础受力为 $-0.48 \sim 0.87$MPa。塔架基础土压力随着时间和基础浇筑，呈先减小后增加趋势。前期测值主要受温度影响，后期测值主要受上部荷载影响。

泄洪洞进口塔架基础典型测点土压力—时间过程线如图 7-5 所示。

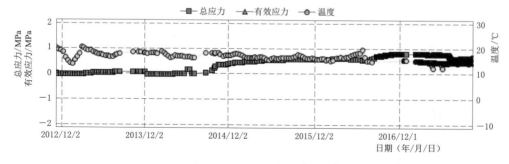

图 7-5　泄洪洞进口塔架基础典型测点土压力—时间过程线

第二节　泄　洪　洞　洞　身

一、深部位移

初次蓄水前泄洪洞围岩深部位移为－0.28～2.04mm，初次蓄水期变化量为
－0.10～2.17mm；初次泄水前泄洪洞围岩深部位移为－0.28～3.06mm，初次
泄水期变化量为－0.38～0.46mm；二次蓄水前泄洪洞围岩深部位移为－0.08～
3.17mm，二次蓄水期变化量为－0.39～0.25mm；二次泄水前泄洪洞围岩深部
位移为－0.18～2.83mm，二次泄水期变化量为－0.04～0.07mm。历史最大值
为－0.12～3.17mm。截至 2017 年 7 月 11 日，当前泄洪洞围岩深部位移为
－0.19～2.79mm。大部分测点处围岩位移随着深度增加逐渐减小，随着时间增加
逐渐增大，近期围岩位移变化较小。当前测值较稳定，未见明显异常。

$1^{\#}$泄洪洞 0＋390.00 监测断面 BX6-18 测点位移过程线如图 7-6 所示。

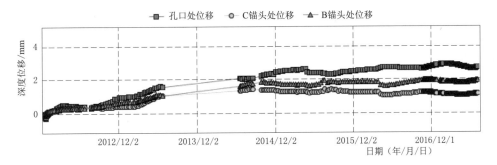

图 7-6　$1^{\#}$泄洪洞 0＋390.00 监测断面 BX6-18 测点位移过程线

二、锚杆应力

初次蓄水前锚杆应力为－19.92～72.79MPa，初次蓄水期变化量为
－1.19～37.98MPa；初次泄水前锚杆应力为－9.16～110.78MPa，初次泄水期
变化量为－7.69～3.57MPa；二次蓄水前锚杆应力为－7.16～109.75MPa，二
次蓄水期变化量为－15.64～8.55MPa。二次泄水前锚杆应力为－18.96～
94.12MPa，二次泄水期变化量为－1.32～2.58MPa。历史最大值为－2.65～
164.51MPa。截至 2017 年 7 月 11 日，当前锚杆应力为－17.49～96.37MPa。锚
杆应力与温度呈负相关。围岩锚杆应力计处于拉压应力状态，主要受锚杆所在

洞室围岩位置和地应力影响。现阶段，锚杆应力计呈缓慢增长趋势，但增长速率较小，当前测值较稳定，未见明显异常。

1#泄洪洞0+390.00监测断面RB6-31测点应力温度相关过程线如图7-7所示。1#泄洪洞0+180.00监测断面锚杆部分应力时序过程线如图7-8所示。

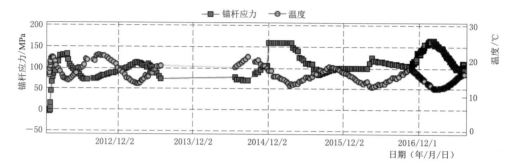

图7-7 1#泄洪洞0+390.00监测断面RB6-31测点应力温度相关过程线

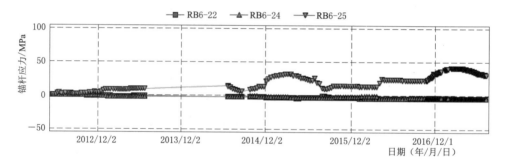

图7-8 1#泄洪洞0+180.00监测断面锚杆部分应力时序过程线

三、钢筋应力

初次蓄水前钢筋应力为-39.38~6.96MPa，初次蓄水期变化量为-17.31~15.00MPa；初次泄水前钢筋应力为-56.61~4.92MPa，初次泄水期变化量为-2.36~6.76MPa；二次蓄水前钢筋应力为-55.84~6.24MPa，二次蓄水期变化量为-13.73~-0.33MPa；二次泄水前钢筋应力为-60.97~1.05MPa，二次泄水期变化量为-1.86~3.08MPa。历史最大值为0~20.6MPa。截至2017年7月11日，当前钢筋结构应力为-59.49~2.68MPa。钢筋应力与温度呈负相关关系。钢筋计大部分处于受压状态，应力量值整体变化幅度较小，当前测值较稳定，未见明显异常。

1#泄洪洞钢筋应力时序过程线如图 7-9 所示。1#泄洪洞 0+180.00 监测断面钢筋应力分布图如图 7-10 所示。

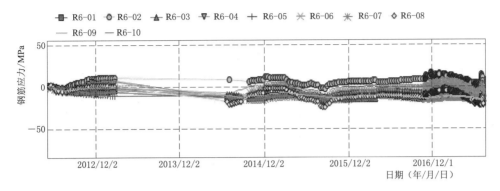

图 7-9 1#泄洪洞钢筋应力时序过程线

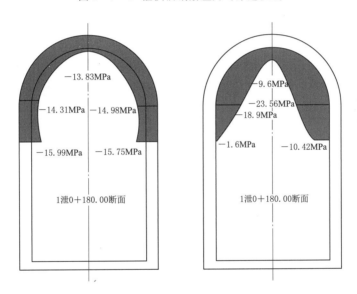

图 7-10 1#泄洪洞 0+180.00 监测断面钢筋应力分布图（2017 年 7 月 11 日）

四、缝开合度

初次蓄水前测缝开合度为 -0.08~1.96mm，初次蓄水期变化量为 -0.03~0.34mm；初次泄水前测缝开合度为 -0.08~1.94mm，初次泄水期变化量为 -0.25~0.11mm；二次蓄水前测缝开合度为 -0.09~1.88mm，二次蓄水期变化量为 -0.07~0.39mm；二次泄水前测缝开合度为 -0.1~1.85mm，二次泄水期变化量为 -0.01~0.02mm。历史最大值为 0.05~2.35mm。截至 2017 年 7 月 11 日，当前测缝开合度为 -0.10~1.86mm。测缝计大部分呈张开状态，与温度呈负相关关系。当前测值较稳定，未见明显异常。

围岩裂缝开合度—时间序列过程线如图 7-11 所示。

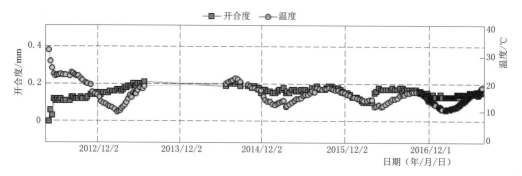

图 7-11 围岩裂缝开合度—时间序列过程线

五、混凝土应变

初次蓄水前混凝土微应变为 $-131.84 \sim 204.70\mu\varepsilon$，混凝土自生体积变形为 $-69.60 \sim 38.59\mu\varepsilon$，初次蓄水期变化量为 $-75.31 \sim 27.47\mu\varepsilon$，混凝土自生体积变形为 $3.31 \sim 18.45\mu\varepsilon$；初次泄水前混凝土微应变为 $-141.9 \sim 232.17\mu\varepsilon$，混凝土自生体积变形为 $-51.15 \sim 43.97\mu\varepsilon$，初次泄水期变化量为 $-28.51 \sim -3.34\mu\varepsilon$，混凝土自生体积变形为 $0.04 \sim 3.98\mu\varepsilon$；二次蓄水前混凝土微应变为 $-147.42 \sim 225.89\mu\varepsilon$，混凝土自生体积变形为 $-51.11 \sim 47.1\mu\varepsilon$，二次蓄水期变化量为 $-37.69 \sim 14.81\mu\varepsilon$，混凝土自生体积变形为 $-15.93 \sim 6.94\mu\varepsilon$；二次泄水前混凝土微应变为 $-157.8 \sim 224.45\mu\varepsilon$，混凝土自生体积变形为 $-67.04 \sim 45.37\mu\varepsilon$，二次泄水期变化量为 $-4.12 \sim 5.33\mu\varepsilon$，混凝土自生体积变形为 $-0.39 \sim 5.36\mu\varepsilon$；混凝土微应变历史最大值为 $0 \sim 248.52\mu\varepsilon$，当前测值为 $-153.43 \sim 224.67\mu\varepsilon$。混凝土自生体积变形历史最大值为 $1.57 \sim 52.48\mu\varepsilon$，当前测值为 $-61.68 \sim 44.98\mu\varepsilon$。当前混凝土大部分呈受压状态，与温度呈负相关关系，测值呈缓慢增长趋势，但增速较小，未见明显异常。

混凝土微应变—时间过程线如图 7-12 所示。

六、围岩渗压

渗透压力多呈无压或少压状态。水库蓄水、泄水前后水位变化幅度相对较小，当前折算水位较为稳定。

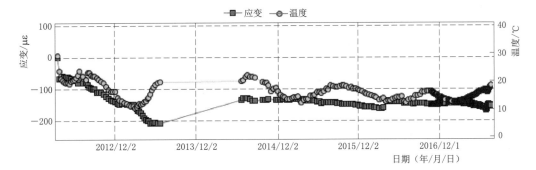

图 7 - 12　混凝土微应变—时间过程线

围岩渗透压力 P6 - 03 时间变化曲线如图 7 - 13 所示。

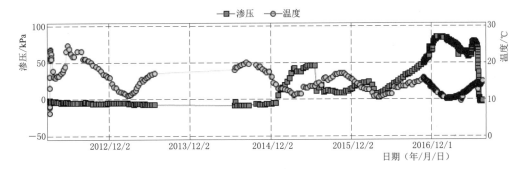

图 7 - 13　围岩渗透压力 P6 - 03 时间变化曲线

第八章 其他工程监测成果分析

第一节 溢 洪 道

在溢洪道底部安装埋设渗压计和锚杆应力计等监测仪器。渗压计用于监测渗流渗压；锚杆应力计用于监测结构受力。

一、渗流渗压

监测结果显示，初次蓄水前渗压值为－15.62～3.1kPa，变化量为－1.68～67.39kPa；初次泄水前渗压值为－2.9～51.77kPa，变化量为－9.15～12.05kPa；二次蓄水前渗压值为－11.90～49.95kPa，变化量为－1.91～30kPa；二次泄水前渗压值为－3.37～53.09kPa，变化量为－25.77～10.97kPa；当前渗压测值为－4.2～52.32kPa。

溢洪道渗压过程线如图8-1所示。

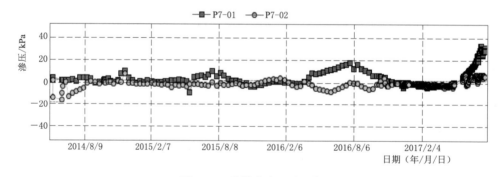

图8-1 溢洪道渗压过程线

二、锚杆应力

初次蓄水前溢洪道锚杆应力为－51.72～－8.85MPa，初次蓄水期变化量为－37.55～－10.21MPa；初次泄水前溢洪道锚杆应力为－61.93～－46.40MPa，

初次泄水期变化量为−0.40～−0.09MPa；二次蓄水前溢洪道锚杆应力为
−61.83～−43.18MPa，二次蓄水期变化量为−1.78～0.24MPa。二次泄水前
溢洪道锚杆应力为−63.61～−42.94MPa，二次泄水期变化量为−2.11～
−0.35MPa。历史最大值为0～0.61MPa。截至2017年7月11日，当前溢洪道
锚杆应力为−63.6～−45.05MPa。各测点测值目前基本趋于稳定。

典型锚杆应力计时序过程线如图8-2所示。

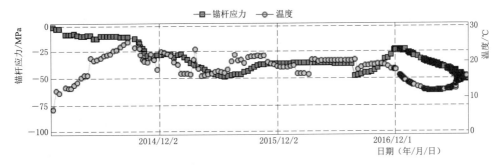

图8-2　典型锚杆应力计时序过程线

第二节　电　　站

在引水发电洞安装埋设多点位移计、锚杆应力计、钢筋计、渗压计、测缝
计、应变计和测斜孔等监测仪器。多点位移计用于监测洞室和边坡围岩变形；
锚杆应力计用于监测围岩结构受力；钢筋计用于监测混凝土钢筋结构受力；测
缝计用于监测混凝土缝开合情况；应变计用于监测混凝土结构受力；测斜孔用
于监测边坡变形。

一、深部位移

从监测成果来看，各部位围岩变形均较小，初次泄水前围岩变形为
−0.52～−0.08mm，初次泄水期变化量为−0.12～0.50mm；二次蓄水前围岩
变形为−0.64～0.41mm，二次蓄水期变化量为−0.15～3.74mm；二次泄水前
围岩变形为−0.69～3.65mm，二次泄水期变化量为0.01～0.40mm。历史最大
值为0.07～3.66mm。截至2017年7月11日，当前围岩变形为−0.29～
3.69mm。大部分测点各深度位移由孔口向内依次递减，符合围岩一般变形

规律。

大电站厂房 BX4 - 02 测点位移时序过程线如图 8 - 3 所示。

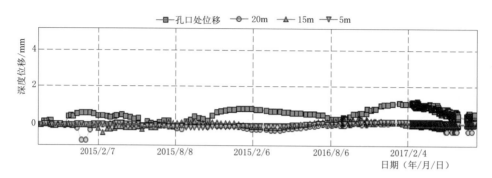

图 8 - 3　大电站厂房 BX4 - 02 测点位移时序过程线

二、围岩渗压

引水发电系统围岩渗压变化较小，水库蓄水、泄水前后水位变化幅度较小，当前折算水位较为稳定。

大电站厂房基础典型测点折算水位时间过程线如图 8 - 4 所示。

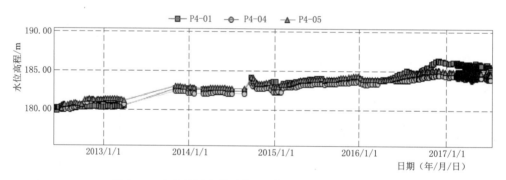

图 8 - 4　大电站厂房基础典型测点折算水位时间过程线

三、锚杆应力

从监测成果来看，初次泄水前锚杆应力为 -1.71~8.98MPa，初次泄水期变化量为 -9.15~-1.08MPa；二次蓄水前锚杆应力为 -3.46~0.4MPa，二次蓄水期变化量为 -1.12~1.59MPa；二次泄水前锚杆应力为 -4.24~1.58MPa，二次泄水期变化量为 -1.87~1.33MPa。历史最大值为 1.07~16.68MPa。截至 2017 年 7 月 11 日，当前锚杆结构应力为 -3.52~0.33MPa。各测点整体应力较小,当前锚杆应力已趋于稳定。

围岩锚杆应力 RB4-01 过程线如图 8-5 所示。

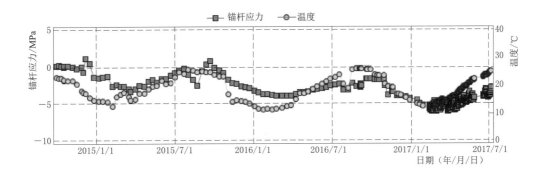

图 8-5 围岩锚杆应力 RB4-01 过程线

四、钢筋应力

从监测成果来看,初次蓄水前钢筋应力为 $-10.96\sim20.51$MPa,初次蓄水期变化量为 $4.15\sim23.18$MPa;初次泄水前钢筋应力为 $2.83\sim38.70$MPa,初次泄水期变化量为 $-3.60\sim-1.71$MPa;二次蓄水前钢筋应力为 $4.54\sim40.02$MPa,二次蓄水期变化量为 $-5.47\sim4.88$MPa;二次泄水前钢筋应力为 $3.06\sim34.55$MPa,二次泄水期变化量为 $-19.23\sim-0.02$MPa。历史最大值为 $4.95\sim46.24$MPa。截至 2017 年 7 月 11 日,当前钢筋应力为 $-7.73\sim27.98$MPa。从监测成果来看,大部分测点处于受拉状态,当前钢筋应力已趋于稳定。

引水发电系统钢筋应力 R4-03 时序过程线如图 8-6 所示。

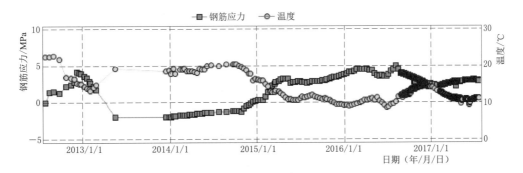

图 8-6 引水发电系统钢筋应力 R4-03 时序过程线

五、混凝土应变

从监测成果来看，初次蓄水前混凝土微应变为$-86.79\sim34.28\mu\varepsilon$，初次蓄水期变化量为$-4.69\sim15.78\mu\varepsilon$；初次泄水前混凝土微应变为$-91.48\sim48.07\mu\varepsilon$，初次泄水期变化量为$-19.3\sim0.05\mu\varepsilon$；二次蓄水前混凝土微应变为$-91.43\sim36.41\mu\varepsilon$，二次蓄水期变化量为$10.74\sim31.01\mu\varepsilon$；二次泄水前混凝土微应变为$-78.94\sim47.15\mu\varepsilon$，二次泄水期变化量为$4.23\sim12.51\mu\varepsilon$；历史微应变最大值为$0.00\sim56.46\mu\varepsilon$。截至2017年7月11日，当前混凝土微应变为$-70.47\sim51.38\mu\varepsilon$，混凝土自生体积变形$-32.38\mu\varepsilon$。目前变化已趋于平稳。

混凝土应变S4-06时序过程线如图8-7所示。

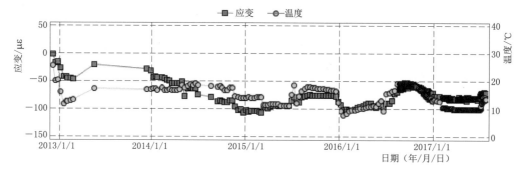

图8-7　混凝土应变S4-06时序过程线

六、缝开合度

初次蓄水前开合度为$-0.09\sim1.13$mm，初次蓄水期变化量为$0.04\sim0.84$mm；初次泄水前开合度为$0.07\sim1.71$mm，初次泄水期变化量为$-0.34\sim-0.49$mm；二次蓄水前开合度为$0.07\sim1.55$mm，二次蓄水期变化量为$-0.19\sim0.24$mm；二次泄水前开合度为$0.04\sim1.79$mm，二次泄水期变化量为$-0.57\sim0.06$mm。历史最大值为$0.58\sim4.99$mm。截至2017年7月11日，当前开合度为$-0.53\sim1.66$mm。综合测缝计监测成果来看，当前引水发电洞衬砌与围岩接触缝开合度多表现为张开状态，但数值均不大，目前开合度变化趋势已经趋于平稳。

测缝计J4-01开合度时序过程线如图8-8所示。

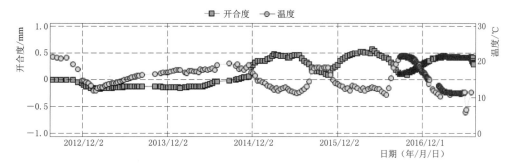

图 8-8 测缝计 J4-01 开合度时序过程线

第三节 导流洞封堵段

在导流洞堵头部位安装埋设渗压计、测缝计、应变计和温度计等监测仪器。渗压计用于监测渗流渗压；测缝计用于监测堵头段混凝土与围岩缝开合情况；应变计用于监测混凝土结构受力；温度计用于监测混凝土温度情况。

一、渗流渗压

各断面渗压计均布置在堵头顶拱、底板及右侧边墙与洞室混凝土衬砌接触面处。监测结果表明，当前折算水位为 242.75～252.61m。库水位升降后，折算水位相应变化。

典型折算水位时间序列过程线如图 8-9 所示。

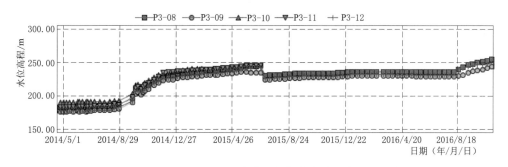

图 8-9 导流洞封堵典型折算水位时间序列过程线

二、缝开合度

监测结果表明，初次蓄水前缝开合度为 0.04～0.52mm，初次蓄水期变化量为 0.17~0.62mm；初次泄水前缝开合度为 0.21~1.02mm，初次泄水期变化量为 0.06~1.00mm；二次蓄水前缝开合度为 0.66~1.36mm，二次蓄水期变化量为 0.06~0.31mm；二次泄水前缝开合度为 0.72~1.67mm，二次泄水期变化量为−0.02~0.00mm。历史最大值为 0.72~2.07mm。截至 2017 年 7 月 11 日，当前缝开合度为 0.70~1.65mm。当前各点接触缝均呈现为不同程度的张开，测值稳定。

缝开合度时序过程线如图 8-10 所示。

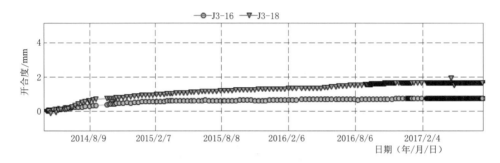

图 8-10　缝开合度时序过程线

三、混凝土温度

监测结果表明，初次蓄水前温度计测值为 32.0~38.7℃，初次蓄水期变化量为−23.1~−15.4℃；初次泄水前温度计测值为 15.6~17.6℃，初次泄水期变化量为−7.7~−3.3℃；二次蓄水前温度计测值为 9.9~14.2℃，二次蓄水期变化量为−1.4~4.6℃，二次泄水前温度计测值为 10.9~14.5℃，二次泄水期变化量为−0.1~0.0℃。历史最大值为 47.2~56.6℃。截至 2017 年 7 月 11 日，当前温度计测值为 10.9~14.4℃。目前温度测值较稳定。

温度计时序过程线如图 8-11 所示。

四、混凝土应力应变

初次蓄水前混凝土微应变为−9.48~40.16με，混凝土自生体积变形为−31.93~7.59με，初次蓄水期变化量为−75.35~41.86με，混凝土自生体积变形变化量为 0.27~90.52με；初次泄水前混凝土微应变为−84.83~58.63με，混凝土自生体积变形为 7.86~87.56με，初次泄水期变化量为−34.71~

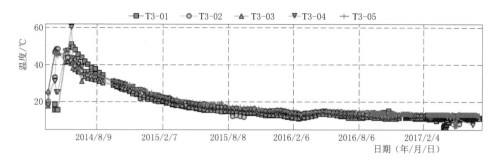

图 8-11　温度计时序过程线

$-14.49\mu\varepsilon$，混凝土自生体积变形变化量为 $2.7\sim20.40\mu\varepsilon$；二次蓄水前混凝土微应变为 $-101.94\sim37.75\mu\varepsilon$，混凝土自生体积变形为 $18.14\sim107.96\mu\varepsilon$，二次蓄水期变化量为 $-8.87\sim9.75\mu\varepsilon$，混凝土自生体积变形变化量为 $-1.47\sim14.71\mu\varepsilon$；二次泄水前混凝土微应变为 $-110.81\sim46.74\mu\varepsilon$，混凝土自生体积变形为 $29.59\sim108.64\mu\varepsilon$，二次泄水期变化量为 $-2.27\sim1.32\mu\varepsilon$，混凝土自生体积变形变化量为 $0.60\sim3.01\mu\varepsilon$；历史微应变最大值为 $18.6\sim84.62\mu\varepsilon$，混凝土自生体积变形为 $33.06\sim224.0\mu\varepsilon$。截至 2017 年 7 月 11 日，当前混凝土微应变为 $-109.87\sim48.06\mu\varepsilon$，混凝土自生体积变形为 $31.11\sim109.71\mu\varepsilon$。目前大部分测点处于受拉状态和微小受压状态。

应变计时序过程线如图 8-12 所示。

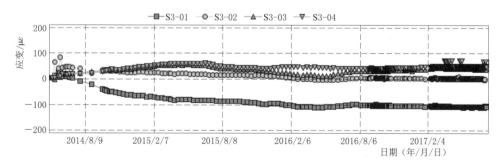

图 8-12　应变计时序过程线

第九章　自动化系统建设

　　安全监测是各类工程的耳目，自动化系统的建设，对工程高效管理、快速发现隐患、险情及时预报都有极为重要的意义，同时作为我国水利"互联网＋监管"和"智慧水利"建设的重要组成部分，是水工程建设期和运行期必备的建设项目。随着电子测量技术、新型传感技术、网络通信技术的快速发展与进步，我国大坝安全监测自动化系统得到了空前发展，经历了从无到有，从低端到高级，逐步走向了成熟和完善。为了有效地实施监测，快速、准确获得监测数据，为工程安全状态提供辅助决策，监测数据自动化采集及分析系统已成为行业发展趋势，并已进入推广应用的新时代。自动化系统建设主要包括数据采集单元的设计与开发、监测信息管理系统的设计与开发、监测自动化系统集成、监测自动化未来的发展方向四个部分。

第一节　数据采集单元设计与开发

　　监测自动化是工程运行管理信息化、科学化的必然趋势，是确保工程安全运行的有效措施之一。本节描述的数据采集单元（简称MCU）是结合了安全监测分布式特点的，将先进成熟的测控技术、网络通信技术应用于系统设计之中的硬件设备，具有通用性强、标准化程度高、可靠性强等特点，能够很好兼容不同类型和不同厂家的监测仪器，方便人工比测，不仅可以满足河口村水库深厚覆盖层面板堆石坝安全监测自动化建设的需求，还可以在地质灾害预防监测、道路及桥梁监测、地下洞室监测及其他岩土工程监测等领域推广应用。

一、采集单元设计

（一）采集单元系统结构

　　采集单元基于CAN和RS－485双总线开发，由电源模块，主控模块，监测

仪器检测卡和数据备份器组成。采集单元以主控模块为核心，向下对接入测站的传感器测量模块和数据备份卡进行调度和管理，向上与监测中心上位机软件完成数据交互。采集单元具有电源管理、实时时钟、数据存储、RS-485 和CAN 两种通讯总线接口。CAN 属于测站一级局域网总线，用于核心控制模块对从属的传感器测量模块和通道扩展模块进行通讯、施行管理和数据获取；RS-485 是分布式监测自动化管理级的通讯总线，负责监测中心对各测站的管理与通讯。

（二）硬件功能

（1）电源输入：6～35V 宽范围直流供电，兼容太阳能电池输入；具有外接电源和备份电源接口，外接电源切断时自动切换至备份电源，外接电源恢复后，切断备份电源并对备份电池充电；电源电压可被主机查询；可以输出 3.3V 和5V 电压，给检测卡和通道扩展模块供电，非测量周期输出电压可被关断，以降低功耗。

（2）具有时钟、日历功能，系统掉电时实时时钟保持运行；时钟芯片可以周期产生中断信号，定时将 MCU 从休眠模式唤醒，完成自动采集功能。

（3）存储容量：2M（自带）＋2G（扩展）。板载 2M 铁电非易失存储器，掉电保持时间大于 40 年；外接 SD 卡数据备份器，实现海量数据存储。

（4）通信接口：RS-485/CAN，具有通信接口保护电路。

（5）比测功能。

（6）适应工作环境：工业级集成电路，温度－25～＋60℃，湿度不大于 95％。

（7）系统功耗：静态功耗不大于 20mA；峰值功耗不大于 50mA。

二、测量模块设计

振弦式传感器测量模块是振弦式传感器激励、频率读取、温度转换的专业化读数模块，具有集成度高、体积小、精度高、适应能力强、极少的外围电路设计等突出特性，具有多种激励方法、传感器接入检测、可编程激励电压、信号幅值检测和信号质量评定等先进功能，能够测量传感器信号质量、幅值、频率、频模、温度并转换为数字量和模拟量输出。模块可应用于国内外大部分振弦式传感器的数据读取。

（一）振弦传感器测量流程

模块有连续测量和单次测量两种测量模式，通过向测量模式寄存器写入特定值来切换工作模式，写入"1"使模块进入连续测量工作模式，写入"0"使模块进入单次测量工作模式。如图 9-1 所示，采集模块的测量过程分为激励、采样、计算三个步骤，每个步骤内又可拆分成数个子过程。在连续测量模式，计算完成后立即重新开始一次新的测量过程，而在单次测量模式时，仅会在收到单次测量指令后才会触发指定次数的测量过程，测量完成后进入待机等待状态，等待指令。

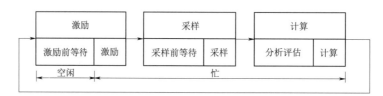

图 9-1　振弦传感器测量流程

1. 激励

采用高压脉冲或低压扫频方法向传感器发送激励信号，使传感器钢弦发生自振。本模块支持十种激励方法。

2. 采样

采集多组振弦传感器钢弦自振产生的自由振荡衰减的正弦频率信号。

3. 计算

将采集到的传感器信号进行质量评定、平差运算，计算得到传感器钢弦振动频率值。

测量模块的运行流程如下：

（1）检测传感器是否接入。

（2）延时一段时间。

（3）向传感器线圈发送特定的激励信号，使传感器钢弦产生自振。

（4）延时一段时间，等待传感器返回信号稳定。

（5）检测传感器线圈返回的信号，当信号符合要求时进行质量评定及结果运算。

（6）读取温度传感器。

（7）将运行状态及计算结果更新至相应寄存器。

（8）若设置了自动上传数据，则主动发送指定的数据。

（二）传感器接入检测

模块具有传感器是否连接的检测功能，默认情况下仅当检测到有效的传感器接入时才会发起一次读数过程，而未检测到传感器连接时，模块会继续不断检测，此时状态指示管脚持续输出 10Hz 的脉冲方波（高电平 50ms，低电平 50ms），这种快速的"忙"与"不忙"两个状态间切换可以理解为"正在搜索传感器"。传感器是否接入的判断标准是传感器线圈电阻的值，当检测到传感器振弦两根芯线之间的电阻值位于 50Ω～10kΩ 之间时，认为传感器已接入；当电阻值小于 50Ω 时，应检查芯线是否短路；当电阻值为 10～30kΩ 时应检查传感器接入是否接触良好；当电阻值为 30kΩ 以上时，基本可以判断为未连接传感器。默认情况下，仅当检测到有效的传感器接入后，模块才会向传感器发送激励信号，并完成振弦传感器频率读取工作。

（三）传感器激励方法

测量模块支持三种基本激励模型（方法），即高压脉冲激励法、低压步进频率扫频法、低压渐变频率扫频法；三种基于基本方法的定制（组合）激励方法，即频率反馈固定频率扫频法（高压脉冲激励法＋低压步进频率扫频法）、频率反馈区间频率扫频法（高压脉冲激励法＋低压渐变频率扫频法）、分段渐变频率扫频法（4 个频段）。

1. 高压脉冲激励法

高压脉冲激励法 HPM（High Voltage Pulse Excitation Method）。向振弦传感器发送单个瞬时高压脉冲信号，使钢弦产生自主振动的方法。在高压脉冲激励法中，将模块输入电压源的低电压抬升至高压（一般为 100～200V）的过程称之为"泵压"，泵压后的高压值及向传感器释放的电量与泵压持续时长、泵压源电压等参数有关。本模块可产生 30～220V 的高压脉冲激励信号。过高的电压激励信号会使传感器产生自振后"强迫振动"时间变长，可能还会烧毁传感器线圈，影响振弦传感器使用寿命。

2. 低压步进频率扫频法

低压步进频率扫频法 LSF（Low Voltage Step Frequency Sweeping Method）是指使用低电压向传感器线圈发送周期脉冲激励信号，当激励信号频率与传感器钢弦自振频率接近时，钢弦产生自振。低压扫频时输入电源电压即是扫频电压。步进低压扫频法是在一个指定的频率区间（指定起始频率值和终止频率值），以固定频率间隔的步进输出指定周期的低压扫频激励信号。低压步进频率扫频法时，每个步进激励信号输出均认为是一次完整的激励过程，即：在每个步进激励后均会进行一次传感器返回信号检测、采样、计算。其他几种激励方法均是在整个激励过程完成后才进行上述操作。

3. 低压渐变频率扫频法

低压渐变频率扫频法 LGF（Low Voltage Gradual Frequency Sweeping Method）。在一个较短时间内（一般不超过 1000ms）向传感器输出由低变高的渐变低压频率激励信号。步进低压扫频时是在每个步进激励完成后均进行一次传感器返回信号检测，而渐进低压扫频法是在整个激励过程完成后才进行传感器返回信号检测，整个过程耗时（1000ms 以内），过长的时长极有可能导致传感器自振结束，模块无法正确获取传感器返回信号。

4. 频率反馈固定频率扫频法

频率反馈固定频率扫频法 FFF（Frequency Feedback Fixed Frequency Sweeping Method）。首次激励时采用预先指定的"第一激励法"，对传感器返回信号进行采样、评估、计算等操作，若信号质量达到预定值，则以后的激励自动改为固定频率的扫频法，激励信号的频率即是最近一次计算得到的传感器频率值。在扫频过程中，当检测到信号质量低于预定目标时，自动切换为预先指定的"第一激励法"对传感器进行激励。以上步骤周而复始。

5. 频率反馈区间变频率扫频法

频率反馈区间变频率扫频法 FFG（Frequency Feedback Gradual Frequency Sweeping Method）。首次激励时采用预先指定的"第一激励法"，对传感器返回信号进行采样、评估、计算等操作，若信号质量达到预定值，则以后的激励自动改为低压渐变频率扫频法，在激进低压扫频法中，起始频率和终止频率自动设置为最近一次计算得到的传感器频率值（中心频率值）上下各 20Hz（默认值，可通过修改寄存器修改频率区间上下限）。在低压扫频过程中，当检测到信号质量低于预定目标时，自动切换为预先指定的"第一激励法"对传感器进行激励。以上步骤周而复始。

6. 分段渐变频率扫频法

分段渐变频率扫频法 SGF（Segmental Gradual Frequency Sweep Method）

由模块预设扫频的起始和终止频率值，模块自动将频率范围均分为 4 个小频段分别进行扫频和传感器信号探测。模块将振弦传感器可能的频率（300～5000Hz）分为 300～1500Hz、1500～2700Hz、2700～3900Hz、3900～5100Hz 4 个频段，通过激励方法寄存器的值来决定使用哪一频段，模块在指定的频段内使用扫频方法向传感器发送激励信号。

对于选定的某一预定频段，模块在发送激励信号过程中继续将每个频段分为间隔为 300Hz 的 4 个小段，分别采用渐进低压扫频法发送激励信号并读取传感器返回信号，记录每一次的返回信号质量和频率计算结果，将 4 组数据中质量最好的频率值作为当前测量结果。分段渐进低压扫频法较为耗时，每次测量 3～5s，在此过程中，模块始终处于"忙"状态，不会响应数字接口指令（但仍然可以接收指令）。

（四）信号检测与分析计算

1. 延时采样

如图 9-2 所示，振弦传感器钢弦起振后，信号强度在短时间内迅速达到最大，然后在钢弦张力及空气阻力作用下逐渐恢复静止。可将整个振动过程分为起振、调整、稳定、消失几个阶段，上述几个阶段中，起振和调整阶段的振动又叫作强迫振动，稳定与消失阶段合称为自主振动。

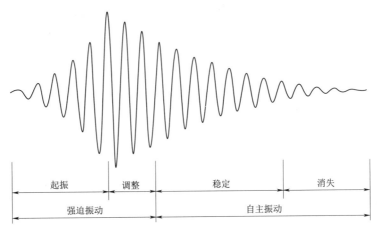

图 9-2 钢弦振动示意图

（1）强迫振动是指传感器的输出波形受到激振信号的影响，所输出的振动信号不是十分稳定且不能完全代表自身自振频率的振动。

（2）自主振动以传感器钢弦自有的振动频率进行有规律的振动（谐振）。

为了得到传感器真实的频率值，需要对自主振动期间的周期信号频率进行采样、计算。故此，当完成对传感器的激励后，需要有一段延时才开始对传感器返回信号进行采样，这个延时长度受读取延时寄存器的数值控制。相较而言，采用高压激励方法对传感器进行激励后的传感器强迫振动时间比采用低压扫频法时更长，所以建议在使用低压扫频激励方法时，将采样延时寄存器设置为0。即：若使用高压脉冲法激励传感器，激励完成后需延时方开始采样，低压扫频法激励传感器时，激励完成后可以立即开始采样，无需等待。

2. 信号幅值检测

信号幅值是指传感器产生自振后输出的原始信号经过滤波放大处理后的信号幅度大小，用百分比表示，即：用百分数表示传感器返回信号强弱的表征方法。将信号幅值按照百分比形式定义为0～100%：90%～100%表示信号过强；60%～90%为优良；40%～60%时即可得到较高精度的采样值，接近或低于30%为较差或无信号。测量过程中不同阶段均会测量信号幅值。

若平均信号幅值大于90%，则可能存在返回信号过盈。

信号幅值的高低直接影响到传感器频率的可信度。信号幅值受激励信号影响较大，若检测到信号幅值不理想，则应设法调整传感器的激励方法、调整激励电压来进行改善。

3. 信号检测与采样

测量模块内部构建有根据振弦传感器特征的信号检测、有效性检测机制，仅信号幅值位于预设的合理区间时，才会进行数据采样，当完成足够数量的样本采样后立即进行信号质量分析计算，得到频率、频模值及多个信号质量表征值。

有两个事件可使模块终止（或完成）数据采样，一为采集到了指定数量的样本；二为采样数量未达到但采样时长超时（默认为1000ms）。

在信号采样过程中，每个信号发生时均会检测当前信号的幅值，当信号幅值大小位于规定的上下限之间时，才会被真正采样作为一个有效样本数据。

4. 频率计算与质量评定

运用采集到的若干信号样本数据，首先估算得到一个频率值，称为"伪频率值"；然后在模块异常数据剔除算法模型中，设定一个主要判定参数，每个采

样值与伪频率值进行运算，将不符合要求的异常数据进行剔除，剩余数据被认定为"优质"样本；当剩余"优质"样本数量低于判定参数限制或标准差过大时，本次测量样本质量评结果强制为0。

理论采样时长与传感器频率、预期采样数有关，传感器频率越低、预期采样数量越多，则理论采样时长应该越长，正确的超时时间应设置为理论采样时长的1.5倍左右。

$$理论采样时长 = \frac{预期采样数量}{传感器频率值} \times 1000ms$$

当传感器频率未知时，应预估一个较低的频率（如500Hz），假若预期采样数量为200个，则理论采样时长为 $\frac{200 个}{500Hz} \times 1000 = 400(ms)$，则超时时长 = $400 \times 1.5 = 600(ms)$。

信号综合质量：也称为"样本数据质量评定"或"采样数据质量评定"，此数据是对"优质"样本的质量评判，因最终频率结果是由"优质"样本计算得出，故优质样本质量评定值能够反映出本次频率结果的可靠度及可信度。样本质量用百分数表示，一般情况下，样本质量为50%及以上时的频率值能够代表传感器真实的频率，低于50%则认为频率值可信度较差或不可信，在模块使用过程中，尽量使用样本质量在85%以上的频率值作为最终结果。

优质样本是个相对概念，优质样本的数量直接受期望误差寄存器设置的判定参数影响，较为宽松的期望误差会增加优质样本数量，但也会将误差较大的采样值引入频率的计算过程，反之亦然。优质样本数量、采样质量评定结果、信号幅值、标准差都是测量结果精度高低的表征量，需要综合考量。

当前频率的数值可信度可由以下方法进行判断：

（1）平均信号幅值大于60%，优质样本数量大于预期采样数量的50%且不低于50个，优质样本评估值大于80%。

（2）优质样本数量大于预期采样数量的50%且不低于50个，优质样本评估值大于80%。

（3）优质样本评估值大于80%。

（五）数据滤波

数据滤波是指对临近的多次测量结果进行平滑过滤的数据处理方法（递推滤波）。通过设置滤波方法寄存器来指定滤波方法，滤波样本数量寄存器用来指定参与计算的历史数据个数。仅当采样数据质量评定结果为大于 0 时，才会将新值纳入滤波样本，即：若新的测量采样数据质量评定结果为 0，否则滤波结果会继续沿用上次值，当不使用任何滤波方法时，每次的实时测量结果，不受采样数据质量评定值的影响。

测量模块支持 4 种历史数据滤波方法分别为中值滤波法、算术平均滤波法、中位值平均滤波法、加权平均滤波法。历史数据基于每次测量结果的递推存储，在内部维护有一个预定数量的历史数据序列，每次测量完成后的频率实时值存入序列，并将最旧的数据舍弃（FIFO 先入先出），使用这些历史数据进行滤波计算，计算结果作为最终频率值。

1. 中值滤波法

中值滤波法是对指定数量的历史数据进行排序，取位于中间位置的值作为最终值。

2. 算术平均滤波法

算术平均滤波法是将指定数量的历史数据的平均值作为最终值。当数据读取出现随机错误的几率比较大时，建议不要使用这种滤波方法，随机出现的错误数据在一段时间内均会参与滤波计算，影响此段时间内的滤波结果。

3. 中位值平均滤波法

中位值平均滤波法是指对指定数量的历史数据进行排序，去掉最大值和最小值，剩余数据计算平均值作为最终值。可以有效剔除偶尔出现的错误数据。

4. 加权平均滤波法

回溯指定数量的历史数据，时间点越接近当前时间的数据权重越大（当前值权重最大），根据不同权重计算平均值作为最终值。

历史数据滤波功能适用于对某一固定传感器频率进行长时间测量的应用场景，必须有足够多的历史数据（测量足够多次）才能逐渐显现滤波效果。当被测传感器不唯一或需要快速得到测量结果时，则应关闭历史数据滤波功能或通过调整参数使模块测量速率增高（比如 5 次/s 测量），以便在较短时间内能够进行多次测量完成滤波。

（六）采集电路设计

1. ESD 保护电路

ESD 保护电路如图 9-3 所示。电容耦合隔离电路如图 9-4 所示。

（1）采用集成 ESD 保护芯片，通过激励电源供电（2 脚接传感器的一条引线）。

（2）采用具有 ESD 保护功能的模拟开关作为传感器接口电路开关芯片。

（3）采用电容或变压器耦合的方法隔离传感器。

（4）设置了电容耦合的隔离方法。

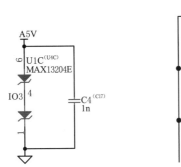

图 9-3   ESD 保护电路

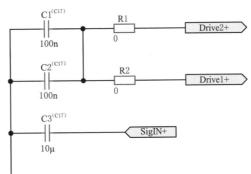

图 9-4   电容耦合隔离电路

2. 传感器接口电路

传感器接口电路如图 9-5 所示。

（1）大电流 SPDT 模拟开关，由激励电源供电，保证大摆幅的激励信号可以通过。并具有低于 5Ω 的导通内阻和 $200\mathrm{mA}$ 的电流通过能力。使驱动信号压降损失小，并能降低混入信号处理电路的热噪声。

（2）采用电容耦合的方式时可以不使用模拟开关，将激励电路和信号处理电路同时耦合在传感器两端。激励电路的耦合电容须在 $100\mu\mathrm{F}$ 以上，使 $400\mathrm{Hz}$ 下的交流阻抗小于 5Ω。信号处理电路的耦合电容需要小于 $1\mu\mathrm{F}$，防止激励信号从信号处理电路的限幅保护电路旁通过多能量。在信号处理测量频率的过程中需保持激励电路缄默（即要求激励电路具有关断功能），防止产生附加噪声。采用电容耦合的方式替代模拟开关如图 9-6 所示。

3. 扫频激励电路

由于机械谐振系统的 Q 值很高，一般在 1000 以上，那么当振弦的固有频率

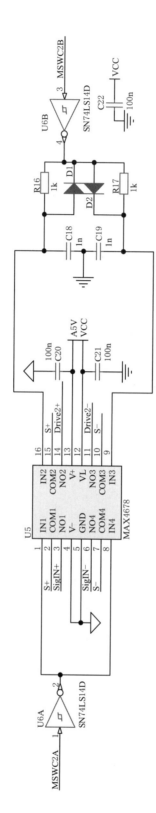

图 9 - 5　传感器接口电路

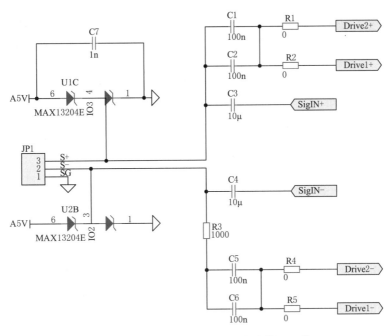

图 9-6 采用电容耦合的方式替代模拟开关

为 4500 时，共振带宽只有 4.5Hz，则要求扫频步长小于 4.5Hz。为了获得一定的裕量，应使扫频步长小于 3Hz。扫频激励电路如图 9-7 所示。

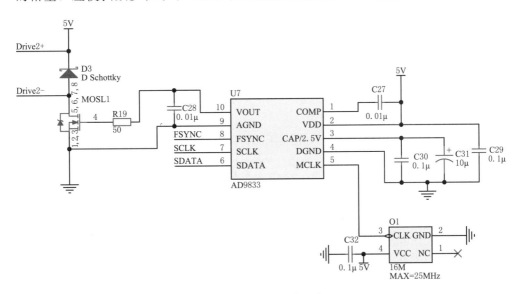

图 9-7 扫频激励电路

（1）扫频信号发生器。将主控制器发出的数字信号转换成频率信号。数字信号输入形式如下：

1）PMW 占空比调制 DA。输出范围 0～5V，分辨率无穷小，精度 16 位，调整速度小于 800Hz。适用于 VCO 频率发生器。需通过数字频率信号反馈精确输出频率。

2）SPI 直接设置，直接通过 SPI 设置 DDS 的频率寄存器，直接控制扫频频率，不需要反馈。

3）PMW 直接作为扫频信号，电路简单、成本低。

（2）波形发生器。采用 DDS 直接数字合成芯片 AD9833。2.3～5.5V 单电源供电，0～12.5MHz 输出，可产生方波、正弦波、矩形波。频率分辨率可低至 0.001Hz。主控制器可以直接改变 PMW 信号输出频率扫频。

（3）功率放大器。对于方波扫频信号，采用全桥驱动功率放大电路。可以在直流激励电源 V 条件下在传感器两端获得 2Vp-p 的激励电压信号。更适用于单电源条件。功率放大电路如图 9-8 所示。

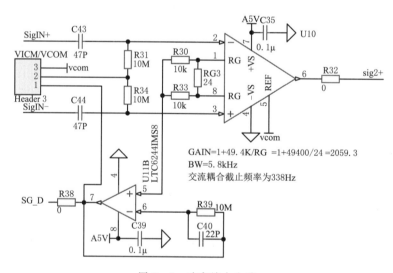

图 9-8　功率放大电路

对于正弦波扫频信号采用功率运放（LT1210）进行功率放大，同时可以根据供电电源的不同调整电压放大率。激励与检测切换电路如图 9-9 所示。

4．信号处理电路

（1）限幅保护电路：将信号幅值限制在前置放大器允许的范围内，防止损坏前置放大器电路。

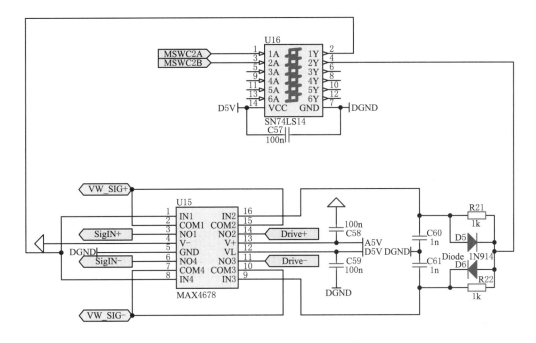

图 9-9　激励与检测切换电路

（2）前置交流放大器：将传感器输入信号中 350Hz 以上的差模交流信号放大 1000 倍，并以 2.5V 为参考电压输出。采用 4 个超低噪声低功耗放大器组成一个差分仪表放大器，输入阻抗为 10M，带宽为 9.3kHz，具有很高的反馈余量。

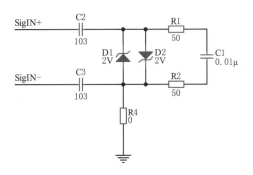

图 9-10　限幅保护电路

（3）滤波整形电路：信号经过前置放大后进入一个截止频率为 4500Hz 的 8 阶联立切比雪夫低通滤波器，然后经过一个增益可调的缓冲/放大器，进入一个截止频率为 400Hz 的 8 阶切比雪夫高通滤波器。

（4）经过滤波后的信号进入一个电压比较器将正弦信号转换为具有相同频率的方波信号。

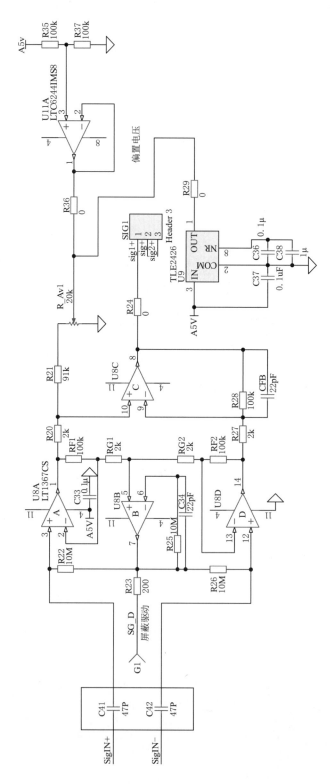

图 9 - 11 前置交流放大电路

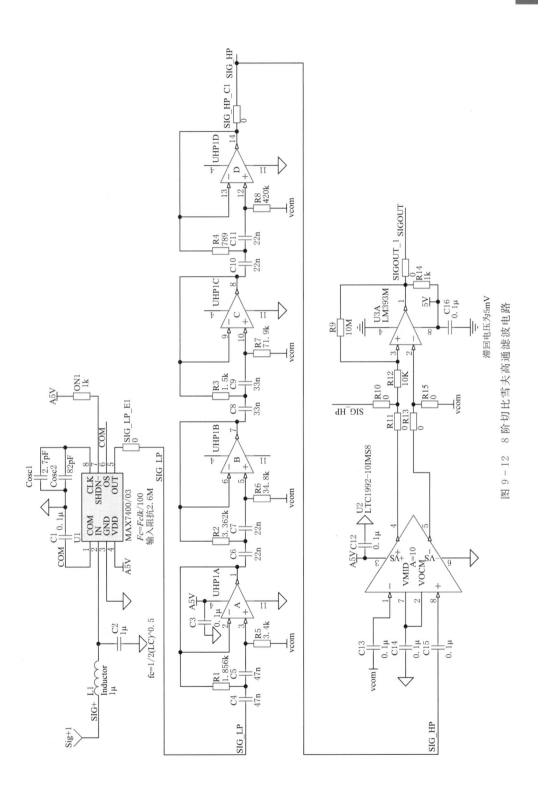

图 9－12　8 阶切比雪夫高通滤波电路

三、嵌入式软件设计

(一) 软件功能

嵌入式软件主要完成上位机指令的上传下达，包括程序初始化，驱动程序加载，命令解析，多任务调度，数据采集，数据存储与备份等功能。软件功能细分如图 9-13 所示。

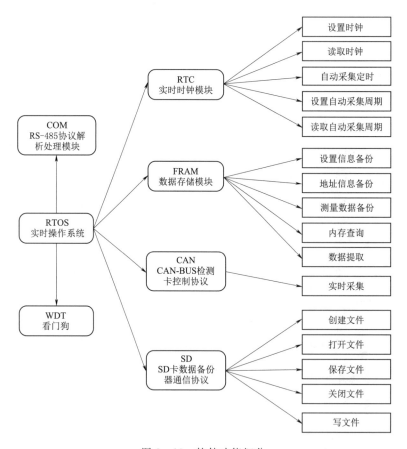

图 9-13 软件功能细分

1. 外设驱动加载

波形发生器 AD9833 控制驱动程序；基于 I2C 总线的实时时钟 SD2405AP 驱动程序库；基于 SPI 总线的铁电存储器 FM25H20-G 驱动程序库；基于 I2C 总线的 16 位 $\sum$-Δ 模数转换器 ADS1100 驱动程序；基于 SPI 总线的 24 位 AD 转换器 ADS1232 驱动控制程序。

2. 数据采集

解析上位机采集指令，对测点寻址及实时采集；接受上位机命令对选定测点组进行巡测；根据设定的自动采集时间对安装仪器表测点自动测量。

3. 数据存取

仪器配置参数和测量参数保存在非易失性存储器内，上电自动配置仪器工作状态；采集数据按测量时间保存在非易失性存储器内，同时向数据备份器进行数据备份；接受上位机指令，从 NVRAM 中读取某测点指定时间区域内的测值及其时间戳；接受上位机指令，从 NVRAM 中读取模块全部测点在指定时间区域内的数据；清空 NVRAM 中的数据；存储器状态查询；内存指针初始化。

4. 通讯事件

初始化 UART 器件，包括波特率，数据位，停止位，校验位；初始化 CAN 控制器并使能中断接收；响应 UART 的接收中断，将接收的数据或命令解析后传送给控制模块；接受控制模块的命令，将数据按通讯协议打包并发送到总线上；利用该端口进行模块调试与配置，并可外接信号转换模块实现不同总线功能。具有带地址码通讯协议解析功能。

5. 设置功能

初始化系统；ADC 偏置校验；接收并解析来自上层设备的命令；设置模块时间和自动采集时间；响应实时时钟的中断，定时采集并存储传感器数据；异步设置通信波特率。

（二）驱动加载

程序启动与驱动加载流程图如图 9-14 所示。

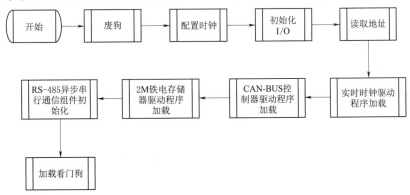

图 9-14　程序启动与驱动加载流程图

（三）多任务处理

1. 串口数据帧解析

对上位机指令帧进行接收、识别、拆包、任务分配：通过中断接收模式，实现 UART 接收子程序。

（1）通过帧头判别接收到的信息是来自上位机还是其他从设备；对总线上的垃圾帧进行过滤，将无用帧信息接收到缓存区第一字节，直到发现上位机命令帧帧头。

（2）命令帧接收识别流程：接收到帧头，启动接收例程，复位帧序指针；判定命令帧中的寻址地址，和本机地址比较，符合则继续接收，不符合则复位帧序指针，退出接收例程。

（3）始终验证帧尾标识符确定该帧接收完毕，以保证帧接收的完整性。帧尾标识符同时使用回车符和换行符，是为了防止计算得出的校验码或数据域中所含的 16 进制数据字节同单一的结束符重复，而导致帧接收不全。

（4）接收完毕后，启动串口服务例程，对命令帧进行解析。

2. 串口数据帧打包

发送前，先将要发送的信息（包括功能码，数据长度，数据）装入发送缓存区 MsgDataBuf，并记录装入的字节数（MsgDataLen），然后对缓存区数据进行封装（即帧头，测站地址，计算并添加校验码，帧尾），发送之。

3. 实时时钟任务

对于时钟的操作包括设置时钟、查询时钟、设置自动采集周期、查询自动采集周期、开机更新自动采集时间。

（1）设置时钟：将信息帧中的时间信息分离，得到年、月、日、时、分的 BCD 码格式，对实时时钟进行写操作。然后读实时时钟，与设置前的时间信息比较，相同则返回上位机设置成功信息，不同则报错。

（2）查询时钟。

（3）设置自动采集周期：从信息帧中分离出上位机设置的下次自动采集的起始时间，该时间不能先于当前时间；并从信息帧中分离出用户设置的自动采集周期；但是当用户将下次自动采集时间设置比当前时间靠前，则程序不会触发自动采集时间，这就需要对其进行修正。在程序中，时间变量因为涉及多个时间因子，不便于比较，所以将自动采集的起始时间变量和当前时间变量都转换为距离一个基准时间的分钟数,为长整形,这样就可以很方便地进行时间比较。如果用户设置的自动采集间隔时间为 0,则关掉定时器,不进行自动采集。设置成功后,将启动定时器,每分钟读取一次当前时间,和预设的下次自动采集时间进行比较,达到设定时间则触发自动采集。

(4)查询自动采集周期。

(5)开机更新自动采集时间:由于模块断电,实时时钟仍在更新,而保存在非易失性存储器中的自动采集周期参数没有得到更新,故而会出现下次采集时间比当前时间靠前的现象,所以需要在模块上电时对自动采集时间进行更新。通过 Auto_Measure_Span_Minutes 的值来判断没有对自动采集周期进行过设置,如果为 0xFFFFFFFF,则说明该变量为非易失性存储器里的初态值,并没有被修改过,这种情况下,不做更新操作。

4. 串行非易失性存储器操作

FM25H20 是美国 Ramton 公司的 2MB 串行非易失性的 FRAM,其工作电压为 2.7~3.6V。FM25H20 的 SPI 协议由操作指令控制。当片选信号 S 有效时(S=0),FM25H20 操作指令的第一个字节为命令字,紧接其后的是 11 位有效地址和传输数据。FM25H20 操作指令共有 7 条,分为 3 类。其中,第一类指令为不接任何操作数,用于完成某一特定功能。包括 WREN 和 WRDI 指令;第二类指令为接一个字节,用于对状态寄存器的操作,包括 RDSR 和 WRSR 指令;第三类指令可对存储器进行读写操作,该类指令后紧接存储器地址和一个或多个地址数据,包括 READ 和 WRITE 指令。所有的指令,其地址和数据都是以 MSB(最高有效位)在前的方式传输。

FM25H20 写操作先发送 WREN 指令,再发送 WRITE 指令。WRITE 指令后接 3 个字节的地址,这 24 位地址中的高 6 位为任意码,低 18 位地址为要写入的首字节数据的有效地址,该地址后面为要写入的数据。若输入的数据大于 1 个,那么第一个数据后的数据存储地址由 FM25H20 内部依次增加给出。当地址达到 3FFFFH 时,地址计数器置为 00000H,输入数据是以最高有效位(MSB)在前,最低有效位(LSB)在后的顺序传输的。

在 S 信号下降沿发送 READ 指令,在 READ 指令后紧接发送 3 个字节的地址。当发送完指令和地址后,可忽略数据线操作。数据总线等待 8 个时钟信号,依次读取数据。当地址达到 3FFFFH 时,地址计数器置为 00000H,输入数据是以 MSB 在前，LSB 在后的顺序传输的。

存储空间分配：FM25H20 共有（0x3FFFF＋1－0x00000）× 8bit 即 262144×8bit＝2Mbit 的存储空间。每条记录占用 18 个字节的存储空间，在内存中开辟 14500 条记录的空间用作数据存储，这样，数据空间的地址范围为：0x00000～0x03FB76，把 0x03FB88～0x3FFFF 的区域用作信息空间，该空间大小为：0x3FFFF＋1－0x03FB88＝478 字节。

5. CAN－Bus 数据包解析与封装

（1）主控制器的 CAN 配置：MCP2510_CONFIG（OPMODE_NORMAL、CAN_250KBPS、STD_FRAME、INVALID_ID）。

1）OPMODE_NORMAL：CAN 控制器工作在正常模式：该模式为 MCP2515 的标准工作模式。器件处于此模式下，会主动监视总线上的所有报文，并产生确认位和错误帧等。只有在正常模式下，MCP2515 才能在 CAN 总线上进行报文的传输。

2）CAN_250KBPS：与单片机的通信的 SPI 接口采用 250KHz 的通信速率。

3）STD_FRAME：CAN－Bus 上采用标准数据帧，即 CANID 为 11 位标识位。

4）INVALID_ID：接收所有报文，不滤波。

（2）CAN 报文封装与发送。

1）转发上位机的实时采集指令。CAN 报文发送需要传递给发送函数 id、数据长度 dlc、8 字节数据字段、帧类型。协议设计中，将 11 位 id 分为若干段，封装了优先级、源节点 ID、帧传播类型和应答请求等信息；同样，8 字节的数据段中也将前两个字节分别定义为目标节点 ID 和信息编码。程序中，定义 CAN_ID_UNION_TYPE 和 CAN_DATA_UNOIN_TYPE 两个共用体类型，并结合位域语法的使用，可以对 CANID 进行按位赋值与读取，方便解析 ID 中包含的优先级、源节点 ID，帧传播类型和应答请求等信息，对 CANDATA 按自己赋值与读取，方便解析数据域中的目标节点 ID、信息编码、状态字、有效数据等信息。

2）报文的接收与解析。报文以中断方式接收，每收到一帧产生一个中断，在中断服务程序中，判断 id 中的帧传播类型，如果是单帧，则置位 CAN_TASK 标志，在主程序中做事件处理；如果有后续帧，则一直接收，直到收完最后一帧，然后置位 CAN_TASK 标志。接收时，报文都是接收到类型为 Can_Msg_Type 的结构体变量 Can_Msg 中，判断其中的帧传播类型，如果是多帧接收，该变量显然无法存储各帧的数据，故需要申明一个类型为 CAN_DATA_UNOIN_TYPE 的结构体数组 rx_can_data [5]，协议中最长的报文也都小于 5 帧，故结构体数组的容量为 5，将单帧报文的数据字段保存在 rx_can_data [0] 中，多帧报文的数据字段依次保存在 rx_can_data [0]～rx_can_data [5] 中。中断完成所有有效报文的接收，在主程序中根据报文中的信息编码区分进入哪一个处理流程并做相应的响应。

6. 数据提取

数据提取操作只针对内存中的新增记录，下位机收到提取命令后，从存储空间首地址开始检索新增记录，如果该记录是备份记录，则说明存储空间为空，上位机收到该状态字，停止响应，结束提取；如果是新增记录，则上报之；上位机接收成功后对下位机应答，下位机收到应答，继续查找新增记录，如果检索到备份记录或检索到存储器尾部，则表明新增记录已经上传完毕，在上报的数据中，告知上位机记录上报完毕，上位机停止提取数据操作记录上传完毕后，复位地址指针，并将所有记录标记为备份记录。

7. SD 卡数据备份

数据备份器的作用是对在线测量数据进行冗余备份，这样，在测站没有联网的情况下，通过读写 SD 卡可以轻松获得测量数据。每次自动测量完毕后，将该次自动测量的数据保存在板载的非易失性存储器内，同时向 SD 卡进行冗余备份。每次自动测量启动前，记录此次 FRAM 的插入地址 Nv_Record_Ins_Order_Index，记为 Sd_Back_Start_Addr，自动测量结束后，再次记录 FRAM 的插入地址 Nv_Record_Ins_Order_Index，记为 Sd_Back_End_Addr，如果产生新的记录，则 Sd_Back_End_Addr>Sd_Back_Start_Addr，此时启动 SD 卡备份程序。

数据备份时，从 Sd_Back_Start_Addr 地址到 Sd_Back_End_Addr 地址依次读出每条记录，通过 CAN_BUS 传给 SD 卡数据备份器，备份器接收到每条记录后，按照指定的格式把每条数据写入 SD 卡。具体格式为：

测点编号，　　　时间戳，　　　　　测值 1，测值 2（换行，回车）
0010011，2010 − 04 − 20 15：00，2176.34，3826.78

根据主控模块在 RS-485 总线上的地址建立文件名，扩展名为默认的 .txt，由备份器自行添加。备份器的 ID 为 000-11110，即 0x1E。命令发送后，等待备份器应答。应答 8 位任何 1 位不为 0，表示命令执行失败，退出数据备份进程；命令执行成功，则进行打开文件操作。同样，令发送后，等待备份器应答。应答 8 位任何 1 位不为 0，表示命令执行失败，退出数据备份进程；命令执行成功，则读出内存中的第一条记录，执行写文件操作。在写文件的应答响应实例中，判断应答标志，应答 8 位任何 1 位不为 0，表示命令执行失败，退出数据备份进程；如果为 0，则读出下一条记录，执行写文件操作；当所有记录都备份完毕，执行保存文件操作；最后执行关闭文件操作。

8. 检测任务

程序上电读取检测卡的 5 位 ID，ID 由拨码开关赋值，拨码开关与主控制器 P2.3~P2.7 相连，某位导通＝低电平＝逻辑 1，关断＝高电平＝逻辑 0。

加载 CAN-bus 控制器驱动，并对其进行配置：只接收符合滤波器条件的带有标准标识符的有效报文，即对核心控制模块的 ID 滤波，但是核心控制模块的 ID 共 11 位，其中只有 5 位标识其地址，通过设置报文验收滤波器及屏蔽寄存器用来确定报文集成缓冲器中的报文是否应被载入接收缓冲器。一旦 MAB 接收到有效报文，报文中的标识符字段将与过滤寄存器中的值进行比较。如果两者匹配，该报文将被载入相应的接收缓冲器。节点地址位于 11ID 的 ID8-ID4，故设置报文屏蔽寄存器的 RxMnSIDH＝00111110＝0x3E，RxMnSIDL＝000xxx00＝0x00。

采集流程如图 9-15 所示。

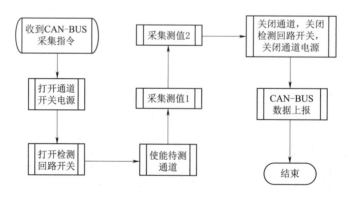

图 9-15　采集流程

9. 异常处理

（1）实时采集异常处理。当测量模块没有安装或者出现硬件故障时，主控单元发出采集指令后，无法得到采集卡的响应，则无法进入相应的数据处理流程，上位机则会长时间等待，造成假死现象。

设置一个定时器，当 CAN 指令发出以后，启动定时器，做 2.5s 定时。如果采集卡有响应，则会在相应的中断处理程序中关闭定时器，正常执行程序；如果 CAN-bus 上没有任何采集卡的响应，则定时时间到时，进入出错处理子程序。异常处理子程序中，根据 Err_Flag 标识判断是何异常，从而进入相应的处理程序。

当实时采集没有采集卡响应时，异常处理程序会在定时器超时时上报上位机相应的信息帧，即状态字＝0x04，表示采集卡没有响应。

（2）定时自动采集异常处理。自动采集时，系统按照安装的仪器逐个进行采集，如果某个采集卡出现故障或者没有安装，那么自动采集进程将被中断。

设置一个超时监控定时器，当采集卡没有响应时，定时器会超时，进入自动采集异常处理子程序中。首次发出 CAN 指令后，要启动超时监控定时器；如果采集卡没有响应，则在异常处理程序中检索出下一个待测采集卡和待测通道，然后发送采集 CAN 指令，并启动超时监控定时器；如果采集卡正常响应，则在自动采集数据处理子程序中，关闭超时定时器；在自动采集处理子程序中，当采集完毕一个采集卡，要对下一个采集卡进行采集时，都要启动超时监控定时器，以使程序不会因为某个采集卡故障而中断。

四、通信协议设计

（一）中心与测站通信协议 RS-485

监测中心上位机与测站采用 RS-485 通信，完成时钟设置与查询、自动采集周期设置与查询、仪器安装与配置、实时采集、内存查询、波特率设置、数据提取等操作。支持波特率为 2400、9600、19200、115200。上位机数据包格式见表 9-1。

1. 起始符与结束符

使用 ASCII 模式，消息以冒号（:）字符（ASCII 码 3AH）开始，以回车

表 9-1 　　　　　　　上位机数据包格式（兼容 MODBUS-ASCII 模式）

描述	前导符	寻址地址	功能码	数据长度	数据1	…	数据n	校验码	结束符	
字节数	1	1	1	1	1	…	1	2	2	
示例	:	0x01	0x00	0x08	0x01	…	0x08		0x0D	0x0A
说明	0x3A	0~255	0~255	0~255				LRC	回车	换行

换行符结束（ASCII 码 0DH，0AH）。其他域可以使用的传输字符是十六进制的 0…9，A…F。网络上的设备不断侦测 ":" 字符，当有一个冒号接收到时，每个设备都解码下个域（地址域）来判断是否发给自己的。消息中字符间发送的时间间隔最长不能超过 1 秒，否则接收的设备将认为传输错误。

2. 地址域

消息帧的地址域包含一个字符（ASCII）。从设备地址是 0~255（十进制）。单个设备的地址范围是 1~255。主设备通过将要联络的从设备的地址放入消息中的地址域来选通从设备。当从设备发送回应消息时，它把自己的地址放入回应的地址域中，以便主设备知道是哪一个设备作出回应。地址 0 是用作广播地址，以使所有的从设备都能认识。

3. 功能码

消息帧中的功能代码域包含了两个字符（ASCII）。可能的代码范围是十进制的 1…255。当然，有些代码是适用于所有控制器，有些是应用于某种控制器，还有些保留以备后用。当消息从主设备发往从设备时，功能代码域将告知从设备需要执行哪些行为。当从设备回应时，它使用功能代码域来指示是正常回应（无误）还是有某种错误发生（称作异议回应）。对正常回应，从设备仅回应相应的功能代码。对异议回应，从设备返回一等同于正常代码的代码，但最重要的位置为逻辑 1。

例如：一从主设备发往从设备的消息要求读从设备时间，将产生如下功能代码：

0 0 0 0 0 0 1 1（十六进制 03H）

对正常回应，从设备仅回应同样的功能代码。对异议回应，它返回：

1 0 0 0 0 0 1 1（十六进制 83H）

除功能代码因异议错误做了修改外，从设备将一独特的代码放到回应消息的数据域中，这能告诉主设备发生了什么错误。主设备应用程序得到异议的回应后，典型的处理过程是重发消息，或者诊断发给从设备的消息并报告给操作员。

4. 错误检测域

错误检测域包含1个16进制数据。这是使用LRC（纵向冗长检测）方法对消息内容计算得出的，不包括开始的冒号符及回车换行符。LRC字符附加在回车换行符前面。

5. LRC 域

LRC域是一个包含一个8位二进制值的字节。LRC值由传输设备来计算并放到消息帧中，接收设备在接收消息的过程中计算LRC，并将它和接收到消息中LRC域中的值比较，如果两值不等，说明有错误。LRC方法是将消息中的8Bit的字节连续累加，丢弃了进位。即（256-累加值）。

上位机发送的命令帧不加校验码，上位机接收的数据帧带校验码。

具体协议如下：

（1）通信测试。通信测试命令格式见表9-2。通信测试应答格式见表9-3。

表 9-2　　　　　　　　　　　通 信 测 试 命 令 格 式

描述	前导符	测站地址	功能码	数据长度	数据1	…	数据n	结束符	
字节数	1	1	1	1	1	…	1	2	
示例	:	0x01	0x01	0x08	0x01	…	0x08	0x0D	0x0A
说明	0x3A	1～255	通信测试	0～255				回车	换行

表 9-3　　　　　　　　　　　通 信 测 试 应 答 格 式

描述	前导符	测站地址	功能码	数据长度	数据1	…	数据n	校验码	结束符	
字节数	1	1	1	1	1	…	1	1	2	
示例	#	0x01	0x01	0x08	0x01	…	0x08		0x0D	0x0A
说明	0x23	1～255	通信测试	0～255				LRC	回车	换行

注　下位机回送上位机发来的8字节数据。

（2）设置时钟。通信协议格式同1，下面不再对前导符，测站地址，校验码和结束符进行描述。设置时钟命令格式见表9-4。设置时钟应答格式见表9-5。

（3）读取时钟。通信协议格式同1，下面不再对前导符，测站地址，校验码和结束符进行描述。读取时钟命令格式见表9-6。读取时钟应答格式见表9-7。

表9-4 　　　　　　　　　　设 置 时 钟 命 令 格 式

功能码	数据长度	数据1	数据2	数据3	数据4	数据5	数据6
1	1	1	1	1	1	1	1
0x02	0x06	0x20	0x10	0x03	0x31	0x10	0x04
设置时钟	6个字节	2010年3月31日10时04分					

表9-5 　　　　　　　　　　设 置 时 钟 应 答 格 式

功能码	数据长度	数据1	功能码	数据长度	数据1
1	1	1	设置时钟	1字节	状态
0x02	0x01	0x00			

注　数据1＝0x00，时钟设置成功；数据1＝0x01，时钟设置失败。

表9-6 　　　　　　　　　　读 取 时 钟 命 令 格 式

功能码	数据长度	功能码	数据长度
1	1	读取时钟	1字节
0x03	0x00		

表9-7 　　　　　　　　　　读 取 时 钟 应 答 格 式

功能码	数据长度	数据1	数据2	数据3	数据4	数据5	数据6	数据7
1	1	1	1	1	1	1	1	1
0x03	0x07	0x20	0x10	0x03	0x31	0x10	0x04	0x00
读取时钟	7字节	2010年3月31日10时04分						

（4）设置自动采集周期。设置自动采集周期命令格式见表9-8。设置自动采集周期应答格式见表9-9。

表9-8 　　　　　　　　　　设置自动采集周期命令格式

功能码	数据长度	数据1	数据2	数据3	数据4	数据5	数据6	数据7	数据8	数据9
1	1	1	1	1	1	1	1	1	1	1
0x04	0x09	0x20	0x10	0x03	0x31	0x10	0x04	0x01	0x10	0x20
设置周期	9个字节	自动采集起始时间：2010年3月31日10时04分					周期：01天10小时20分			

表9-9 　　　　　　　　　　设置自动采集周期应答格式

功能码	数据长度	数据1	功能码	数据长度	数据1
1	1	1	设置周期	1字节	状态
0x04	0x01	0x00			

注　数据1＝0x00，周期设置成功；数据1＝0x01，周期设置失败。

（5）读取自动采集周期。读取自动采集周期命令格式见表 9-10。读取自动采集周期应答格式见表 9-11。

表 9-10 读取自动采集周期命令格式

功能码	数据长度	功能码	数据长度
1	1	读取周期	1 字节
0x05	0x00		

表 9-11 读取自动采集周期应答格式

功能码	数据长度	数据 1	数据 2	数据 3	数据 4	数据 5	数据 6	数据 7	数据 8	数据 9
1	1	1	1	1	1	1	1	1	1	1
0x05	0x09	0x20	0x10	0x03	0x31	0x10	0x04	0x01	0x10	0x20
读取周期	9 字节	自动采集起始时间：2010 年 3 月 31 日 10 时 04 分						周期：01 天 10 小时 20 分		

（6）安装仪器。安装仪器命令格式见表 9-12。安装仪器应答格式见表 9-13。

表 9-12 安 装 仪 器 命 令 格 式

功能码	数据长度	数据 1	数据 2	数据 3	数据	数据 9
1	1	1	1	1	…	1
0x06	0x09	0x02	0x01	0x01	…	0x01
安装仪器	9 个字节	采集卡地址：002	通道：8	通道：7	…	通道：1

注 采集卡地址为：2~29。

表 9-13 安 装 仪 器 应 答 格 式

功能码	数据长度	数据 1	功能码	数据长度	数据 1
1	1	1	安装仪器	1 字节	状态
0x06	0x01	0x00			

注 数据 1＝0x00，操作成功；数据 1＝0x01，操作失败。

（7）实时采集。实时采集命令格式见表 9-14。实时采集应答格式见表 9-15。

表 9-14 实 时 采 集 命 令 格 式

功能码	数据长度	数据 1	数据 3
1	1	1	1
0x07	0x02	0x02	0x01
实时采集	2 个字节	采集卡地址：002	通道：1

注 采集卡地址为：2~29；通道：1~8。

表 9-15　　　　　　　　　　实 时 采 集 应 答 格 式

功能码	数据长度	数据 1	数据 2	数据 3	数据 4
1	1	1	1	1	1
0x07	0x0C	0x00	0x01	0x01	0x01
实时采集	12 字节	状态	仪器编号：0010011		

数据 5	数据 6	数据 7	数据 8	数据 9	数据 10	数据 11	数据 12
1	1	1	1	1	1	1	1
0x71	0x05	0x08	0x45	0x7B	0x2C	0x6F	0x45
测值 1：2176.34				测值 2：3826.78			

注　float f1=2176.34；//16 进制存储格式为 0x45080571 低位先送
　　float f3=3826.78；//16 进制存储格式为 0x456F2C7B 低位先送
　　　振弦式仪器采集卡：测值 1 为频率，单位：Hz；测值 2 为热阻值，单位：Ω
　　　差动电阻式仪器采集卡：测值 1 为电阻比，单位：0.01%；测值 2 为电阻和，单位：Ω
　　　标准信号采集卡：测值 1 为电压，单位：V；测值 2 为电流，单位：mA
　　　数据 2，3 分别标识测站地址（001）和采集卡地址（001），数据 4 标识通道号（1）
　　　数据 1=0x01：测值 1 无效
　　　数据 1=0x02：测值 2 无效
　　　数据 1=0x03：未接传感器（即测值 1 和测值 2 均无效）
　　　数据 1=0x04：该地址采集卡无响应

（8）查询内存。查询内存命令格式见表 9-16。查询内存应答格式见表 9-17。

表 9-16　　　　　　　　　　查 询 内 存 命 令 格 式

功能码	数据长度	功能码	数据长度
1	1	查询内存	0 个字节
0x08	0x00		

表 9-17　　　　　　　　　　查 询 内 存 应 答 格 式

功能码	数据长度	数据 1	数据 2	数据 3	数据 4
1	1	1	1	1	1
0x08	0x04	0x38	0xA4	0x00	0x78
查询内存	4 个字节	存储空间：14500		新增记录：120	

注　如果存储满标志位置，则新增记录=14500。

（9）数据提取。

1）数据存储格式：每条记录占 18 个字节。数据存储格式见表 9-18。

表 9 - 18　　　　　　　　　　　数 据 存 储 格 式

数据标识	仪器编号			时　间　戳					
1	3			6					
0x00	0x01	0x01	0x01	0x20	0x10	0x04	0x01	0x17	0x20
0x00	仪器编号：0010011			年	月	日	时	分	

测　值　1				测　值　2			
4				4			
0x45	0x6F	0x2C	0x7B	0x45	0x08	0x05	0x71
测值 1：2176.34				测值 2：3826.78			

注　数据标识：0x01 代表该条记录为新增记录；0x00 代表该条记录为备份记录（即：已经被上位机提取）。

2）数据存储流程。自动测量获得的每条记录为新增记录。新增记录按地址指针顺序在存储空间内存储，首先要判断该地址的记录的数据标识，如果是备份记录，则存储于该地址，如果是新增记录，则说明地址指针已复位指向存储空间首地址，则置存储空间满标志位，在存储空间满标志位置位情况下，新的新增记录覆盖旧的新增记录。每有新增记录，同时向 SD 卡数据备份器进行备份，备份数据以 ASCII 码形式表达，方便阅读和向数据库导入。

3）提取数据流程。上位机按测站执行提取数据操作。下位机收到提取命令后，从存储空间首地址开始检索新增记录，然后发送，上位机应答接收成功后，发送下条新增记录，直到检索到备份记录，在上报的数据中，告知上位机记录上报完毕。并将地址指针复位，从头开始存储。提取过程中没有发生异常和中断，则在全部新增记录发送完毕后将所有记录的标识位清零，即标记所有记录为备份记录，如果发生异常，所有记录没有发生改变，不影响重新提取操作。

上位机提取过程可由用户随时终止。下位机收到终止指令后停止上报，不改变记录标识位，退出进程。下位机收到复位地址指针指令后，将地址指针复位，并将所有记录标记为备份记录。数据提取命令格式见表 9-19。数据提取应答格式见表 9-20。

表 9 - 19　　　　　　　　　　数 据 提 取 命 令 格 式

功能码	数据长度	数据 1	功能码	数据长度	数据 1
1	1	1	数据提取	1 个字节	操作
0x09	0x01	0x00			

注　数据 1：0x01 执行提取数据操作；0x02 应答位，表明单条记录提取成功，请求下一条记录；0x03 终止提取，下位机不作应答；0x04 复位地址指针，并将所有记录标记为备份记录，下位机不作应答。

表 9 - 20　　　　　　　　　　　　数 据 提 取 应 答 格 式

功能码	数据长度	数据 1	数据 2	数据 3	数据 4	数据 5	数据 6	数据 7	数据 8	数据 9	数据 10
1	1	1	1	1	1	1	1	1	1	1	1
0x09	0x12	0x00	0x01	0x01	0x01	0x20	0x10	0x03	0x31	0x10	0x04
数据提取	18 字节	状态	仪器编号：0010011			时间：2010 年 03 月 31 日 10 时 04 分					

数据 11	数据 12	数据 13	数据 14	数据 15	数据 16	数据 17	数据 18
1	1	1	1	1	1	1	1
0x45	0x6F	0x2C	0x7B	0x45	0x08	0x05	0x71
测值 1：2176.34				测值 2：3826.78			

注　数据 1 含义：0x00：为新增记录；0x01：数据为空，无新增记录；0x02：新增记录传送完毕，上位机收到该状态字，停止响应，结束提取。

（10）设置波特率。设置波特率命令格式见表 9 - 21。

表 9 - 21　　　　　　　　　　设 置 波 特 率 命 令 格 式

描述	前导符	测站地址	功能码	数据长度	数据 1	结束符	
字节数	1	1	1	1	1	2	
示例	:	0x00	0x0a	0x01	0x04	0x0D	0x0A
说明	0x3A	广播	波特率设置	0～255	115200bps	回车	换行

注　数据 1＝0x01：波特率设为 2400；数据 1＝0x02：波特率设为 9600；数据 1＝0x03：波特率设为 19200；数据 1＝0x04：波特率设为 115200。

（11）系统软复位。系统软复位命令格式见表 9 - 22。

表 9 - 22　　　　　　　　　　系 统 软 复 位 命 令 格 式

描述	前导符	测站地址	功能码	数据长度	数据 1	结束符	
字节数	1	1	1	1	1	2	
示例	:	0x01	0x0b	0x01	0x00	0x0D	0x0A
说明	0x3A	测站地址	波特率设置	0～255		回车	换行

（12）内存诊断。内存诊断命令格式见表 9 - 23。内存诊断应答格式见表 9 - 24。

表 9 - 23　　　　　　　　　　内 存 诊 断 命 令 格 式

描述	前导符	测站地址	功能码	数据长度	结束符	
字节数	1	1	1	1	2	
示例	:	0x01	0x0C	0x00	0x0D	0x0A
说明	0x3A	1～255	内存诊断	0～255	回车	换行

表 9-24 内存诊断应答格式

描述	前导符	测站地址	功能码	数据长度	数据1	校验码	结束符	
字节数	1	1	1	1	1	1	2	
示例	♯	0x01	0x0C	0x01	0x00		0x0D	0x0A
说明	0x23	1～255	内存诊断	0～255	状态	LRC	回车	换行

注 数据1: 0x00 内存读写正常; 0x01 内存读写异常。

(二) 站内局域网通信协议 CANbus

主控模块与各类采集卡和数据备份器通过 CAN-BUS 互联, 按照装配仪器列表进行自动采集与实时采集, 数据存储在核心控制单元的板载非易失性存储器内, 同时将数据拷贝至 SD 卡数据备份器内。CAN-Bus 采用 250kbps 通信速率。

CAN 的高层协议也可理解为应用层协议, 是一种在现有的底层协议 (物理层和数据链路层) 之上实现的协议。由于测站级网络规模比较小, 因此自行制订了一种简单而有效的高层通信协议。

技术规范 CAN2.0A 规定标准的数据帧有 11 位标识符, 用户可以自行规定其含义, 将所需要的信息包含在内。测站中每一个节点都有一个唯一的地址, 地址码和模块一一对应, 通过拨码开关设定, 总线上数据的传送也是根据地址进行的。考虑到测站的电源供给能力, 测站的节点数少于 32 个, 因此为每个模块分配一个 5 位的地址码, 同一系统中地址码不得重复, 系统初始化时由外部引脚读入。CAN 自定协议报文格式见表 9-25。

表 9-25 CAN 自定协议报文格式

ID10	ID9	ID8	ID7	ID6	ID5	ID4	ID3	ID2	ID1	ID0
优先级	广播/点对点		源节点					帧传播类型		应答要求
DLC (3～8)										
D0	高 3 位保留, 低 5 位表示目标节点									
D1	信息编号									
D2	数据第 1 字节									
D3	数据第 2 字节									
D4	数据第 3 字节									
D5	数据第 4 字节									
D6	数据第 5 字节									
D7	数据第 6 字节									

协议将 11 位的 ID 分为 5 个功能段：

（1）优先级：ID10 和 ID9。1 个节点可发出多种信息，根据信息的重要性提供了 4 种优先级：00 优先级最高，用于紧急命令，而 11 优先级最低，用于不太重要的数据。

（2）帧类型：ID3 用于区分是点对点还是广播通信，"1"表示点对点信息，"0"则是广播信息。

（3）源节点：ID7～ID3，由 5 位组成，表示发送本帧信息的节点编号，以保证不同发送节点不产生相同的仲裁场，避免出现总线竞争。其中 00000 和 11111 编号保留不用，因此可以表示 30 个节点。

（4）帧传播类型：ID2～ID1，即标识符的低三位，用于区分单帧/多帧连续传送。具体含义见表 9 - 26。

表 9 - 26　　　　　　　　　帧传播类型数据位定义

ID2	ID1	说　　明
0	0	单帧，无后续
0	1	多次传输的第一帧数据
1	0	数据传输中，还有后续帧
1	1	多次传输的数据最后一帧，再无后续

（5）应答要求：只有 ID0 一位。"0"表示接收节点收到 1 帧报文后不需要应答操作；"1"则表示接收节点需要对发送节点做出应答。数据域占用部分字节，而协议占用数据域的 D0 和 D1，其余 6 个字节用于实际数据。D0 的高 3 位为"0"，暂时保留，低 5 位为目标节点，其编号跟源节点一致。若是广播帧，则目标节点定义为"00000"，可以起到辅助信息滤波的作用。对硬件滤波"误收"的信息，通过信息的目标节点与接收节点的编号比较是否一致来确定，对"误收"信息"丢弃"即可。D1 用于信息编号，接收节点主要通过源节点和信息编号来识别信息内容和功能。不同节点发送的消息的信息编号可相同，每个节点发送的信息编号是 1～255，即每个节点可发送 255 种内容不同类型的报文，即该信息编号可确定帧报文的内容和功能。

主控制模块获取检测卡某通道数据：主控制模块的节点 ID 设置为 00001，从模块按主模块 ID 设置接收滤波，只接收主模块 ID 的信息。属于点对点单帧

通信，需要检测卡应答。主控制模块数据采集报文格式见表 9-27。数据 1 状态
字定义见表 9-28。

表 9-27 主控制模块数据采集报文格式

ID10	ID9	ID8	ID7	ID6	ID5	ID4	ID3	ID2	ID1	ID0
0	1	1	0	0	0	0	1	0	0	1
优先级		点对点		源节点 ID				单帧，无后续		应答要求
D0		高 3 位保留，低 5 位表示目标节点：000~00002								
D1		信息编号：0x01 数据采集								
D2		数据第 1 字节：状态字								
D3		数据第 2 字节：0								
D4		数据第 3 字节：0								
D5		数据第 4 字节：0								
D6		数据第 5 字节：0								
D7		数据第 6 字节：0								

表 9-28 数 据 1 状 态 字 定 义

BIT7	BIT6	BIT5	BIT4	BIT3	BIT2	BIT1	BIT0
0	0	0	0	0	0	0	0
未定义	未定义	未定义	未定义	未定义	通道编号：0~7		

检测卡应答报文格式：

应答分 2 帧发送，第 1 帧为第一通道的测值 1＝2176.34，测值的数据格式
为 16 进制浮点型，占 4 个字节。第 2 帧为第一通道的测值 2＝3826.78，数据格
式同测值 1。检测卡数据采集应答报文第 1 帧格式见表 9-29。检测卡数据采集
应答报文第 2 帧格式见表 9-30。

振弦式仪器采集卡：测值 1 为频率，单位：Hz；测值 2 为热阻值，单位：Ω

差动电阻式仪器采集卡：测值 1 为电阻比，单位：0.01%；测值 2 为电阻
和，单位：Ω

标准信号采集卡：测值 1 为电压，单位：V；测值 2 为电流，单位：mA

表 9 - 29 检测卡数据采集应答报文第 1 帧格式

ID10	ID9	ID8	ID7	ID6	ID5	ID4	ID3	ID2	ID1	ID0
0	1	1	0	0	0	1	0	0	1	0
优先级	点对点		源节点 ID					多次传输的第一帧数据		无需应答
D0	高 3 位保留，低 5 位表示目标节点：000～00001									
D1	信息编号：0x01 数据采集									
D2	数据第 1 字节：状态字									
D3	数据第 2 字节：0x45									
D4	数据第 3 字节：0x08									
D5	数据第 4 字节：0x05									
D6	数据第 5 字节：0x71									
D7	数据第 6 字节：空									

状态字定义

BIT7	BIT6	BIT5	BIT4	BIT3	BIT2	BIT1	BIT0
0	0	0	0	0	0	0	0
未定义	未定义	未定义	0：有效；1：失效	0：测值 1；1：测值 2	通道编号：0～7		

表 9 - 30 检测卡数据采集应答报文第 2 帧格式

ID10	ID9	ID8	ID7	ID6	ID5	ID4	ID3	ID2	ID1	ID0
0	1	1	0	0	0	1	0	1	1	0
优先级	点对点		源节点 ID					多次传输的数据最后一帧，再无后续		无需应答
D0	高 3 位保留，低 5 位表示目标节点：000～00001									
D1	信息编号：0x01 数据采集									
D2	数据第 1 字节：状态字									
D3	数据第 2 字节：0x45									
D4	数据第 3 字节：0x6F									
D5	数据第 4 字节：0x2C									
D6	数据第 5 字节：0x7B									
D7	数据第 6 字节：空									

状态字定义

BIT7	BIT6	BIT5	BIT4	BIT3	BIT2	BIT1	BIT0
0	0	0	0	1	0	0	0
未定义	未定义	未定义	0：有效；1：失效	0：测值 1；1：测值 2	通道编号：0～7		

（三）数据备份通信协议-SD卡

本模块支持 FAT16 和 FAT32 文件格式，理论支持 8G 以下 SD 卡。通过命令提供给主机功能如下：

（1）文件的创建（注：文件名只支持 8.3 文件格式：8.3 文件格式文件名不支持中文，文件名长度为最大 8 个字符）。

（2）文件的打开（8.3 文件格式）。

（3）文件的连续写入和文件的给定起始地址写入。

（4）文件的连续读取和文件的给定起始地址读取。

（5）当前打开文件的保存。

（6）当前文件的关闭。

（7）文件指针的设置。

（8）当前打开文件信息的读取，包括文件的大小和当前文件指针值。

（9）获取系统的状态（有无 SD 卡，是否为 FAT 文件格式，系统是否繁忙）。

通过模块上的拨码开关设置串口波特率（2400，9600，19200，57600，115200）。

本模块的通讯协议分为命令发送和命令的应答两部分，其中命令格式由 4 个部分组成：命令识别码（0x55 0xaa），命令号，字节数（参数的个数，占 2 个字节，先发送低位字节，再发送高位字节），参数（根据命令的不同而不同），校验和（除命令识别码和校验和本身，所有发送数据之和的低 8 位数据）。

数据备份器的作用是对在线测量数据进行冗余备份，这样，在测站没有联网的情况下，通过读写 SD 卡可以轻松获得测量数据。每次自动测量完毕后，将该次自动测量的数据保存在板载的非易失性存储器内，同时向 SD 卡进行冗余备份。

SD 卡数据备份器的 ID 设为最大值：11110，主模块主动上报，备份器被动接收。文件名为测站地址，3 为 ASCII 码：001～255，扩展名为：.txt。操作流程：首先根据文件名"创建文件"，若该文件不存在，则"创建文件"，若当前目录下有同名文件，不进行创建。然后依次执行"打开文件"，"写文件"，"保存文件"，"关闭文件"操作。

193

备份器在执行每步操作前，都会检查模块的 busy 标志引脚。所以应答报文中的状态信息不对"系统忙"异常进行判断和处理。

SD 卡在上位机上格式化要使用 FAT32 格式。

1. 创建文件

主控模块创建文件命令报文格式见表 9-31。数据备份器创建文件应答报文格式见表 9-32。

表 9-31　　　　　　　　　　　　　主控模块创建文件命令报文格式

ID10	ID9	ID8	ID7	ID6	ID5	ID4	ID3	ID2	ID1	ID0
1	1	1	0	0	0	0	1	0	0	1
最低优先级	点对点	源节点 ID						单帧		需要应答
D0	高 3 位保留，低 5 位表示目标节点：000～11110									
D1	信息编号：0x02（创建文件）									
D2	数据第 1 字节：0x01									
D3	数据第 2 字节：0									
D4	数据第 3 字节：0									
D5	数据第 4 字节：0									
D6	数据第 5 字节：0									
D7	数据第 6 字节：0									

注　只告知备份器文件名，扩展名由备份器自己添加。

表 9-32　　　　　　　　　　　　数据备份器创建文件应答报文格式

ID10	ID9	ID8	ID7	ID6	ID5	ID4	ID3	ID2	ID1	ID0
1	1	1	1	1	1	1	0	0	0	0
最低优先级	点对点	源节点 ID：11110						单帧		无需应答
D0	高 3 位保留，低 5 位表示目标节点：000～00001									
D1	信息编号：0x02（创建文件命令码）									
D2	数据第 1 字节：0x00（应答的状态信息）									
D3	数据第 2 字节：0									
D4	数据第 3 字节：0									

续表

ID10	ID9	ID8	ID7	ID6	ID5	ID4	ID3	ID2	ID1	ID0
1	1	1	1	1	1	1	0	0	0	0
最低优先级		点对点		源节点 ID：11110				单帧		无需应答
D5		数据第 4 字节：0								
D6		数据第 5 字节：0								
D7		数据第 6 字节：0								

注　应答的 D2 为 1 个字节的状态信息，各位分别代表不同的状态：
(1) Bit 0，SD 卡不存在状态，1 表示 SD 卡不存在；处理：退出数据备份进程。
(2) Bit 1，SD 卡写保护状态，1 表示 SD 卡写保护；处理：退出数据备份进程。
(3) Bit 2，文件打开状态，1 表示当前有文件打开，创建失败；处理：继续执行下一步操作。
(4) Bit 3，FAT16 根目录满，1 表示根目录满，FAT16 根目录只能创建 32 个文件或文件夹；处理：该异常不会出现。
(5) Bit 4，文件名格式，1 表示当前目录下有同名文件或者文件名格式不是 8.3 文件格式；处理：继续执行下一步操作。
(6) Bit 5，文件系统类型，1 表示不为 FAT 文件系统；处理：退出数据备份进程。
(7) Bit 6，系统忙状态，1 表示系统正处在忙状态；处理：不判断。
(8) Bit 7，校验和状态，1 表示发送命令的校验和不正确；处理：退出数据备份进程。

2. 打开文件

主控模块打开文件命令报文格式见表 9-33。数据备份器打开文件应答报文格式见表 9-34。主控模块保存文件命令报文格式见表 9-35。数据备份器保存文件应答报文格式见表 9-36。

表 9-33　　　　　　　　主控模块打开文件命令报文格式

ID10	ID9	ID8	ID7	ID6	ID5	ID4	ID3	ID2	ID1	ID0
1	1	0	0	0	0	1	1	0	0	1
最低优先级		源节点 ID				点对点，单帧				需要应答
D0		高 3 位保留，低 5 位表示目标节点：000～11110								
D1		信息编号：0x06（打开文件）								
D2		数据第 1 字节：0x01								
D3		数据第 2 字节：0								
D4		数据第 3 字节：0								
D5		数据第 4 字节：0								
D6		数据第 5 字节：0								
D7		数据第 6 字节：0								

注　只告知备份器文件名，扩展名由备份器自己添加。

表 9 - 34　　　　　　　　　数据备份器打开文件应答报文格式

ID10	ID9	ID8	ID7	ID6	ID5	ID4	ID3	ID2	ID1	ID0
1	1	1	1	1	1	1	0	0	0	0
最低优先级	点对点			源节点 ID：11110				单帧		无需应答
D0	高 3 位保留，低 5 位表示目标节点：000～00001									
D1	信息编号：0x06（打开文件命令码）									
D2	数据第 1 字节：0x00（应答的状态信息）									
D3	数据第 2 字节：0									
D4	数据第 3 字节：0									
D5	数据第 4 字节：0									
D6	数据第 5 字节：0									
D7	数据第 6 字节：0									

注　应答的数据为 1 个字节的状态信息，各位分别代表不同的状态：
(1) Bit 0，SD 卡不存在状态，1 表示 SD 卡不存在；处理：不判断。
(2) Bit 1，文件打开状态，1 表示当前有文件打开，打开失败；处理：继续执行下一步操作；
(3) Bit 2，文件名状态，1 表示文件名不是标准的 8.3 文件格式；处理：不判断。
(4) Bit 3，文件存在状态，1 表示无该文件；处理：不判断。
(5) Bit 4，无定义；
(6) Bit 5，文件系统类型，1 表示不为 FAT 文件系统；处理：不判断。
(7) Bit 6，系统忙状态，1 表示系统正处在忙状态；处理：不判断。
(8) Bit 7，校验和状态，1 表示发送命令的校验和不正确；处理：终止操作。

3. 保存文件

表 9 - 35　　　　　　　　　主控模块保存文件命令报文格式

ID10	ID9	ID8	ID7	ID6	ID5	ID4	ID3	ID2	ID1	ID0
1	1	1	0	0	0	0	1	0	0	1
最低优先级	点对点			源节点 ID				单帧		需要应答
D0	高 3 位保留，低 5 位表示目标节点：000～11110									
D1	信息编号：0x04（保存文件）									
D2	数据第 1 字节：0x01									
D3	数据第 2 字节：0x									
D4	数据第 3 字节：0									
D5	数据第 4 字节：0									
D6	数据第 5 字节：0									
D7	数据第 6 字节：0									

注　只告知备份器文件名，扩展名由备份器自己添加。

表 9 - 36   **数据备份器保存文件应答报文格式**

ID10	ID9	ID8	ID7	ID6	ID5	ID4	ID3	ID2	ID1	ID0
1	1	1	1	1	1	1	0	0	0	0
最低优先级		点对点		源节点 ID：11110				单帧		无需应答
D0				高 3 位保留，低 5 位表示目标节点：000～00001						
D1				信息编号：0x02（保存文件命令码）						
D2				数据第 1 字节：0x00（应答的状态信息）						
D3				数据第 2 字节：0						
D4				数据第 3 字节：0						
D5				数据第 4 字节：0						
D6				数据第 5 字节：0						
D7				数据第 6 字节：0						

注 应答的数据为 1 个字节的状态信息，各位分别代表不同的状态：

    （1）Bit 0，SD 卡不存在状态，1 表示 SD 卡不存在；处理：不判断。

    （2）Bit 1，SD 卡写保护状态，1 表示 SD 卡写保护；处理：不判断。

    （3）Bit 2，文件打开状态，1 表示无文件打开；处理：不判断。

    （4）Bit 3，无定义。

    （5）Bit 4，文件系统类型，1 表示不为 FAT 文件系统；处理：不判断。

    （6）Bit 5，系统忙状态，1 表示系统正处在忙状态；处理：不判断。

    （7）Bit 6，校验和状态，1 表示发送命令的校验和不正确；处理：终止操作。

4. 关闭文件

主控模块关闭文件命令报文格式见表 9 - 37。数据备份器关闭文件应答报文格式见表 9 - 38。

表 9 - 37   **主控模块关闭文件命令报文格式**

ID10	ID9	ID8	ID7	ID6	ID5	ID4	ID3	ID2	ID1	ID0
1	1	1	0	0	0	0	1	0	0	1
最低优先级		点对点		源节点 ID				单帧		需要应答
D0				高 3 位保留，低 5 位表示目标节点：000～11110						
D1				信息编号：0x08（关闭文件）						
D2				数据第 1 字节：0x01						
D3				数据第 2 字节：0						
D4				数据第 3 字节：0						
D5				数据第 4 字节：0						
D6				数据第 5 字节：0						
D7				数据第 6 字节：0						

注 只告知备份器文件名，扩展名由备份器自己添加。

表 9 - 38　　　　　　　　数据备份器关闭文件应答报文格式

ID10	ID9	ID8	ID7	ID6	ID5	ID4	ID3	ID2	ID1	ID0
1	1	1	1	1	1	1	0	0	0	0
最低优先级		点对点		源节点 ID：11110				单帧		无需应答
D0			高 3 位保留，低 5 位表示目标节点：000～00001							
D1			信息编号：0x02（关闭文件命令码）							
D2			数据第 1 字节：0x00（应答的状态信息）							
D3			数据第 2 字节：0							
D4			数据第 3 字节：0							
D5			数据第 4 字节：0							
D6			数据第 5 字节：0							
D7			数据第 6 字节：0							

注　（1）Bit 0，SD 卡不存在状态，1 表示 SD 卡不存在；处理：不判断。

（2）Bit 1，无定义。

（3）Bit 2，无定义。

（4）Bit 3，无定义。

（5）Bit 4，文件系统类型，1 表示不为 FAT 文件系统；处理：不判断。

（6）Bit 5，系统忙状态，1 表示系统正处在忙状态；处理：不判断。

（7）Bit 6，校验和状态，1 表示发送命令的校验和不正确；处理：终止操作。

5. 写文件

每一条记录分多帧传给备份器，没传完一条记录应答一次。数据连续写在文件尾部，只需将写入的起始地址设为 0xFFFFFFFF（4G 大小）即可，因为写入地址大于文件大小时，数据会自动写入文件尾部，无需关心起始地址信息。记录在文件中的保存格式：ASIIC 码形式。主控模块写文件第 1 帧报文格式见表 9 - 39。主控模块写文件第 2 帧报文格式见表 9 - 40。主控模块写文件第 3 帧报文格式见表 9 - 41。数据备份器写文件指令应答报文格式见表 9 - 42。

表 9 - 39　　　　　　　　主控模块写文件第 1 帧报文格式

ID10	ID9	ID8	ID7	ID6	ID5	ID4	ID3	ID2	ID1	ID0
1	1	1	0	0	0	0	1	0	1	0
最低优先级		点对点		源节点 ID				多次传输的第 1 帧数据		无需应答
D0			高 3 位保留，低 5 位表示目标节点：000～11110							
D1			信息编号：0x05（写文件命令）							
D2			数据第 1 字节：0x01（测站地址）							
D3			数据第 2 字节：0x01（采集卡地址）							

续表

ID10	ID9	ID8	ID7	ID6	ID5	ID4	ID3	ID2	ID1	ID0
1	1	1	0	0	0	0	1	0	1	0
最低优先级		点对点	源节点 ID					多次传输的第 1 帧数据		无需应答
D4	数据第 3 字节：0x01（测点所在通道）									
D5	数据第 4 字节：0x20（世纪）									
D6	数据第 5 字节：0x10（年）									
D7	数据第 6 字节：0x04（月）									

表 9-40　　　　　　　主控模块写文件第 2 帧报文格式

ID10	ID9	ID8	ID7	ID6	ID5	ID4	ID3	ID2	ID1	ID0
1	1	1	0	0	0	0	1	1	0	0
最低优先级		点对点	源节点 ID					还有后续帧		无需应答
D0	高 3 位保留，低 5 位表示目标节点：000～11110									
D1	信息编号：0x05（写文件命令）									
D2	数据第 1 字节：0x20（日）									
D3	数据第 2 字节：0x15（时）									
D4	数据第 3 字节：0x00（分）									
D5	数据第 4 字节：0x45（测值 1 第 1 字节）									
D6	数据第 5 字节：0x6F（测值 1 第 2 字节）									
D7	数据第 6 字节：0x2C（测值 1 第 3 字节）									

表 9-41　　　　　　　主控模块写文件第 3 帧报文格式

ID10	ID9	ID8	ID7	ID6	ID5	ID4	ID3	ID2	ID1	ID0
1	1	1	0	0	0	0	1	1	1	0
最低优先级		点对点	源节点 ID					最后一帧		需要应答
D0	高 3 位保留，低 5 位表示目标节点：000～11110									
D1	信息编号：0x05（写文件命令）									
D2	数据第 1 字节：0x7B（测值 1 第 4 字节）									
D3	数据第 2 字节：0x45（测值 2 第 1 字节）									
D4	数据第 3 字节：0x08（测值 2 第 2 字节）									
D5	数据第 4 字节：0x05（测值 2 第 3 字节）									
D6	数据第 5 字节：0x71（测值 2 第 2 字节）									
D7	数据第 6 字节：0									

表 9 - 42　　　　　　　　数据备份器写文件指令应答报文格式

ID10	ID9	ID8	ID7	ID6	ID5	ID4	ID3	ID2	ID1	ID0
1	1	1	1	1	1	1	0	0	0	0
最低优先级		点对点		源节点 ID：11110				单帧		无需应答
D0	高 3 位保留，低 5 位表示目标节点：000～00001									
D1	信息编号：0x05（写文件命令码）									
D2	数据第 1 字节：0x00（应答的状态信息）									
D3	数据第 2 字节：0									
D4	数据第 3 字节：0									
D5	数据第 4 字节：0									
D6	数据第 5 字节：0									
D7	数据第 6 字节：0									

注　（1）Bit 0，SD 卡不存在状态，1 表示 SD 卡不存在；处理：不判断。

　　（2）Bit 1，SD 卡写保护状态，1 表示 SD 卡写保护；处理：不判断。

　　（3）Bit 2，文件打开状态，1 表示无文件打开；处理：不判断。

　　（4）Bit 3，磁盘状态，1 表示磁盘空间满，写入失败；处理：终止操作。

　　（5）Bit 4，参数个数状态，1 表示参数个数小于 4 个字节；处理：不判断。

　　（6）Bit 5，文件系统类型，1 表示不为 FAT 文件系统；处理：不判断。

　　（7）Bit 6，系统忙状态，1 表示系统正处在忙状态；处理：不判断。

　　（8）Bit 7，校验和状态，1 表示发送命令的校验和不正确；处理：终止操作。

第二节　监测信息管理系统设计与开发

监测信息系统管理软件是基于驱动领域设计，采用 C/S 模式开发，数据库采用 SQL Sever 大型高级通用数据库。支持多窗口操作、界面友善、操作简便，安全性和可扩充性强。安全信息管理软件应用模块化设计，其功能模块包括以下内容：在线数据采集、数据（库）管理、系统管理以及数据整编、图形报表制作、数据专项分析、数据网络发布等，此外还可根据工程实际情况增加离线分析及测值预报等功能。

该系统软件实现了工程安全监测资料整编规范要求的各类图表的绘制与输出，包括过程线图、相关性图、分布图、等值线图，记录计算表、特征值统计表等。能够快速搭建，并与已有监测体系无缝融合，如对于历史数据表，提供数据导入向导，可以按测点使用的仪器类型批量导入历史观测记录表（Excel 表或文本格式的表）；对于纸质观测数据表，提供数据录入界面供用户录入相关数据，录入结果可视化显示，可以即时查看数据变化情况，能够有效避免录入错误；对于自动采集系统数据，提供自动数据提取工具，根据不同的采集系统配置对应关系后，即可实现自动提取、测值转换计算、结果评判和预报预警。系统还内置了岩土工程安全监测中普遍使用的各种传感器和仪器信息，并可以方便地扩展新仪器测量数据，能够用于岩土工程安全监测项目包括大坝安全监测、边坡安全监测、地下建筑物安全监测和工业民用建筑安全监测。

一、功能需求

（一）系统管理功能

1. 系统安全管理

具有系统设置权限的用户可以添加和删除系统用户，给不同的用户设置不同的权限，不同的用户以自己的口令和密码登录系统后有不同安全级别的操作权限。

2. 系统文件管理

系统文件管理功能可以将有关系统的信息全部备份下来。系统信息包括测点属性、系统中使用的仪器、测点监测项目、安装位置、仪器生产厂家、测点物理量转换算法及参数、输出模板设置等信息。

在完成一批测点的算法和参数设置后，立即做一个系统信息备份，该备份有助于以后自动恢复系统。

3. 数据库管理

数据库管理提供对数据的备份、还原以及远程复制。将任意时间段的数据备份出来，在系统需要时还原进系统（例如恢复系统、数据软盘传递等情况）。

4. 系统日志与警报

系统设有日志，记录所有进入系统进行操作用户的登录和退出信息，对于重要的操作如数据删除、系统配置、报表生成发布等进行记录，以便查证。

系统对在线综合分析发出的警报登记在案，供安全管理人员查询。

5. 软件自动升级

数据库应用软件能自动创建和升级，在软件升级时自动创建新的数据库结构，并将原来的系统信息和测量数据的备份自动还原进入新建的数据库。

（二）信息管理功能

1. 监测对象管理

监测对象管理是对这些类型监测对象的添加、删除、修改。对监测对象的管理，通过每个窗口的工具栏按钮或右键按钮来完成。

监测对象类型如下：

（1）建筑物或部位：主要用于导航，没有制作分析图的业务。

（2）测点组：测点间能够进行联合计算，允许计算出一个新物理量，不属于其中任何一个测点，如应变计组。

（3）监测线：在空间上呈线性布置的测点集合，主要业务是绘制分布图，如引张线仪、浸润线测点绘制分布线图等。

（4）监测面：在一个横断面或纵断面布置的测点集合，主要业务是绘制等值线图，如横断面温度测点绘制等温图。

2. 测点管理

工程安全监测系统中各种监测项目中接入自动化系统监测仪器的所有测点以及未接入自动化的测点均为管理对象。测点属性指该测点的所有特征数据，包括测点点号（自动监测系统中的专用编号）、测点设计代号、仪器类型、仪器名称、测值类型、监测项目、安装位置、仪器生产厂家、测点物理量转换算法的公式及计算参数、测点数据入库控制、数据极限控制，以及测点数据图形输出控制等。

可以实现：

（1）设置测点算法。

（2）设置数据入库时段控制。

（3）设置数据极限控制。

（4）修改或扩充测点属性。

可修改扩充的测点属性如下：仪器类型，仪器名称，仪器性能指标，监测量初始值，警戒值，拟合值，监测项目，安装位置，仪器生产厂家。

数据属性、自动跟踪测点的修改：测点的属性是通过数据库中相互有关系的表来实现的，使得测量数据、算法（将监测数据转换成监测物理量）、入库控制及报表将自动地跟踪修改，使系统具有高度的灵活性和稳定性。如：数据库已经运行了一段时间，要修改某测点的点号或设计代号，通过测点管理修改点号或设计代号，所有该测点原来设置的属性、监测数据、报表数据将自动跟踪到修改后的点号或设计代号上去。

将所有测点的图形坐标作为测点特性存储，直观地显示测点信息。选择测点时用户可以直接从图形或表格中选取，用户可以修改不正确的测点示意图。

系统具有可扩充性，当增加监测项目或测点时，管理人员可以比较方便地完成项目或测点增加，而不需要重新开发软件或数据库。对于废弃的项目或测点，系统同样可以删除或存档备份。

3. 监测资料入库

（1）自动化监测数据自动入库。监测资料入库子模块具有自动识别功能，系统通过调用在线输入功能模块，依照数据采集频率表的设置的间隔时间和采集次数的规定，进行联网仪器监测数据的自动采集入库。本模块还自动进行数据的整编换算，将仪器读数转换为物理量，存入整编数据库。自动数据采集的处理过程中，对采集到的监测数据进行简单的数据可靠性检查，发现明显的数据错误，可以发出技术报警信息，并要求系统进行重测。

（2）半自动化监测数据人工入库。将工程监测目前所用的监测数据的数据下载软件联接在本模块上，设有数据下载、入库窗口。这类数据包括自动化系统形成以前的批量数据以及后期由于数据传输出现故障的批量数据。在数据入库过程中，进行数据检查，发现问题及时发出警告信息，并注明错误数据在批量数据中的位置，输入后存入原始数据库，以实现所有监测数据统一管理。

（3）人工观测数据、巡视检查和测点特性资料录入。设有人工录入数据窗口，将部分未进自动化系统的监测资料、当自动故障时的人工观测数据以及巡视检查和测点特性资料能方便入原始数据库，统一管理。

（4）网络共享数据如环境量数据的入库。这类数据主要包括水位、气温、降雨量等环境量数据。

（5）其他可能的数据入库方式，如掌上机等设备采集数据的入库。主要是未实现自动化观测的掌上机等设备采集数据。

4. 监测资料的整理与初步检查

监测资料的整理、整编模块能将采集到的监测数据（包括人工输入的数据）换算成具有意义的监测物理量。对各监测点的仪器计算公式、计算参数和基准值编入程序，并能自动转换，整编后自动进入各级数据库中。

数据初步检查模块能自动对各监测点的不同观测值或物理量转换成果进行粗差检验和剔除（包括粗差、偶然误差、系统误差及错误数据等），以表格形式显示检验和剔除情况。如垂线系统测值，无法直接进行自动剔除，将超限值（间隔超、中误差超等）进行报警并保存，人工干预后，将测值另外保存。

经粗差检验和剔除后的物理数据可以保存到整编数据库中，而原始数据将完整地保留于原始数据库中，以便查证。

5. 巡视检查信息管理

每次巡视检查获得的信息可用人工输入，以便资料分析和工程安全评定时查询和输出历史巡查记录。

（三）在线分析功能

1. 各类标准检查

采用以单点统计模型为主的各类监控模型及有关安全监控指标对新测数据进行单测点检查。除模型限值之外，各类标准包括：

（1）速率标准：时效量速率及加速度经验控制标准。

（2）统计标准：最大、最小值。

（3）监控标准：包括设计标准、根据实测资料分析确定的监控标准等。

（4）巡视检查标准：通过对部位、检查项目及结果属性定量化，可供在综合分析推理调用。

2. 单点信息定量化

在上述各类标准检查过程中，同时自动形成单个测点的定量信息，包括模型超界类型、速率标准、统计标准、各类监控标准的检查结果，测点异常程度等级等内容，为进一步综合分析推理提供条件。

3. 在线综合推理

在单点定量化的基础上，按同一监测项目，同一监测部位，同一物理过程三种方式对监测量（测点）及巡视检查结果进行综合推理，采用产生式专家系统进行推理，以测量异常，结构异常为推理目标，完成对状态的自动评估。

（四）离线分析功能

离线分析功能是在线综合分析的补充和扩展。只是离线分析可以通过"知识"的积累对评判规则加以修订和扩充，取得更好的推理效果。此外，离线分析还为分析人员提供了强有力的分析环境，利于分析人员根据自己的需要调用多种数据，用多种模型进行更广泛的综合分析。同时，还可以修改模型参数对模型进行调整，取得更满意的结果。

离线综合分析的主要目的是对在线综合分析发现的疑点做进一步的分析处理，通过调用相应的数据库，并选用相应的方法和模型，以建筑物为单位，进行异常测值检测、测量因素分析、物理成因分析、综合分析评判，进行结构异常判断、结构异常程度判断，进而实现系统的辅助决策功能。

1. 图形分析

图形分析模块可绘制满足管理及分析需要的各类图形及表格，包括多个物理量的综合过程线图、相关图（包络图）、分布图等。

综合过程线可按同一时间坐标轴同时绘制多个物理量坐标（最多可为三个），以便对监测量变化过程进行综合比较分析；具有按时段坐标缩放功能；可显示所选测时的具体数值，并能任意设置基准日期，以便于对不同测点进行增量比较分析；可调用与时间过程分析有关的功能，如对当前显示测点测值的特征量进行统计回归分析等。

相关图（包络图）可绘制出任意两个监测量之间的相关关系曲线，包括环境量（水位、气温等）和监测量之间、监测量相互之间的相关关系曲线，以适应分析过程中可能出现的各种需要；相关图的时段可以任意选取，两监测量测时不对应时，可进行插值处理；相关图中的任意点可显示具体数据，包括测时、两相关物理量的测值等，以便于对离群点进行检查；可调用相关分析功能，包括简单相关分析、多项式相关分析等；对环境量（水位、气温及降水量）与监测量进行相关分析时，可对历史测值形成包络线（域）图，以便对当前数据进行检查。

分布图可绘制以某一工程剖面或平面为背景的一维、二维分布图，如建筑物位移场图，渗压等势线图等，要考虑到某一个或几个测点缺测的情况。从分布图中可绘制多个测时的分布曲线，以利于比较分析；可通过鼠标操作显示具体测点的测值及相应环境量；可显示具体测点的过程线，以便于操作人员的综合分析。

这些图形除满足"符合工程习惯、图面整洁美观"的基本要求，具有以下功能：

（1）可显示某一测点（分析物理量）某一测时的具体测值，并可对粗差或离群点进行处理。

（2）具有分析功能，例如对于过程线图的任一测点，任一时段可以进行统计模型分析，相关图中的两个相关量可进行简单或多项式分析相关分析等。

（3）除常规的图表之外，各类图形可以进行编辑打印。例如，可将与某一总是有关的过程线、分布图、特征量统计表组合打印在一张打印纸上，供分析人员脱机分析使用。

2. 内观仪器数据分析

（1）压力计、渗压计、测缝计等内观仪器的误差识别和分析处理考虑测点温度的影响，回归分析包括测点温度的温度因子。

（2）应变计组和单向应变计的计算分析提供无应力计分析和徐变应力的计算及以平衡检查等功能。

（3）无应力计分析得出混凝土温度的实际线膨胀系数以及自生体积变化规律。

（4）单支应变计，可进行徐变应力计算并显示各测点回归结果过程线，并可进行应力的回归分析。

（5）应变计组分析在应变计组内的某一只或几只仪器损坏或出现系统误差时，可重新设置计算条件，对 4 向或 5 向应变计组可按"平面应力"或"平面应变"计算；徐变应力计算可对基准值进行调整，可以输出徐变应力（正应力、建应力、主应力）计算结果过程线，也可以对某一应力计算结果进行回归计算分析。

3. 离线综合推理

该模块提供《混凝土工程安全监测技术规范》（SL 601—2013）、《土石坝安全监测技术规范》（SL 512—2012）等所要求各类方法，包括相关分析、比较法、作图法、特征值统计常用方法，对工程变形、渗流量，扬压力、接缝、温度等观测项目进行定性分析，提供专用的离线综合分析界面，以方便操作人员进行离线分析。通过对相关联的监测物理量进行合理的组织，可灵活调用各类图形及模型结果，从而提供有效的数据支持及模型支持。采用专家系统方法，为定性分析推理提供扩展支持。分析过程中的各类图形及结论可以存储或打印输出。

4. 监控模型分析

对监测信息的定量分析以单点统计模型为主（同时也是在线监控使用的模型方式）。

统计模型设置广泛的因子集以满足分析人员的实际需要，时效类因子中包括时间的线性、指数、对数等函数因子，以及多条对数曲线、折线型及多个多项式等因子，以利于监测量的趋势性变化分析，因子集可按水位（上、下游）、温度、降水量、时效等不同物理因素进行组织。

统计模型可输出回归结果、回归分析时段内各分量变幅统计，以及各物理量（测值、计算值、各分量值、残差）过程线图等。

统计模型具有回归结果的检查功能，包括对剩余量的检查、共线性检查等方面的内容。

统计模型分析因子选择过程中设置三种方式：

（1）任选因子方式。采用该种建模方式给予分析人员充分的因子选择范围。

（2）预定因子方式。采用该种方式允许分析人员将某种因子组合预置下来，每次分析不必重新经过因子选择过程，预定因子可重新设置。

（3）"默认因子"方式。该种方式为开发人员根据实际情况设定的因子集，可供尚未有分析经验的操作人员调用，对同一监测项目的测点需设置批处理建模功能，模型结果可以分别按测点显示。

系统提供建立多测点统计模型（一维、二维分布模型）的模块，对沿空间某一方向或平面的两个方向设置多个测点的主要观测项目（以位移为主），都可进行分布模型分析。对分布模型的温度、时效分量因子的组成，提供一定的选择范围。建立分布模型时，允许对所分析项目的测点进行选择以利于结合建筑物的特点进行对比分析。一维分布模型需设置完备的结果输出功能，除模型结果的有关参数外，还提供对模型结果的图形分析界面，包括某一测时的实测值与模型计算值分布曲线的比较、某一测点的测值与计算结果过程曲线比较等，以便于分析人员对同一观测项目进行综合分析。

5. 外部测量的平面和水准测量的平差软件

针对各段建筑物的水平测量控制网、水准测量网以及各种测量方法，对测量结果进行平差计算，其平差计算结果直接进入相应的数据库中。

（五）综合查询功能

1. 项目仪器测点信息查询

所有监测项目、仪器、测点按树形目录组织并辅之以模糊查询，可以方便地浏览查询仪器测点以及有关的静态信息（如生产厂家、安装埋设信息、整编换算公式等）。

2. 监控模型查询

测点均按"监测项目→仪器→测点"树形目录组织并辅之以模糊查询。树形目录结构有方便的拖拽功能，可以选单个或多个或全部测点。可以方便地浏览查询或打印有关测点已建的各类监控模型的详细信息。

3. 特征值查询

测点均按"监测项目→仪器→测点"树形目录组织并辅之以模糊查询。树形目录结构有方便的拖拽功能，可以选单个或多个或全部测点。可以方便地浏览查询或打印有关测点的特征值如历史最大值、历史最小值及发生的时间等。

4. 综合分析结果查询

可以方便地浏览查询或打印离线及在线综合分析结果，包括综合评价结论以及温度等值线、渗流等势线、物理量分布图、物理量相关图、综合过程线等图形。

5. 观测资料查询

测点均按"监测项目→仪器→测点"树形目录组织并辅之以模糊查询。树形目录结构有方便的拖拽功能，可以选单个或多个或全部测点。

数据系列输出时段可以任意设定。

可以定义一定的过滤条件。

可以以"表格式"或"综合过程线"形式显示选定测点选定时段的数据。

（1）输出图表的数据窗口有以下特点和功能：

1）通过输出窗口中附带的快捷键，可以方便地在图形和表格之间切换。

2）可以按需要控制图形的数据输出项、上下限。

3）在图形输出时，鼠标在图形中移动时，在状态中动态显示鼠标所在点的数据值和时间，为观察数据提供了方便。

4）在表格输出时，可以在线修改、删除数据（登录的用户必须有修改数据的权限才可以使用该功能)。

5)可以通过输出窗口所带的快捷键,可方便地将窗口设置为实时数据窗口,用来监测工程关键数据。

(2)所有的表格和图形可打印输出:

1)可以输出多个需要的数据窗口,便于进行数据间的比较与分析。

2)可以在输出的时间段上,重新进行物理量的转换,方便因仪器更换导致系统参数改变,分时段进行物理量转换。

(六)监测报表功能

此模块可将工程监测资料按规定的格式进行整编,方便存档及上报。具体内容可在工程实际安装调试过程按甲方要求进行增加或修改,以达到方便、实用为准。可按工程技术人员管理方便制作多种报表格式的模板,一般工作人员只需选择不同的模板,即可显示或打印所需报表。并可调整图幅大小、线体粗细、颜色等,随意地修改其版面。

1. 报表管理器

(1)日报:主要监测物理量测值及在线监测综合评判结果。

(2)月报:各监测物理量统计表、特征值统计表、主要监测物理量过程线、相关线、分布图、监测资料初分析报告等。

(3)年报:各监测物理量统计表、特征值统计表、主要监测物理量过程线、相关线、分布图、监测资料初分析报告等。

以上所有报表数据还可以转换为 Word 或 Excel 文件,为二次处理数据提供方便。

2. 综合过程线

系统创建多点数据过程线输出模板,将不同测点的不同数据(原始测值或物理量转换的数据)综合到一个输出模板中,可以设置模板的名称、标题,坐标上下限,可设置测点数据的颜色、线宽、数据图形标志,设置好的模板可以存储起来供以后使用。窗口输出的图形可以立即打印,打印尺寸自动适应纸张的大小。

可以输出系统内各监测值计算出的相应物理量统计表,还可以根据需要在同一表格中选择列出同周期环境量(如上下游水位、气温、降雨量)的具体数值。

可以输出系统内各监测值计算出的相应物理量特征值统计表。

可在工程实际安装调试过程按甲方要求进行增加或修改部分内部，以达到方便、实用为准。

二、软件设计

1. 数据驱动开发模式的弊端

近些年来，在水利信息化集成企业和仪器厂商的推动下，有关安全监测的信息化系统也不断地改进完善，数据的采集、存储、处理、分析等功能日趋成熟。但总体来看，仍存在复杂业务需求不能满足、对用户专业水平要求过高、自动化处理程度较低等诸多问题。究其原因，主要是由于采用了以数据库为中心的数据驱动开发模式。这种模式虽然可以快速实现开发目标，但存在诸多弊端，具体如下：

（1）概念不清。在设计和开发阶段，没有统一的概念定义，经常出现需求文档和开发文档对同一元素的理解不同，开发人员专于技术，常以自己的理解完成代码的编写。

（2）需求设计文档难于理解。由于需求分析和设计的分离，模型边界不清，关系复杂，开发人员在参考相关资料时不能抓住设计重点，以致避重就轻地实现，进而出现不同程度的曲解。

（3）适应需求变化能力差。需求变化时，可能要修改数据表，这时新增字段和业务逻辑将造成大量修改，很容易使设计文档与代码出现不一致。

（4）代码复杂。由于没有对象的封装或有对象而认识不统一，多个业务的重合部分以不同方式实现，或基础架构与业务逻辑混杂，造成理解的困难。

（5）复杂业务难以开展。随着业务功能不断实现，整个项目进入不断修正的怪圈，很可能牵一发而动全身，使项目最终陷入高代价的维护之中。

针对传统数据驱动开发模式的局限性，通过"领域驱动"理念设计开发监测信息管理系统软件，合理分离大坝安全监测的领域知识，用软件开发人员和大坝安全监测专家都能理解的统一模型表达业务逻辑，使大坝安全监测信息系统中的模块耦合度降低，核心业务脉络清晰，更好地适应需求的变更和功能的扩展。

2. 领域驱动设计模型

（1）领域模型。领域模型是软件项目的公共语言核心。模型语言中有关项目的概念将模型和开发活动结合在一起，并使模型和代码紧密地绑定。在基于模型的交流中，开发者和领域专家并不仅仅局限于 UML 图进行，而是充分利用各种手段，讨论需求、开发计划和特性，确保团队中所有交流活动和代码坚持使用一致的语言，积极消除难点，然后重构代码，并对类、方法和模块重新命名，形成公认的理解。

领域模型要求开发人员和领域专家使用模型的元素以及模型中各元素之间的交互来描述业务场景，并且按照模型允许的方式将各种概念结合到一起，找到更简单的方式来表达自己的观点，然后将这些新的思想应用到图和代码中。在交互图演示复杂业务场景时，要将相关的约束和断言加入进来，不留任何存在歧义的死角。

领域模式与设计模式相比有着非常不同的关注点：①如何进行领域模型本身的结构化；②如何在模型中封装领域知识；③如何应用通用语言，并且使基础架构不分散对领域核心的注意力。

总之，软件系统各个部分的设计应该如实地反映领域模型，以便体现出这两者之间的明确对应关系，不仅如此，反复地检查和修改模型是很必要的，最终形成的设计应该更加自然地描述模型，反映出深层次的领域概念。从长远角度来看，以领域模型为核心的设计更加清晰，也更忠实于领域抽象的实现，因而可维护性很高。

（2）分离领域。为了保证软件实现的简洁并且与模型保持一致，不管业务如何复杂，必须运用建模和设计的最佳实践将领域设计与软件系统中的其他关注点分离，才能使设计与模型之间的关系非常清晰。分离领域的复杂技术早已出现，领域模型采用的分层基本原则是层中任何元素都仅依赖于本层的其他元素或其下层元素。向上的通信必须通过间接的传递机制进行。领域模型的典型分层模式如图9-16所示。

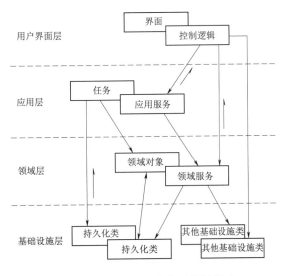

图 9-16　领域模型的典型分层模式

1）用户界面层或称表示层。该层的目标是尽可能薄，不允许在该层嵌入业务逻辑，所以该层只需履行两个主要职责：①解释用户的操作，将消息发送到应用层或领域层；②向用户显示信息。

2）应用层。该层可以作为系统应用编程接口（API），是与其他系统进行交互的必要渠道，不包括业务规则或知识。无论 C/S 还是 B/S 的表示层，都可以很方便地实现数据的获取和保存。除此之外，该层还用于协调领域对象之间、领域对象与基础设施对象之间的动作，维护特定任务状态并为用户显示任务进度等。

3）领域层。负责表达业务概念、业务状态信息和业务规则，而不必关心保存业务（由基础设施层实现）状态的技术细节，即该层将使用 POCO 的方法设计，领域模型不必实现持久化相关接口，确保与持久化无关。

4）基础设施层。为其上各层提供交互支持，如应用层的消息传递，领域层持久化机制的实现，用户界面层的屏幕显示等。分层的价值在于每一层都只代表程序中的某一特定方面。领域对象将重点放在表达领域模型上，能有效地捕捉并使用基本业务知识，不需要考虑自己的实现和存储问题，也无需管理应用任务等内容，以便保持含义足够丰富、结构足够清晰。彼此独立的层更容易维护，因为它们往往用于满足不同的需求。这种模式使每个方面的设计都具有内聚性，更容易解释并被理解。

3. 领域模型分析

由于大坝安全监测领域知识专业性强，涵盖面广，所以需要找到一个切入点开始领域知识的提取和业务逻辑的梳理。大坝安全监测设计作为一项综合的工程技术，正是所找的切入点。它以现场地质条件、环境条件及建筑物间的相互作用为基础，充分考虑工程的复杂程度、荷载、开挖规模以及由此产生的不利后果的潜在因素，从确定监测目标开始，直到获得数据资料、进行分析评价为止，贯穿安全监测的整个环节。

（1）大坝工程条件分析。大坝安全监测系统的确定和建立取决于实际工程的条件，如不同的类型（混凝土坝、土石坝）、不同的结构型式（混凝土坝分为拱坝、重力坝、支墩坝；土石坝分为均质坝、心墙坝、面板坝等）。这些与建筑物安全相关的条件决定了进行专题分析时的业务过程，如混凝土坝的温控分析、土石坝的渗流场分析、不同土石坝结构型式的浸润线分析等。

　　大坝安全监测设计要求广泛收集工程条件资料，根据工程薄弱点及敏感区确定重点监测部位，充分考虑测点布设成线、成面的体系化，并与时间维度形成时空体系，即四维体系监测系统。由此，结合大坝安全监测中的通用名称，可以获得"建筑物""部位""监测线""监测断面"等关键知识，这些知识可以统称为"监测对象"，在监测对象的相应位置布置"测点"，测点的测值便可以代表大坝某位置的安全状态。同时，可以得到一个基本的层次关系：测点是最基本的领域对象，可以沿某条线布置形成监测线，如水管式沉降仪测点、测斜仪测点、静力水准仪测点、引张线仪测点、多点位移计测点等；它可以在某断面布置形成监测面，如混凝土某断面的所有温度测点、土石坝某横断面的所有渗压测点、大坝表面所有位移测点等；建筑物及其部位可以包含任意的测点、监测线、监测断面，是最大的集合。

　　如图9-17所示，将监测对象和测点分开作为两个重要的领域对象，确定了从属关系，有利于在监测对象的测点布置图上进行测点的导航、用颜色表示测点状态、显示测点最近测值及相关预警信息。

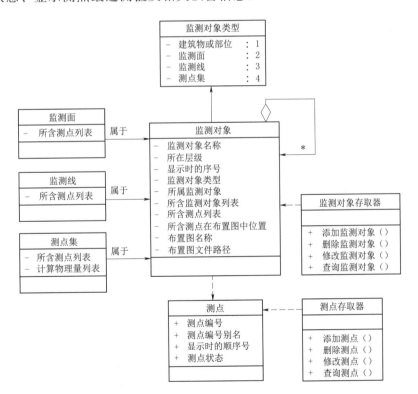

图9-17　监测对象及测点的领域模型

（2）监测目的分析。监测基本的和最重要的目的是提供用于控制和显示各种不利情况下工程性能的评价和在施工期、运行初期和正常运行期对工程安全进行连续评估所需要的资料。这些资料包括环境量（如降雨量、上游水位、下游水位、气温等）和效应量（如水平位移、垂直位移、应力、应变等）。由于原因量和效应量是随时间动态变化的，所以需要配备相应的专用设备进行长期性的监测。

测点设计用于监测某个物理量，就可以选择安装相应的仪器进行监测。而长期的监测，有时面临仪器更换或基准值变化的问题，这时，一个测点就可能有多种观测方式，且在不同的时段可能有不同的计算参数，这些都是需要应对的复杂性。所以，在大坝安全监测领域模型中引入"观测方案""观测项"和"仪器"对象，如图 9 - 18 所示。

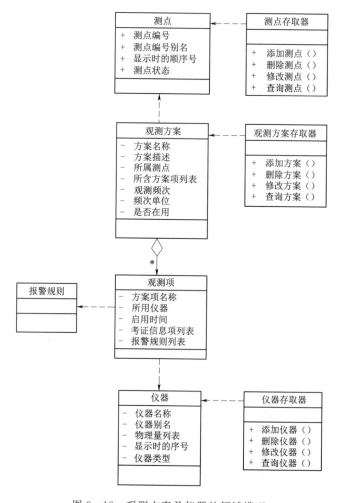

图 9 - 18 观测方案及仪器的领域模型

观测方案属于相应的测点，而不采用"一个测点包含多个方案项"的方式，便于解耦多种观测方式带来的数据提取、显示等问题，比如一个测点既有人工观测方式，又有自动化观测方式，人工频次低，通常只用来比测，不用于报告的生成。

观测方案有多个方案项，若测点 S 所用仪器更换，就可以添加一个方案项，而不是重建一个 S′ 来记录数据，实现了一个测点观测数据的连续性，为深度分析带来便利。若基准值或公式变化，也可以通过添加方案项来解决。同时，在方案项上可以扩展报警规则，对测点监测物理量在不同阶段设置相应的报警规则，如施工期、首次蓄水期、运行期等，满足不同阶段的限值要求。

仪器有物理量列表，包括直接观测的物理量（如频率、电阻比、电压）、中间计算物理量（如相对位移）、监测物理量（如位移、应力、应变、温度）。

（3）监测物理量分析。每种仪器会采集不同的物理量，通过计算得到所需的监测物理量。物理量的单位均作为知识存入知识库中备用。

对监测物理量进行分析可以得到的领域对象有"物理量""单位"，如图 9－19 所示。

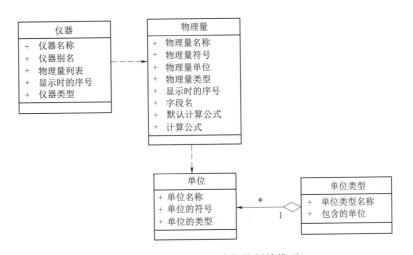

图 9－19 物理量及单位的领域模型

对每种仪器设定了相应的单位，防止了局部修改造成单位的不一致问题。

（4）资料整编要求分析。大坝安全监测资料必须及时整理和整编，包括施工期、运行期的日常资料整理和定期资料整编。整理和整编的成果应做到项目齐全、数据可靠、资料、图表完整，规格统一。其中的"表"包括考证表、记录计算表、特征值统计表，"图"包括过程线图、相关性图、分布图、等值线图、统计模型成果图等。

日常整理时需要快速浏览每个测点的过程线、查看相应的数据，所以单测点监测量表的输出和过程线的绘制是测点对象的业务。多点过程线图可以在单点图的样式上进行添加，以保证图表规格的统一。

相关性图用于分析测点监测量与环境量或其他测点监测量相关程度，也作为测点对象的业务。分布图是为了分析某一时刻多个测点监测量在空间分布特征，这些测点通常呈线性布置，所以作为监测线的业务。

等值线图可以用于绘制某时刻一个投影平面上所有测点监测物理量的空间分布特征，可以作为监测面的业务。

整理和整编要求的表格可以在任何监测对象上输出，比如选择了测点对象，输出考证表，就是单测点的考证表，选择了监测线输出时，就是该监测线包含的所有测点的考证表，轻松实现了单测点、多测点表格输出业务的统一。

以过程线图为例，其领域模型可表示为图 9 - 20，其他对象的领域模型不再赘述。

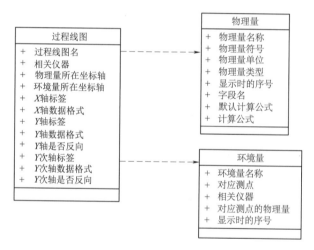

图 9 - 20　过程线图领域模型

三、软件开发

（一）总体功能设计

软件总体功能框图如图 9 - 21 所示。

该系统将用户分为三类：一般用户，专业用户和系统管理员，其中一般用户主要负责数据入库；专业用户可以操作除"系统管理→操作日志管理、用户管理"之外的所有功能；系统管理员可以进行所有操作，用户关系及其权限如图 9-22 所示。

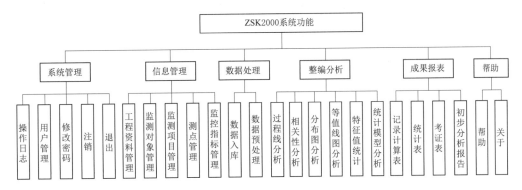

图 9-21　软件总体功能框图

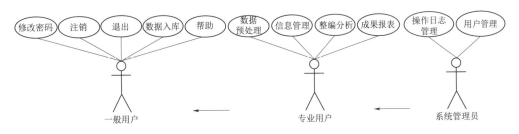

图 9-22　用户关系及其权限

用户所进行的关键操作都将记录到操作日志中。

（二）系统管理程序设计

1. 操作日志管理

操作日志作为系统应用过程的原始记录，不允许人为删除，所以对其管理的功能仅限于查询和导出两个用例。操作日志管理示意图如图 9-23 所示。查询操作功能见表 9-43。导出操作功能见表 9-44。

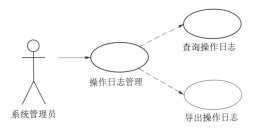

图 9-23　操作日志管理示意图

表 9-43 查 询 操 作 功 能

用例名称	查询操作日志
用例概述	系统管理员查询登录过系统的用户日常操作，以便了解系统使用情况
输入	系统管理员选择一个或多个用户名称，设定查询时段，可复选"关键字查询"并输入关键字
输出	用户名称，用户进行的操作，操作发生的时间
前置条件	系统管理员成功登录
特殊约束	1. 默认列表显示最近 2 天的操作日志。 2. 操作日志按时间倒序排列，即最新的日志靠前排列。 3. 复选"关键字查询"后，关键字输入框不能为空
处理流程	1. 系统管理员单击"操作日志管理"。 2. 系统显示"操作日志管理"界面，并默认按时间列表显示最近 2 天的操作日志。 3. 系统管理员选择一个或多个用户名称，设定查询时段，可复选"关键字检索"并输入关键字查询。 4. 系统显示按输入检索到的操作日志 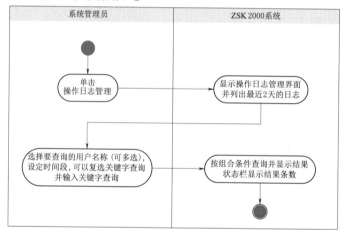

表 9-44 导 出 操 作 功 能

用例名称	导出操作日志
用例概述	系统管理员导出操作记录为 txt 或 excel 文档
输入	导出文件保存位置，文件名，文件格式
输出	生成相应格式文档且内容正确
前置条件	系统管理员成功登录，并查询到所需记录
特殊约束	1. 导出文件有默认的保存路径、文件名、文件格式，若管理员保存文件时更改保存路径、保存格式，则记录默认信息到数据库，以便下次使用该默认设置。 2. 导出文件格式：文本文件、EXCEL 文件
处理流程	1. 系统管理员单击"导出"。 2. 系统显示文件保存对话框。 3. 系统管理员确认保存路径、文件名、文件格式。 4. 系统输出所查询的日志到文件

续表

处理流程	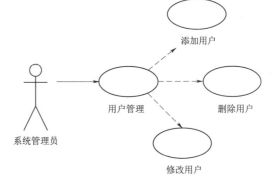
扩展流程	用户上次更改的路径不存在，则提示路径不存在，显示默认保存路径

2. 用户管理

系统根据业务需要，明确划分出 3 类用户，权限明晰、适用性好，避免了权限任意分配，多头管理可能出现的管理混乱问题。用户管理示意图如图 9-24 所示。

用户管理主要包括：用户的添加、删除、修改，分别见表 9-45～表 9-47。

图 9-24 用户管理示意图

表 9-45 　添 加 用 户 功 能

用例名称	添加用户
用例概述	系统管理员根据需要添加具有一定权限的用户
输入	用户代码，用户名称，密码，重复密码，用户类型
输出	添加成功信息
前置条件	系统管理员成功登录
特殊约束	1. 用户代码、用户名称不能为空。 2. 密码至少 6 位。 3. 密码用 "＊" 显示。 4. 二次输入的密码一致

续表

处理流程	1. 系统管理员单击"用户管理"。 2. 系统显示"用户管理"界面，并默认列表显示所有用户（用户代码，用户名称，用户类型，创建时间，最后一次登录时间，是否登录）。 3. 系统管理员单击"添加"。 4. 系统显示添加界面。 5. 系统管理员输入用户代码，用户名称，密码（显示有默认密码），选择用户类型后确认添加。 6. 系统添加相应用户，刷新显示用户列表，提示添加成功 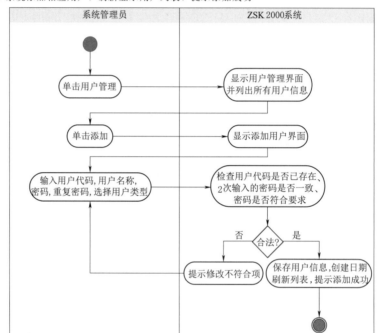
扩展流程	系统在添加前，检查用户代码是否已存在，密码是否满足要求，并给出相应错误提示信息

表 9－46 **删 除 用 户 功 能**

用例名称	删除用户
用例概述	系统管理员删除不再使用的用户
输入	系统管理员选择一个或多个用户
输出	删除用户成功信息
前置条件	系统管理员成功登录
特殊约束	不能删除已登录的用户
处理流程	1. 系统管理员单击"用户管理"。 2. 系统显示"用户管理"界面，并默认列表显示所有用户（用户代码，用户名称，用户类型，创建时间，最后一次登录时间，是否登录）。 3. 系统管理员选择要删除的用户（可多选）。 4. 系统提示删除的记录数，请求确认。 5. 系统管理员确认删除

续表

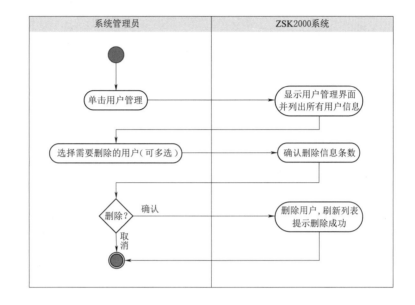

表 9 - 47　　　　　　　　　修 改 用 户 功 能

用例名称	修改用户
用例概述	系统管理员根据需要修改用户信息
输入	用户代码，用户名称，密码，用户类型
输出	修改成功信息
前置条件	系统管理员成功登录
特殊约束	1. 用户代码不能修改。 2. 用户名称不能为空。 3. 用户密码不能修改，只能重置为默认密码。 4. 密码用"＊"显示
处理流程	1. 系统管理员单击"用户管理"。 2. 系统显示"用户管理"界面，并默认列表显示所有用户（用户代码，用户名称，用户类型，创建时间，最后一次登录时间，是否登录）。 3. 系统管理员选择一个用户进行修改。 4. 系统显示修改界面。 5. 系统管理员修改用户名称，重置密码，选择用户类型后确认。 6. 系统修改相应用户信息，提示修改成功

续表

处理流程	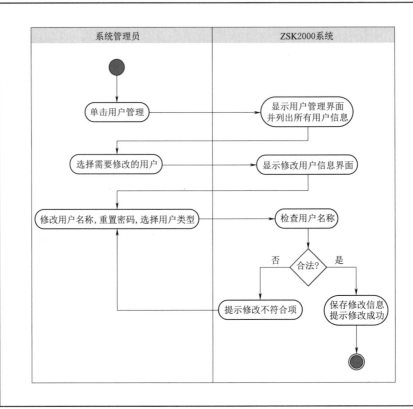

3. 修改密码

登录用户可以根据表9-48需要修改自己的登录密码,修改的密码将在下次登录时生效。

表 9 - 48 　　　　　　　　　修 改 密 码 功 能

用例名称	修改密码
用例概述	用户根据需要修改自己的登录密码
输入	用户代码、用户名称、旧密码、新密码、重复新密码
输出	修改密码成功信息
前置条件	用户已登录系统
后置条件	
特殊约束	1. 用户代码、用户名称不能修改。 2. 密码至少6位。 3. 密码用"*"显示。 4. 修改密码在下次登录时生效

续表

处理流程	1. 用户单击"修改密码"。 2. 系统显示修改密码界面。 3. 用户输入旧密码、新密码、重复新密码。 4. 系统验证旧密码成功后，修改当前用户密码为新密码 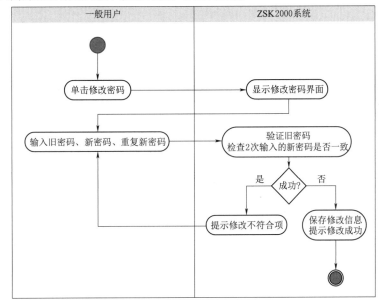

4. 注销

用户在已登录的情况下，可以注销该用户，重新登录或用其他用户名登录，如图9-25所示。

该功能包含登录用例，当用户单击注销后，显示登录对话框，以便重新进行登录系统。注销功能见表9-49。登录功能见表9-50。

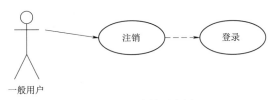

图9-25 注销示意图

表9-49　　　　　　　　　　注　销　功　能

用例名称	注销
用例概述	注销登录的用户，重新登录
输入	
输出	显示系统主控界面
前置条件	用户已登录系统

续表

特殊约束	1. 分析报告未保存时，不能注销。 2. 正在生成初步分析报告时，不能注销
处理流程	1. 用户单击"注销"。 2. 系统显示确认注销对话框。 3. 用户确认注销。 4. 系统显示登录界面 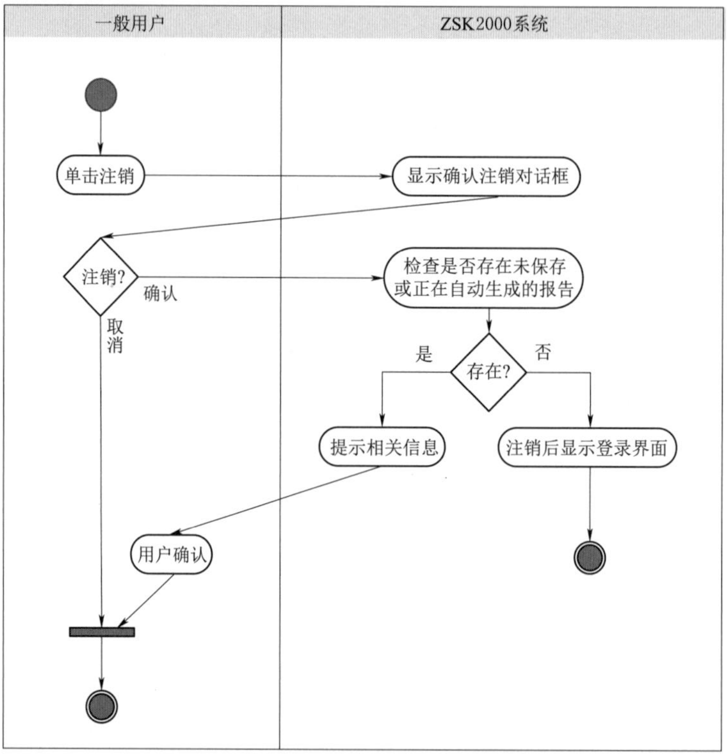
扩展流程	系统在收到用户确认注销后，先检查是否存在未保存或正在自动生成的报告，若存在，则提示不能注销及相关信息，否则注销后显示登录界面

表 9-50　　　　　　　　　　登　录　功　能

用例名称	登录
用例概述	验证用户身份的有效性，并登录系统
输入	用户名、密码
输出	显示系统主控界面
前置条件	系统正常启动

续表

特殊约束	
处理流程	1. 系统显示登录界面。 2. 用户输入用户名和密码，单击"确定"按钮。 3. 系统验证登录信息，显示主控界面 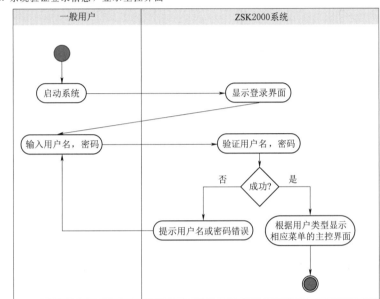
扩展流程	1. 若用户名或密码为空，在输入框右侧显示错误标志，鼠标移动到该标志后，显示错误提示信息。 2. 验证成功，继续检查用户是否已经登录，若已登录则在登录界面适当位置提示，否则根据用户类型显示相应主控界面；验证失败则在登录界面适当位置显示错误提示

5. 退出

用户可以随时退出系统。用户单击【退出】后，显示确认退出的对话框，以防止误操作时直接退出系统。退出功能见表 9 - 51。

表 9 - 51 退 出 功 能

用例名称	退出
用例概述	退出系统
输入	
输出	
前置条件	用户已登录系统
特殊约束	1. 分析报告未保存时，不能退出。 2. 正在生成初步分析报告时，不能退出

续表

处理流程	1. 用户单击"退出"。 2. 系统显示确认退出对话框。 3. 用户确认退出。 4. 系统关闭主控界面 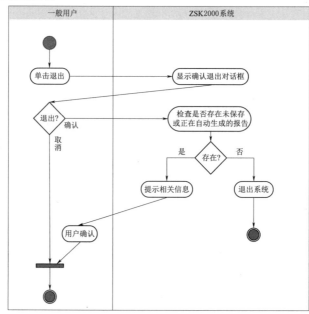
扩展流程	系统在收到用户确认退出后,先检查是否存在未保存或正在自动生成的报告,若存在,则提示不能退出及相关信息,否则退出系统

河口村水库工程安全监测数据管理及分析系统界面如图 9-26 所示。

(三)信息管理系统设计

1. 工程资料管理

安全监测工程往往包含很多纸质、电子档案,为了方便查找,建立管理系统能够满足存储、管理各类电子文档,以及纸质档案存放位置、目录信息,并可根据用户需要设置多级目录。

工程资料进行分类如下:

(1)工程资料:包括勘测、设计、科研、施工、竣工、监理、验收和维护等方面资料。

(2)仪器资料:包括仪器型号、规格、技术参数、工作原理和使用说明,测点布置,仪器埋设的原始记录和考证资料,仪器损坏、维修和改装情况,其

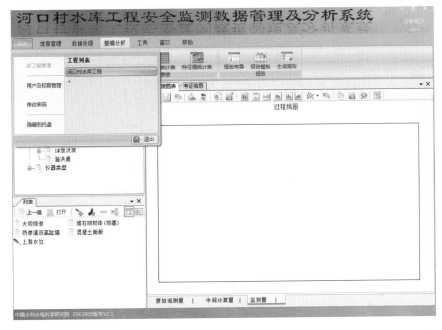

图 9 - 26 河口村水库工程安全监测数据管理及分析系统界面

他相关的文字、图表资料和系统配置参数。

（3）监测资料：包括人工巡视检查、监测原始记录、物理量计算成果及各种图表；有关的水文、地质、气象及地震资料。

（4）相关资料：包括文件、批文、合同、咨询、会议记录、事故及处理、仪器设备与资料管理等方面的文字及图表资料。

为了保证数据文件安全、可控，将所有格式资料的存取直接用数据库来完成，以防止数据库中的关系与真实文件的不一致性（误删有关文件或重装系统忘记备份 ftp 文件夹），减少了资料管理的复杂性。

专业用户可以在以上四类文件夹里创建多级文件夹，并向文件夹中批量上传相关文件，为了检索的便利，文件夹及文件应配置描述项对资料内容进行描述，用户可以输入关键字进行查询。工程资料管理示意图如图 9 - 27 所示。

2. 监测对象管理

监测对象管理和监测项目管理的主要目的都是为了构造一个树形结构，为监测数据的分析处理提供导航，也是后续图形导航实现的基础。

归纳总结水利工程中有关建筑物、监测项目、监测物理量，监测仪器和设施的知识，形成知识库。在对监测对象进行管理时，将水工建筑物、监测部位、监测断面、监测线等作为树形结构的节点，用户可根据实际情况，从知识库中选择要添加的监测对象类型，并设置为工程实际的名称（如添加监测断面后，设置其名称为"坝 $0+000.00$ 横断面"），显示在树形节点上，然后为监测对象添加关联的测点。监测对象管理示意图如图 9-28 所示。

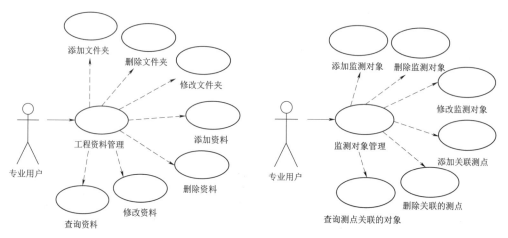

图 9-27　工程资料管理示意图　　　　图 9-28　监测对象管理示意图

用户可以从所有工程测点选择目标测点关联到监测对象上。为了分析的灵活性，一个测点可以同时属于多个监测对象，如表面竖向位移测点，可属于横向监测线，也可属于纵向监测线，以便绘制横向、纵向表面竖向位移分布图。

系统应提供测点筛选功能，如正则表达式，测点首字母定位等，以便用户可以快捷选定命名规律的多个测点。

用户可以为监测对象指定布置图，并可在建筑物平面、断面图上，通过单击图上某点，为测点指定图上位置。

某些监测线具有特殊性，如电磁式沉降仪，需要联合线上各测点测值进行再次计算才能得到需要的监测量，所以对于监测线来说，在关联测点后需要添加一些属性来完成最终的测值转换。

添加监测对象功能见表 9-52。删除监测对象功能见表 9-53。修改监测对象功能见表 9-54。

监测对象是【监测对象】窗口树形导航的基本组成节点，该导航中可以创建一般对象用于分类，也可以直接创建与具体业务相关的监测对象，以实现右键快捷菜单、功能区显示可用的业务功能。

表 9 - 52   添 加 监 测 对 象 功 能

用例名称	添加监测对象
用例概述	专业用户根据工程实际在树形结构上添加监测对象
输入	监测对象类型，监测对象工程名称
输出	添加成功信息
前置条件	专业用户登录系统
特殊约束	监测对象工程名称不能为空，不能重复
处理流程	1. 专业用户单击"监测对象管理"。 2. 系统显示"监测对象管理"界面。 3. 专业用户选择树形结构中的监测对象，单击"添加监测对象"，为该监测对象添加下一级。 4. 系统显示监测对象类型选择表，监测对象工程名称输入框。 5. 专业用户输入相关信息后确定。 6. 系统添加监测对象到树形结构中，提示添加成功 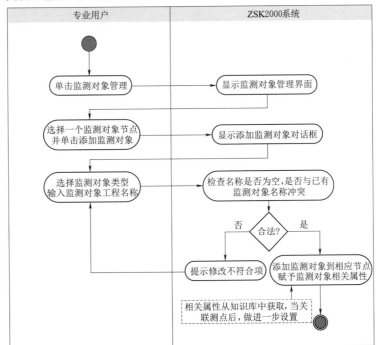
扩展流程	系统在添加前，检查名称是否为空，是否与其他监测对象重名，不满足要求时显示相应错误提示信息

表 9-53   删 除 监 测 对 象 功 能

用例名称	删除监测对象
用例概述	专业用户删除选定监测对象
输入	专业用户选择一个或多个监测对象
输出	删除成功信息
前置条件	专业用户登录系统
特殊约束	监测对象没有关联测点
处理流程	1. 专业用户单击"监测对象管理"。 2. 系统显示"监测对象管理"界面。 3. 专业用户选择树形结构中的监测对象。 4. 系统列表显示监测对象的下级列表。 5. 专业选择一个或多个监测对象后，单击删除。 6. 系统删除选定监测对象，提示删除成功 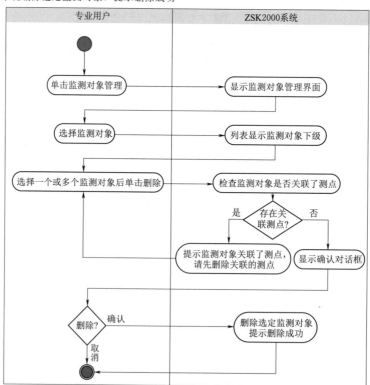
扩展流程	1. 用户可以右击，选择删除选定的监测对象。 2. 系统在添加前，检查监测对象是否关联了测点，若关联，显示相关提示信息

表 9 - 54　　　　　　　　　　　　　修 改 监 测 对 象 功 能

用例名称	修改监测对象
用例概述	专业用户根据工程实际修改已添加的监测对象
输入	监测对象
输出	修改监测对象成功信息
前置条件	专业用户登录系统
特殊约束	1. 监测对象工程名称不能为空，不能重复 2. 监测对象重要属性及其值不能为空。
处理流程	1. 专业用户单击"监测对象管理"。 2. 系统显示"监测对象管理"界面。 3. 专业用户选择一个监测对象，单击"修改监测对象"。 4. 系统显示监测对象类型选择框，监测对象工程名称输入框，监测对象属性表及默认参数。 5. 专业用户选择或输入相关参数值后确定。 6. 系统修改监测对象，提示修改成功 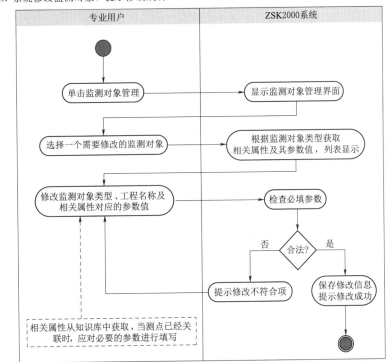
扩展流程	用户选择不同的监测对象类型时，属性表将发生变化，若修改前正按其他类型配置该监测对象，应提示用户确认类型改变，以防已填写内容丢失

　　监测对象类型如下：

　　（1）一般对象。一般对象主要用于导航，没有具体的业务功能，如按不同分类方法分类的节点、建筑物及其部位节点。

（2）测点组。测点组是指测点间能够进行联合计算，允许计算出一个新物理量，不属于其中任何一个测点，如应变计组测点。

（3）监测线。监测线是指在空间上呈线性布置的测点集合，主要业务是绘制分布图，相关的测点如引张线仪测点、静力水准仪测点，浸润线测点等。

（4）监测面。监测面是指在一个横断面或纵断面布置的测点集合，主要业务是绘制等值线图，如横断面温度测点绘制等温图、大坝平面位移测点绘制位移等值线图。

监测对象管理提供了对树形导航节点的添加、删除、修改等功能，如图 9-29 所示。

图 9-29　监测对象管理——基本信息

3. 监测项目管理

由于监测项目和监测物理量均是确定的水利知识，所以可以将其归纳总结后存入知识库中，对于某一安全监测工程来说，监测项目管理就是从知识库中选用相关知识为工程配置监测项目。添加监测项目时，系统列出监测项目，用户根据工程情况选择项目，并可自定义名称；选定一个监测项目后，系统显示相应监测项目的监测物理量列表，用户为监测项目选择监测物理量，选定的物理量也可自定义别名。所有增、删、改均可在树形结构操作。

监测项目管理功能的处理流程基本与监测对象管理相同，不再累述。监测项目管理示意图如图 9－30 所示。

4．测点信息管理

测点除了具有基本的位置（桩号，轴距，高程），安装埋设信息外，还因其选用的仪器或设施进行监测而附有了相关的属性，这些属性包括测值转换参数、计算公式、基准读数、埋设前后的读数等。这些仪器和设施的属性对同类仪器来说往往是固定不变的，所以为了配置的简便，将仪器和设施的有关属性进行归纳作为基础数据存入知识库中，当某个测点采用了某类仪器或设施时，直接从知识库中提取其属性列表，配置人员只需要根据实际情况输入属性所对应的值即可实现测点信息的添加，生成考证表。测点信息管理示意图如图 9－31 所示。

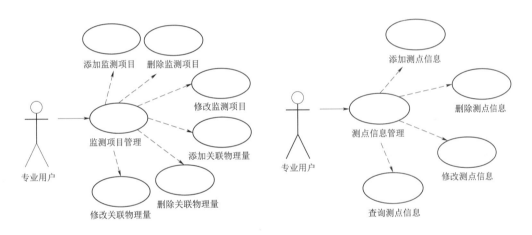

图 9－30　监测项目管理示意图　　　　图 9－31　测点信息管理示意图

测点基本信息的录入，以简洁的表格形式列出，采用专业用户熟悉的考证表预览效果，以利于检查重要参数的完整性。

系统同时提供基本信息的导入功能，按一定格式整理的考证表可以一键导入。整理时应注意参数单位与所用公式中参数单位的一致。

测点信息管理包括基本信息，考证信息值，预警设置，计算公式，所属监测对象等内容。如图 9－32 所示，默认打开对话框后，表中显示所有的测点。通过左侧选择测点下拉框可以选择一个测点。

5．监控指标管理

监控指标主要用于监控测点测值大小变化是否在正常范围，在数据预处理、

图 9-32　测点信息管理

过程线分析、统计模型分析中可用于测值异常的判断,包括仪器量程、测点年极值、历史极值、监控模型限值、自定义限值(设计值、允许值)等,其中前两种指标对周期性规律明显的监测量有效,如渗流,温度,开合度等,而对于位移不适用,位移可用经验最大值作为预警上限,在自定义监控指标里设置。对于设置了相应指标的测点,超出监控指标时,进行报警。

为测点配置监控指标时,同类测点可以全部选择后,批量设置,其中量程指标可以引用考证表;年极值,历史极值来自测点测值,可实现一键设置(系统应自动搜索数据库中的测值完成配置);自定义监控指标是一个冗余项,方便用户对某些测点设置设计值或允许值。

6. 仪器管理

软件内置了不同生产厂家的各类传感器仪器设备,包括振弦式、差动电阻式、压阻式、电容式、电感式、电位器式、光纤式等,为测点选择不同的仪器后,测点就具备了相应的图表生成能力,不需要专门设置。

打开仪器管理对话框后,默认显示全部仪器。通过左侧的选择仪器下拉框,可以选定一个仪器,并对该仪器的物理量、考证信息进行管理。仪器管理如图9-33所示。

图 9-33 仪器管理

(四) 数据处理系统设计

1. 数据入库

数据入库，即用户将测点监测数据输入到系统并保存到数据库中。

用户可以人工录入测量量或监测量数据，若录入的是测量量，系统需进行相应测值转换：用户选择需要录入数据的测点，在对应物理量表格中输入数据，系统实时显示输入的物理量过程线，以便查看是否存在粗差或异常测值；用户可以对问题测值进行预处理后确认入库。

用户可以批量导入数据：系统应提供自动导入和交互导入两种方式，其中自动导入，即以测点编号为唯一标识全部导入，不判断数据是否有粗大值、异常值，直接保存到数据库，待全部完成后，用户可以使用【数据预处理】功能处理导入数据；交互导入，即导入一个测点后，系统显示导入数据的过程线，辅助判断并标记粗大值，用户处理后进行保存。批量导入时，用户首先需要按格式要求准备数据文件，系统应对数据文件格式的正确性进行检查。数据导入如图 9-34 所示。数据录入对话框如图 9-35 所示。

2. 数据预处理

观测数据难免存在粗差和误差，数据的预处理就是要删除粗差数据，标记

图 9-34　数据导入

图 9-35　数据录入对话框

异常数据，并在需要的时候进行插值、平滑等处理后更新到数据库。

　　用户可以在过程线图上选择需要处理的点，选择方式包括单击、框选。系

统应能对选择的点进行批量删除或插值替代。

用户可以选择不同的辅助判断粗差的方法，标记要处理的点。辅助分析的方法如统计分析 3σ 法。

用户可以选择一段数据，选择一个平滑算法对该段数据进行平滑，以便去除干扰。平滑算法如傅里叶平滑、小波去噪，分段三次样条平滑等。平滑数据将更新到数据库中替换原数据。

这里提到的插值仅限于删除位置的插值，对于模型需要的等间隔数据，可以在模型组织数据时进行。数据预处理窗格如图 9-36 所示。

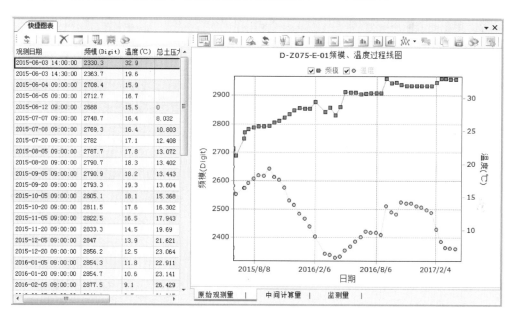

图 9-36　数据预处理窗格

（五）整编分析系统设计

1. 过程线分析

过程线是以时间为 X 轴，物理量为 Y 轴绘制的曲线。通常为了便于比较分析，将环境量或其他相关量也绘制在同幅图中。

对于不同的监测量，影响其变化的主要因素有所不同，所以将哪些环境量同监测量同时绘制将在知识库中预先配置。当环境量单位与测点测值单位相同时同轴，单位不同时，放于次轴，存在 3 个以上不同的单位时，自动增加新绘图区绘制，并保持上、下图的时间轴刻度对齐。

系统绘制的图应具有一些基本的功能：放大、缩小、拖动、设置坐标轴的刻度等。默认情况下，坐标轴的最大、最小值、最小刻度根据数据自动调整，以达到最佳的趋势呈现效果。当过程线显示效果欠佳时，如各线上的值由于数量级的不同，在一个坐标系下显示呈直线的情况，应提示绘制在不同绘图区。

用户单击一条过程线，可以显示过程线的特征值，如最大值，最小值，平均值等。右击菜单中应提供列表显示图中所有过程线特征值的功能。

用户可以指定多个特定水位，分别绘制过程线进行比较，即某测点特定水位下过程线图。显示多测点与环境量过程线图如图 9-37 所示。

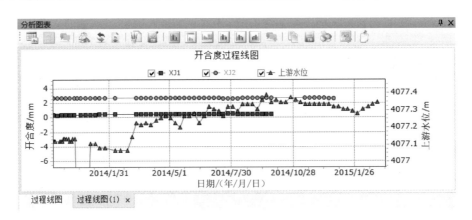

图 9-37　显示多测点与环境量过程线图

2. 相关性分析

相关性分析即分析物理量与环境量、任意其他测点监测量的相关关系，绘制相关图，给出线性相关方程。

用户可以绘制任意测点监测量与其相关量的相关图，包括按年分别绘制相关图并进行线性拟合，用以对比相关性的年变化情况。

当用户选择多个相关量绘制时，不同的相关量绘制在不同的绘图区域中，通常 X 轴为所选相关量，Y 轴为监测量。选定多个测点时的相关图设置对话框如图 9-38 所示。

3. 分布图分析

监测线上的测点绘制分布图，包括引张线、沉降仪、静力水准、水管式沉降仪等；自定义一条测线，如横断面上从上游到下游布置的渗压计绘制分布图，视准线观测的水平位移分布图，水准观测的沉降分布图。

由于不同监测仪器绘制分布图时，纵横坐标对应的物理量是确定的，所以

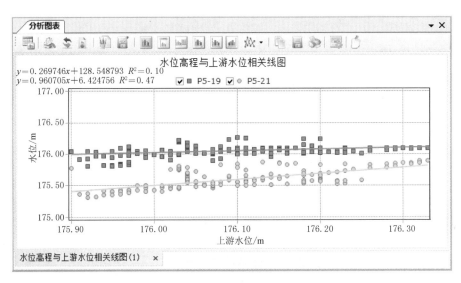

图 9-38　选定多个测点时的相关图设置对话框

可将不同类型测点分布图纵横轴物理量名预先定义并存入知识库中，统一配置，消除各类型绘制的特殊性，保持交互界面的一致，达到简洁、易用的目的。用户可以选定一条监测线，查看某观测日期的监测量分布图。

用户可选择在一个绘图区里仅显示一条分布线，或显示多条分布线；当只显示一条分布线时，用户可以选择自动顺序绘制观测日期列表里的分布线，直到列表末尾；当显示多条分布线时，用户可以用上下键或自动播放按钮逐条查看观测日期标签对应的分布线，以便发现监测量分布状况随时间的变化趋势。多个时刻分布线对比图如图 9-39 所示。

4.等值线图分析

在某平面图、断面图上，设定边界条件后，根据监测面上布置的测点实测值绘制等值线图，如坝体温度等值线图、沉降平面等值线图、渗流压力平面等值线图等。

绘制过程可简单描述如下：

（1）用户选定某监测量监测面。

（2）系统显示监测面的轮廓图。

（3）用户设置边界上的值，等值线条数或值序列，并选择一个观测日期。

（4）系统提取所选观测日期监测面上测点的测值。

（5）系统绘制等值线，显示结果。

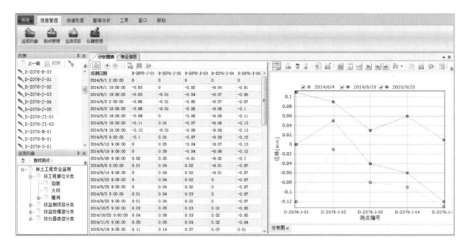

图 9-39 多个时刻分布线对比图

绘制结果应标记参与、未参与绘制的测点，防止出现因某测点测值时有时无而等值线走向迥异所导致的结果误读。

5. 特征值统计分析

特征值可以揭示监测量变化规律性，通过特征值统计分析可以对比和辨识监测量变化是否合理。通常对测点特征值统计的同时，会对影响其变化的环境量特征值进行相应的统计。统计的信息主要包括测值在指定时间段的最大值、最小值及其出现时间、变幅等。

该统计应可在任何监测对象上进行，如单个测点，一条监测线上所有测点，

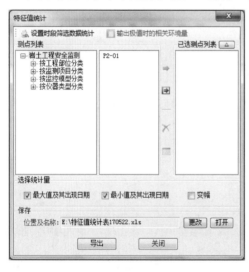

图 9-40 特征值统计对话框

一个监测面上的所有测点。默认直接显示历年统计，为了防止多次对历年数据的统计，将用一个表来存储统计结果，直到数据变化，用户选择重新统计；在用户输出统计表时，应该根据输出的数据统计特征值。特征值统计对话框如图 9-40 所示。

6. 统计模型分析

应用统计回归分析方法对安全监测数据进行定量分析，主要功能

如下：

（1）分析研究各种监测数据与其他监测量、环境量、荷载量以及其他因素的相关关系，给出它们之间的定量相关表达式。

（2）对给出的相关关系表达式的可信度进行检验。

（3）判断影响监测数据各种相关因素的显著性，区分影响程度的主次和大小。

（4）利用所求的相关表达式判断工程的安全稳定状态，确定安全监控指标，进行安全监控和安全预报，预测未来变化范围及可能的测值等。

以实现统计模型的应用、测值异常预警为目标，同时，为广泛应用于实际工程，着重进行算法管理、因子管理、测点模型管理等扩展功能的实现和优化，并提供成果查看、打印、导出等资料整编功能。

用户可以为测点选择因子、算法，建立模型，并可将该模型结构应用于同类测点，实现批量自动建模。

用户可以为一个测点建立多个模型，并设定其中一个为监控模型。

用户可以查看、打印、导出建模成果图表，图中包括实测过程线、回归过程线、残差过程线、分量过程线；表中包括模型表达式，模型精度等。

用户可以应用模型成果进行预测。数学模型——查看模型数据如图 9 - 41 所示。

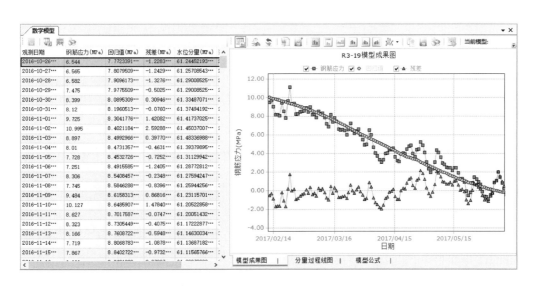

图 9 - 41　数学模型——查看模型数据

（六）成果报表系统设计

1. 记录计算表

记录计算表包含了测点在不同观测日期的测量量、监测量，而且在表头部分还有测点的位置信息、计算参数和公式，是资料整编中一类重要的报表。

针对自动化采集数据的频次较高的情况，在输出报表的时候允许设置间隔天数，减少冗余数据信息。报表的格式按照规范提供的样式制作为模板，直接使用。对于自定义报表样式，使用并不广泛，需求不是很迫切，将在后续的升级中讨论决定是否增加。

用户可以选择任意多个测点，设置输出时间段、观测数据间隔天数后，批量输出规范的记录计算表。

2. 统计表

统计表通常是按月、年对监测量的最大最小值及其出现日期、对应测点、变幅、均值等进行统计，按月统计的如各环境量——上、下游水位统计表、逐日降雨量统计表、日均气温统计表；按年统计的如竖向位移统计表、横向水平位移统计表、渗流压力水位统计表、渗流量统计表等。

输出统计表时，提供统计量的选择、是否同时统计相关环境量的选择，对于不同监测量的模板按照规范提供的样式制作，同时，应考虑增加多个环境量进行统计时，放置位置的合理性和灵活性。

用户可以选择任意多个测点，设置输出时间段、观测数据间隔天数后，按年或月批量输出规范的统计表。

用户可以选择需要统计的量，选择需要同时统计的相关环境量，对任意时段的数据进行自定义统计。

3. 考证表

根据规范提供的样式为每类测点制作相应的考证表模板。

用户可以选择任意多个测点，批量输出规范的考证表。

4. 初步分析报告

用户在查看图表过程中，可以随时将生成的图表添加到报告窗口中，该报告窗口可以添加文本，存储为 word 格式。

用户可以新建报告，系统显示报告模板，以便用户在相应标题下添加图表；

用户可以编辑报告后存为模板，作为新建报告时的默认模板；

用户可以打开未完成的报告，继续进行整理；

用户可以保存、打印报告。

在后续改进版本中，将提供一键导出报表，并生成初步分析报告的功能，即系统根据预设信息输出所有监测对象或选定监测对象的过程线图、相关图、分布图、等值线图及统计表等，结果自动保存为 excel、word 格式。

第三节 监测自动化系统集成

一、自动监测项目及其测点

河口村水库安全监测自动化系统接入系统的监测项目主要有渗流、变形、应力应变、面板接缝变形等。监测自动化观测站各种类型仪器测点数量合计1187 个。依据需要接入监测仪器的类型、数量以及测点分布对观测站进行布设，共设置 11 个观测站，其中大坝坝后 7 个，其余 4 个分别位于大电站厂房值班室、泄洪洞出口、泄洪洞进水塔架、溢洪道备用发电机房。

根据测站布置，将监测仪器电缆分别引入各个观测站进行自动化集中观测。其中：

（1）备用发电机房观测站——汇集防渗墙、连接板、趾板、面板、溢洪道、左岸边坡等部位的监测仪器。

（2）坝后观测房观测站——汇集大坝基础、观测房、坝后等部位的监测仪器。

（3）大电站厂房观测站——汇集大电站及其边坡等部位的监测仪器。

（4）泄洪洞进口塔架观测站，汇集导流洞封堵段、泄洪洞进口崩塌体、引水发电洞洞身等部位的监测仪器。

（5）泄洪洞出口观测站，汇集泄洪洞洞身及临时监测断面等部位的监测仪器。

（6）溢洪道集控中心监测中心站，汇集各观测站的监测仪器。

二、监测自动化系统的组成

河口村水库安全监测自动化系统包括监测仪器、数据采集装置、采集计算机、数据采集软件、电源及通信线路、监测信息处理计算机及外部设备、监测信息管理系统软件等软硬件。

三、自动化系统的网络结构

河口村水库工程安全监测自动化系统采用全分布式智能节点控制开放型的全网络结构，数据自动采集系统通信网络采用以太网光纤网络。

主要通过串口服务器将每台现场数据采集单元（MCU）标配的 RS232/RS485 接口转化为 RJ45 以太网接口，并在串口服务器设置相互独立且唯一的静态 IP 地址，使每台 MCU 可以通过 TCP/IP 协议进行网络寻址。为提高整个通信网络长距离传输的可靠性和抗干扰能力，测站之间以及测站到分中心的通信网络介质为单模光纤，集控中心的计算机设备和各测站 MCU 通过光纤收发器实现以太网电信号与光纤信号互转。

各部位监测自动化观测站与溢洪道集控中心间通讯采用光纤有线模式，大坝坝后、大电站及进水塔架部位牵引光纤沿坝区内电缆沟铺设引至集控中心，泄洪洞出口观测站牵引光纤沿右岸山体坡脚挖沟铺设并从溢洪道右侧引至集控中心。

自动化系统组网如图 9-42 所示。各测站仪器接入情况统计表见表 9-55。

表 9-55　各测站仪器接入情况统计表

序号	测站名称	测站编号	MCU数量	仪器总量	沉降仪	土压力计	渗压计	土体位移计	多点位移计×3	多点位移计×4	钢筋计	测缝计	表面测缝计	三向测缝计×3	锚杆测力计	三向应变计×3	无应力计	温度计	测压管	垂线坐标仪	电平器	脱空计	水平测斜管	垂直测斜管	锚索测力计	量水堰
1	大坝1#观测站	TH5	1	9	5	4																				
2	大坝2#观测站	TH2	1	11	7	4																				
3	大坝3#观测站	TH1	7	100	10	8	19																63			
4	大坝4#观测站	TH7	1	7	7																					
5	大坝5#观测站	TH6	2	19	10		8															1				
6	大坝6#观测站	TH9	1	16	7			9																		
7	大坝7#观测站	TH8	2	18	10			3	5																	
8	泄洪洞出口观测站	TH11	10	136			10				32	37	20		19	13	5									

续表

序号	测站名称	测站编号	MCU数量	仪器总量	沉降仪	土压力计	渗压计	土体位移计	多点位移计×3	多点位移计×4	钢筋计	测缝计	表面测缝计	三向测缝计×3	锚杆测力计	三向应变计×3	无应力计	温度计	测压管	引张线坐标仪	垂线坐标仪	电平器	脱空计	水平测斜管	垂直测斜管	锚索测力计	量水堰
9	泄洪洞进口观测站	TH10	13	192	4	23			30	40	16	16			26	16		6	10	3						2	
10	大电站厂房值班室	TH3	2	29			6			12					10												1
11	备用发电机房	TH4	42	650	26		53	14	8		92	1	37	66	3	96	18	40	52	13	2	66	30	9	24		
小计			82	1187	56	46	122	28	62	60	145	37	37	66	58	125	18	51	62	17	2	66	30	72	24	2	1

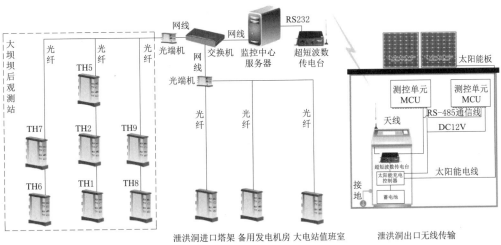

图 9-42 自动化系统组网图

四、自动化系统总体性能指标

（1）传输距离：采用全网络结构，传输距离不受限制。

（2）采样对象：能接入本工程所有类型的传感器。

（3）测量方式：定时、单检、巡检、选测或设测点群。

（4）定时间隔：1min～30d，可调。

（5）采样时间：不大于 30s/点；巡检时间能设置。

（6）工作环境：温度为 -20～60℃，相对湿度不大于 95%。

（7）工作电源：有市电时为 220V±10%，50Hz；太阳能时为 5～12V。

（8）系统平均无故障时间（MTBF）：不小于 8760h。

（9）现场数据采集单元平均无故障时间（MTBF）：不小于 10000h。

（10）监测系统设备传输的误码率：不大于 0.0001。

（11）系统防雷电感应：不小于 1500W。

（12）重要部件具有冗余备份。

（13）具备高抗干扰能力，每周测量一次，年数据采集缺失率小于 2%。

五、测站系统配置

（1）每个测站内 1～2 台 MCU 时，配置 1 台机柜。备用发电机房因仪器电缆和 MCU 数量较大，机柜型式根据现场情况定制。

（2）每个测站均配置蓄电池作为备份电源，每 2 台 MCU 配一组 150AH 胶体蓄电池。各现地观测站采用交流电供电，电源系统除工程量清单中列举的稳压电源和蓄电池外，还应配备给 MCU、光端机等低压直流设备供电并为蓄电池充电的充电控制电源，每个机柜内配置 1 台。

（3）每个测站内 4 台 MCU 配置一台网络光端机，光端机为多模 2 光 6 电类型，2 个光口的配置便于组成光纤环网。

（4）每台 MCU 配置 1 台串口服务器，使 MCU 具有以太网组网功能，并可单独设置 IP 地址。

测站系统配置示意图如图 9-43 所示。

六、现场数据采集单元

河口村水库共完成 82 个自动化采集单元安装。

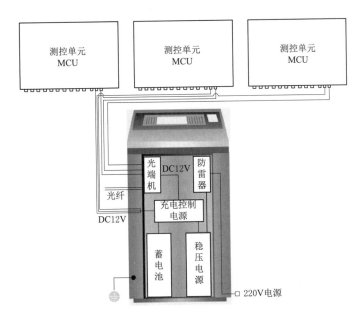

图 9-43 测站系统配置示意图

现场数据采集单元采用模块化结构，由主机、通讯模块、采集模块、通道雷击保护模块、串口服务器、蓄电池、充电器、接线端子、系统接地、机箱和必备附件等组成。

采集单元安装调试流程为：MCU 安装前检验→MCU 安装→仪器电缆整理编号→仪器接入前人工测量→仪器接入采集模块→接交流电源→检查测试电源状态→驱潮装置供电→模块供电→测量参数设定→设备运行。

通过自动化系统建设实施，达到了自动化系统的指标要求。

1. 实现功能

（1）每台 MCU 数据采集方式可分为中央控制方式和自动控制方式。

（2）监测数据采集功能，可任意设置采样方式：定时、单检、巡测、选测或设测点群。

（3）数据通信功能，MCU 与管理主机之间的双向数据传输。具有数码校验、剔除乱码的功能。

（4）可接收数据采集工作站的命令设定、修改时钟和控制参数。

（5）数据管理功能，完成原始数据测值的转换、计算、存储等；可进行各类仪器的测值浏览。

（6）可使用便携计算机或读数仪实施现场测量，并能从测量控制单元

（MCU）中获取其暂存的数据。

（7）系统自检，MCU能对遥测单元、电源、通信线路及相联的测量仪器进行自检，当MCU设备发生故障时，能向管理主机发送故障信息，以便及时维护。

（8）防雷，MCU具有防雷、抗干扰措施，保证在雷电感应和电源波动等情况下能正常工作。

（9）防雷电感应大于1500W，能防尘、防腐蚀。

（10）MCU具有电源管理、掉电保护和蓄电池供电功能，外部电源中断时，保证数据和参数不丢失，并能自动上电，并维持3d以上正常运行。

（11）滤波功能，工程大量使用了振弦式仪器，且仪器引线较长，MCU在测量振弦式仪器方面具有滤波功能。滤波方法为硬件带通滤波和软件数字滤波。硬件带通滤波是通过电子硬件设备将线路中的低频和高频信号滤除，只允许用户要求的频带信号通过。软件数字滤波是MCU中嵌入式软件通过数理模型滤波。

2. 环境条件

环境条件应具有防尘、防腐蚀等保护措施，适应恶劣温湿度环境；工作温度为-20～60℃；相对湿度不大于95%；具有防潮密封及加热干燥措施，能在极端寒冷的气温下能正常工作。

3. 数据存储能力

每台MCU能提供不少于2M的存储空间。

4. 远程维护和管理

MCU能提供通过网络远程管理和维护的功能。

5. 通讯协议

MCU提供开放的数据采集协议，和MCU指令表。MCU上传的数据结构开放，数据传输包括：帧同步、帧起始、点号、测点类型、监测数据、采集时间、故障、帧校验。

6. 可接入监测仪器类型

MCU能直接接入本工程各建筑物内部埋设的各种类型的、各个厂家的安全监测仪器。

7. 系统测量准确度

系统的测量准确度满足《混凝土坝安全监测技术规范》（SL 601—2013）、

《土石坝安全监测技术规范》（SL 551—2012）和《大坝安全自动监测系统设备基本技术条件》（SL 268—2001）中的各项要求。

8. 采样间隔与时间

定时间隔为 1min～30d，可调；采样时间为不大于 30s/点；巡检时间能设置，巡检一遍时间不大于 1h。

9. 平均无故障时间（MTBF）

现场数据采集单元（MCU）平均无故障时间（MTBF）不小于 10000h。

10. 平均维修时间（MTTR）

现场数据采集单元（MCU）平均维修时间（MTTR）不大于 1h。

11. 冗余备份

重要部件具有冗余备份，每个测站内 MCU 配置时预留 5％的剩余通道。

七、自动化系统运行情况

监测自动化系统建设完成后，进入调试运行阶段，系统运行正常，各项性能稳定，可满足规范及日常工作要求。系统可准确、及时提供监测数据和资料整编分析成果，为河口村水库大坝安全运行提供技术支撑。具体表现在以下方面：

（1）数据可靠：综合现场人工比测和联合调试成果，自动化采集系统采集数据与各类传感器的检测仪读数差异较小，总体上自动化系统实测数据与同时同条件人工比测数据偏差不超过 1Hz，保持基本稳定。人工比测与自动化采集数据差值符合《大坝安全监测自动监测系统设备基本技术条件标准》（SL 268—2001）规定。目前，自动化采集系统自动采集数据缺失率为 0％。

（2）数据采集及时方便：运行初期进行的多次应答式数据采集试验和自报式数据采集试验，数据缺测率为零，各次测值差不超过准确度要求；在运行过程中，可根据现场实际需要进行定时、单检、巡测、选测等功能。进而有目的采集特定时间或者特定仪器的数据。

（3）自动采集系统运行稳定：在监测系统联机运行过程中，突然中断系统工作电源，系统内存程序和数据完整不丢失。在测控装置电源关断，按设定 1h 间隔运行 12h，数据完整，缺测率为零。

（4）监测数据管理及分析系统功能性强：自动采集系统采集的数据可直接

导入监测数据管理及分析系统进行计算。根据分析报告要求，系统可简便的提取特定仪器特定时间段内的监测成果，还可以快速的提取特征值信息等。数据过程线可以实现批量导出，大大节省报告编写时间。

（5）典型测点过程线如图9-44～图9-64，从过程线上看，自动化采集数据变化幅度较小，较为稳定。

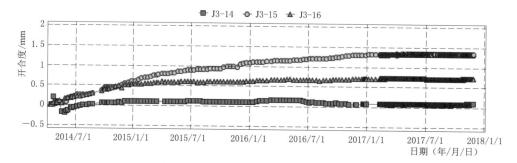

图9-44　导流洞测缝计开合度过程线

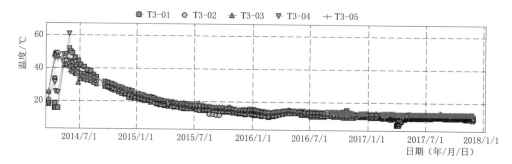

图9-45　导流洞温度过程线

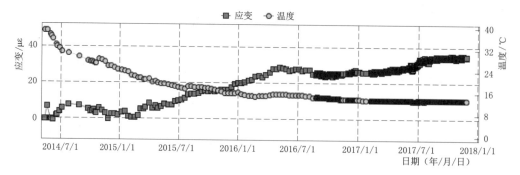

图9-46　导流洞无应力计过程线

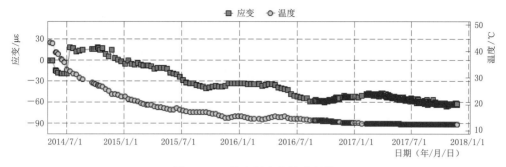

图 9 - 47　导流洞应变计过程线

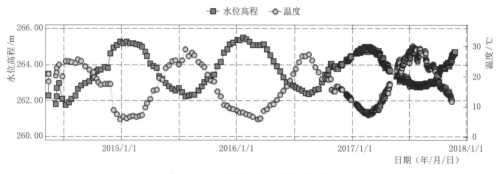

图 9 - 48　溢洪道渗压计过程线

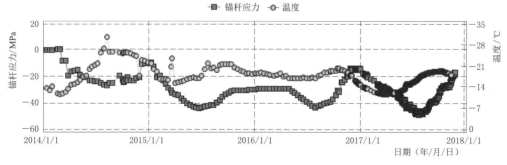

图 9 - 49　溢洪道锚杆应力计过程线

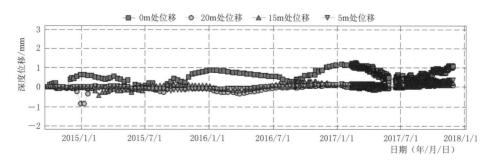

图 9 - 50　大电站位移计过程线

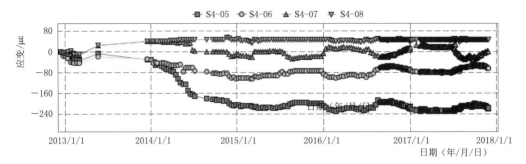

图 9-51　大电站应变计过程线

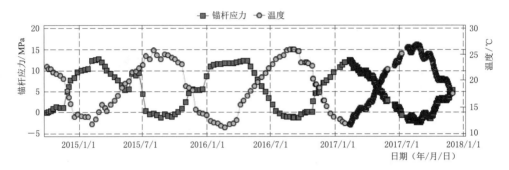

图 9-52　大电站锚杆应力过程线

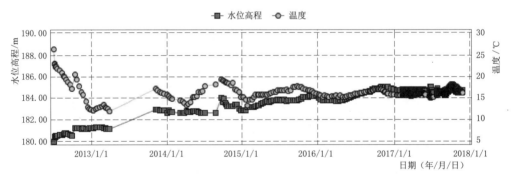

图 9-53　大电站渗压计过程线

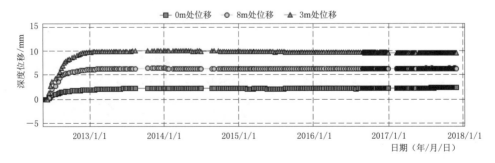

图 9-54　1#泄洪洞位移计过程线

图 9-55 1#泄洪洞锚杆应力计过程线

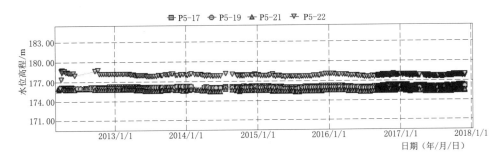

图 9-56 大坝渗压计过程线

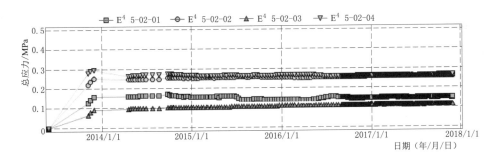

图 9-57 大坝四向土压力计过程线

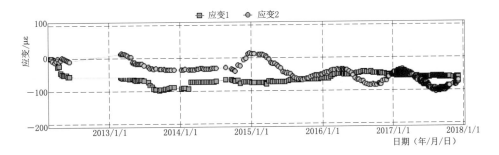

图 9-58 大坝应变计过程线

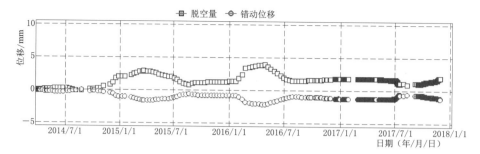

图 9-59　大坝脱空计过程线

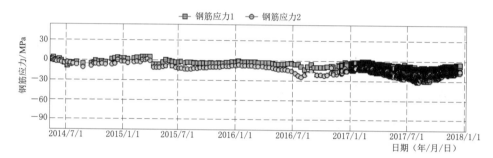

图 9-60　大坝双向钢筋计过程线

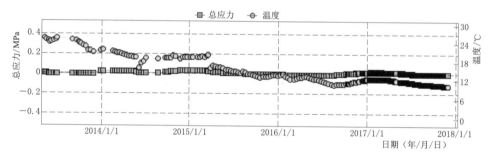

图 9-61　大坝面板土压力计过程线

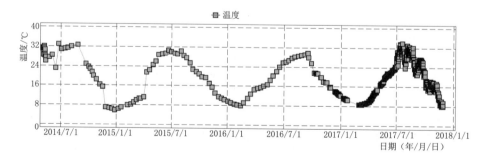

图 9-62　大坝面板温度计过程线

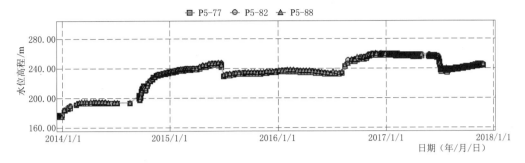

图 9-63　防渗墙渗压计过程线

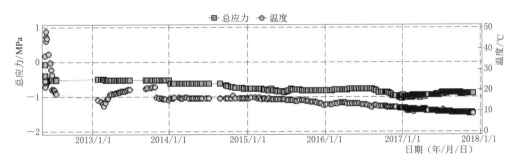

图 9-64　防渗墙土压力计过程线

第四节　监测自动化未来的发展方向

2019 年 7 月，水利部陆续印发了《加快推进智慧水利指导意见》《智慧水利总体方案》等成果文件。文件系统谋划了智慧水利发展的时间表、路线图、任务书，为当前和今后一段时期智慧水利规划、设计、建设和应用奠定了坚实基础。

智慧水利是运用云计算、大数据、物联网、移动互联网和人工智能等新一代信息技术，对水利对象，如河流、湖泊、地下水等自然对象，水库、水电站、水闸等水利工程对象，以及挡水、蓄水、泄水等水利管理活动进行透彻感知、网络互联、信息共享和智能分析，为水工程监督与管理、水旱灾害防范与抵御等水利业务提供智能处理、决策支持和关联服务，驱动水利现代化的新型业态。

面向智慧水利的水库安全监测系统业务范围广、技术要求高。通过自动化设备进行透彻感知获取底层数据，运用新一代信息技术对监测成果进行提取、分析并及时传输公布，达到智能化、科学化、经济化水库安全运行管理。相较于传统数字化安全监测单纯对监测数据进行事后处理及分析，智慧监测结合智能分析理论和方法，基于历史监测数据，提出预测性和预见性判断，并及时预警。

一、智慧水利对安全监测的新要求

智慧水利对水库安全监测系统建设的方向提出了新的要求，安全监测系统应逐步立体化、一站式、智慧化，系统构建应高屋建瓴，顺应新形式、解决新问题、实现新跨越。

1. 立体化监测全覆盖要求

具备实现智慧监测能力的水库普遍具有区域大、面积广，地质、地形条件复杂等特点。安全监测系统全面感知应融合多种监测手段，在原有监测措施的基础上，充分融合地球空间信息技术，实现全库区、全流域覆盖，构建"天空地一体化"多维度安全监测数据获取技术体系。通过搭建智能传感器信息网络，为智慧水利提供全面、准确、动态、及时的安全监测时空数据资源。

2. 一站式生产能力要求

安全监测供给服务需提高顶层设计，建立监测设计、系统构建、数据采集、数据整理、数据分析、数据挖掘为一体的一站式供给服务能力。

3. 智慧化专题服务要求

智慧应用是智慧水利的终极目标。安全监测系统需基于智慧水利时空信息平台框架，借助云计算、大数据技术，对多源异构海量监测数据进行深入挖掘。最终实现监测数据来源全面、实时采集、自动整理、智能分析、知识服务、多元表达、网络协同。为智慧水利提供便捷、高效、智慧的安全监测服务。

二、智慧监测总体特征及框架

1. 智慧监测总体特征

智慧监测系统可按需对监控测点及参数进行增删、修改，是可扩展、可改进的系统。具备兼容性、包容性、统一协调性。系统运用当前信息技术的同时兼顾未来新技术的发展趋势，可根据需要进行更新换代。可满足水库安全监测实时性高、异常情况诊断精度高、信息发布及时性高的要求。

2. 智慧监测系统总体框架

智慧安全监测系统作为智慧水利的重要子系统，没有标准建设模式。基于智慧水利具体建设规划目标，依据相关规范标准进行技术方案设计。智慧安全监测系统的建设可以智慧水利各基础设施和软硬件平台为依托，可降低经济、时间成本。水库智慧安全监测系统主要采用智能感知、大数据分析、云计算、异构网络融合、BIM＋GIS、人工智能等先进信息技术，全面感知水库结构化、非结构化数据，做到智能感知、迅速响应、科学决策、协同管理，如图9-65所示。

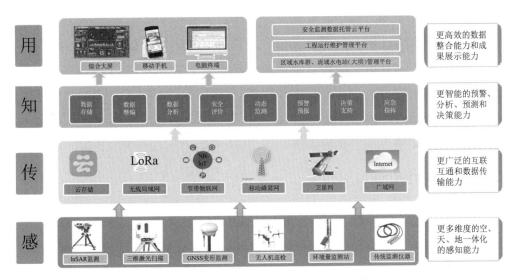

图9-65 水库智慧安全监测系统总体架构

三、智慧监测系统关键技术

1. 智能感知

智能感知融合地表、地下和遥感等多种监测手段，结合驻站监测、移动监测，建立"天空地一体化"立体监测体系，对水情、水质、工程、视频等结构和非结构数据进行采集，形成智慧监测智能感知体系。实现对水库自然水循环过程和社会水循环过程及时、全面、准确、稳定的监控。

2. 基础设施

在原有网络通讯的基础上，进行升级改造。完成云平台、网络工程、基础设施环境和信息安全系统的搭建。完善信息传输通道、安全基础设施运行环境（包括网络环境），根据前端业务需求可按需自动扩容，实现故障转移、运维自动监控等。

3. 数据资源

数据资源包括大数据平台、数据库、大数据服务及分析和模型服务等内容，主要服务数据存储、管理和使用是在国家水利云平台基础上，构建基础数据库、监测数据库和专题库等形成监测大数据，结合应用支撑服务为智能应用提供决策支撑。

4. 智能应用

智能应用由应用支撑层、应用层、展示层等内容组成。其中，应用支撑层提供了智能应用需要的公共服务能力，提供数据的交换共享、GIS及网络安全接入、统一用户认证等；应用层业务覆盖工程安全、水资源、水环境等领域；展示层基于大数据分析，基于智慧水利平台，丰富展现监测成果。

5. 规范体系

制定贯穿系统各个层次的标准规范、安全保障及运行维护管理等体系。

四、河口村水库自动化建设中的"智慧"

1. 透彻感知

水库安全监测项目主要包括主要监测项目包括外部变形、内部变形、渗流渗压、应力应变和环境量等。监测手段包括"天"——北斗卫星、"空"——无人机、"地"——监测传感器、"人"——人工巡视检查。数据采集采用分层分布式方式，监测参数如位移、沉降、应力应变、渗流等通过传感器→数据采集模块→数据自动采集装置→中心监测站的路径实现实时采集。中心站服务器内的数据库内包含数据、采集参数和其他信息，可实现资源共享。管理主机或上级主管部门可通过 Internet 进行远程访问。现场管理人员可以通过软件对参数、数据库等进行管理操作，软件设置不同权限，便于不同层级人员使用。

2. 基础设施

河口村水库工程安全监测自动化系统采用全分布式智能节点控制开放型的全网络结构，数据自动采集系统通信网络采用以太网光纤网络。主要通过串口服务器将每台现场数据采集单元（MCU）标配的 RS-232/RS-485 接口转化为 RJ45 以太网接口，并在串口服务器设置相互独立且唯一的静态 IP 地址，使每台 MCU 可以通过 TCP/IP 协议进行网络寻址。为提高整个通信网络长距离传输的可靠性和抗干扰能力，测站之间以及测站到分中心的通信网络介质为单模光纤，集控中心的计算机设备和各测站 MCU 通过光纤收发器实现以太网电信号与光纤信号互转。河口村水库安全监测信息管理系统采用三层结构的 C/S、B/S 混合结构，即数据平台层、业务服务层、人机界面层三层结构。

3. 数据资源

数据资源层主要包括三个部分：

（1）数据聚集平台。运用中间件技术，结合统一的技术架构和方法，实现多系统异构信息聚集，实现基于分布式协议的数据管理。

（2）综合数据库。将安全监测、水情、水质等多系统专业数据信息集成管理，融合水库基础地理、文档数据等形成统一的信息管理数据库。

（3）数据库管理及运行维护。数据库可实现异地备份，满足海量数据存储需求，保证数据安全；通过整合系统及数据资源，不仅可降低数据管理成本，还可保证数据的完整性和一致性。

4. 智能分析

（1）监测数据在线评判。基于数据资源集成和多要素综合信息监测等技术，对在线实时监测数据进行粗差、极值、整编等后台评判处理，严格控制原型观测数据质量。对不符合发布与分析要求的数据进行自动识别和筛查，并形成评判日志供管理人员审核。

（2）异常信息诊断。系统通过对每个监测项目的大量观测数据进行自动化指标判别，输出异常监测信息，并结合自动化系统传感器及监控设备实时运行指标形成可视化的异常信息图表报警，根据临近时间和相邻同类型测点的测值初步诊断异常原因，供管理人员二次分析诊断。

（3）智能化管理系统。为每个监测项目和任意监测测点都设置了精细化监测指标，通过后台数据分析机制对实时监测数据进行异常评判，同时结合已建模型和方法将实时监测数据与长时间序列历史数据进行信息比对和挖掘，智能分析各项监测状态，自动推送相关异常予对应管理人员，实现智能化分析与推送。

5. 应用展示

将工程安全监测、水情测报、闸门监控、水质和生态流量监测等监测系统测点利用 GIS 分类型建立矢量图层，与地图图层相互叠加，并与空间信息管理数据库衔接，实现库区综合信息"一张图"。通过一张可缩放、平移、参数选择的电子地图，掌握水库实时监测综合信息，获取水库总体运行性态描述。

6. 预警预报

安全监测信息管理系统基于对河口村水库的原型监测，实现大坝、厂房、库区等被测对象安全监测海量信息的全过程、统一集中管理，整合模型库、实时库、历史库、方法库等信息资源，以理论知识和专家实践经验为依据，以综合分析推理为手段，获得对被测对象的历史运行性态的基本认识，进而对这些监测对象当下的安全状况做出评估，未来的（或特定条件下的）安全状况做出预测，并将上述认识、评估和预测结果予以反馈，为工程施工、运行调度和维护管理提供决策支持。

第十章 工程变形预测预报及预警分析

第一节 基于三维有限元的变形预测

一、计算模型及参数

1. 计算模型

为了保证三维模拟分析最大限度地反映工程实际，在此基础上的分析评价更具准确性和真实性，模型建立保证以下三个原则：

（1）真实性原则，全面真实地反映主要地质条件，使模型建立尽可能接近地质原型特征。

（2）突出性原则，对坝体中所关注的突出问题和重要因素，进行有针对性的详细模拟。

（3）概化原则，为了避免追求所有地质结构面面俱到的模拟可能带来的计算精度问题，在保证分析结果真实反映实际情况的基础上对次要的结构面进行适当的概化。

计算模型以东西向 x 轴，指向东为正；以南北向 y 轴，指北为正；以竖向 z 轴，指向上为正，模型底部高程 -100.00m。整体模型尺寸 917m × 850m × 600m，坝顶高程 288.00m。由 405540 个六面体单元和 517475 个节点组成。计算模型网格图如图 10-1 所示。

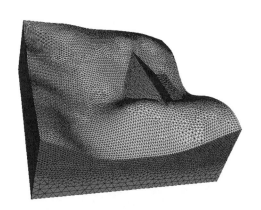

图 10-1 计算模型网格图

2. 计算参数及程序

数值模型及参数赋值图如图 10－2 所示，其计算程序及模块赋值情况如下：

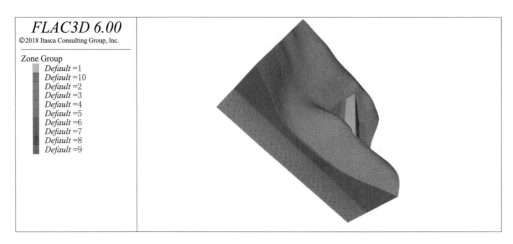

图 10－2　数值模型及参数赋值图

```
model new
zone import 'model. flac3d' format flac3d
zone delete range position－y 0. 1 0. 2
zone attach by－face
zone gridpoint fix velocity－x range position－x －0. 1 0. 1
zone gridpoint fix velocity－x range position－x 845 850
zone gridpoint fix velocity－y range position－y －0. 1 0. 1
zone gridpoint fix velocity－y range position－y 915 917
zone gridpoint fix velocity－x range position－z －0. 1 0. 1
zone gridpoint fix velocity－y range position－z －0. 1 0. 1
zone gridpoint fix velocity－z range position－z －0. 1 0. 1
zone cmodel assign mohr－coulomb
zone cmodel assign null range group '1'
zone cmodel assign null range group '2'
zone cmodel assign null range group '3'
zone property young 70e6 poisson 0. 26 fric 22 cohesion 60e3 density 2200
range group '4'
zone property young 1. 95e10 poisson 0. 2 fric 50 cohesion 1000e3 density 2680
range group '10'
zone property young 30e6 poisson 0. 28 fric 23 cohesion 8e3 density 2000 range group '9'
zone property young 80e6 poisson 0. 26 fric 22 cohesion 60e3 density 2200
range group '5'
zone property young 80e6 poisson 0. 26 fric 22 cohesion 60e3 density 2200
range group '8'
```

262

```
zone property young 425e6 poisson 0.25 fric 25 cohesion 200e3 density 2550
range group '7'
zone property young 655e6 poisson 0.23 fric 28 cohesion 400e3 density 2680
range group '6'
model gravity 0 0 -10.0
model solve
model save '0-0.sav'
zone gridpoint initialize displacement-x 0
zone gridpoint initialize displacement-y 0
zone gridpoint initialize displacement-z 0
zone gridpoint initialize velocity-x 0
zone gridpoint initialize velocity-y 0
zone gridpoint initialize velocity-z 0
zone initialize state 0
model save '1-0.sav'
;======solve==========
zone cmodel assign mohr-coulomb range group '3'
zone property young 1.5e9 poisson 0.24 fric 52 cohesion 0.01e6 density 2750
range group '3'
zone history id=12 displacement position(511.2,443.495,225.0)
zone history id=11 displacement position(511.2,443.495,218.0)
zone history id=10 displacement position(511.2,443.495,208.0)
zone history id=9 displacement position(511.2,443.495,198.0)
zone history id=8 displacement position(511.2,443.495,188.0)
zone history id=7 displacement position(511.2,443.495,178.0)
zone history id=6 displacement position(511.2,443.495,168.0)
zone history id=5 displacement position(511.2,443.495,158.0)
zone history id=4 displacement position(511.2,443.495,148.0)
zone history id=3 displacement position(511.2,443.495,138.0)
zone history id=2 displacement position(511.2,443.495,128.0)
zone history id=1 displacement position(511.2,443.495,118.0)
model solve
model save '1-1.sav'
;======solve==========
zone cmodel assign mohr-coulomb range group '2'
zone property young 1.5e9 poisson 0.24 fric 52 cohesion 0.01e6 density 2750
range group '2'
zone history id=13 displacement position(535.42,443.495,228.0)
zone history id=14 displacement position(535.42,443.495,238.0)
zone history id=15 displacement position(535.42,443.495,245.0)
model solve
model save '1-2.sav'
```

```
;======solve==========
zone cmodel assign mohr-coulomb range group 'l'
zone property young 1.5e9 poisson 0.24 fric 52 cohesion 0.01e6 density 2750
range group 'l'
zone history id=16 displacement position(559.9,443.495,248.0)
zone history id=17 displacement position(559.9,443.495,258.0)
zone history id=18 displacement position(559.9,443.495,268.0)
zone history id=19 displacement position(559.9,443.495,278.0)
zone history id=20 displacement position(559.9,443.495,288.0)
model solve
model save 'l-3.sav'
```

3. 计算工况

大坝沉降变形分为一次地应力平衡和三次填筑，原地表进行模型原始地应力平衡，第一次填筑至 225.00m（图 10-3），第二次填筑至 245.00m（图 10-4），第三次填筑至 288.00m（图 10-5）。填筑方式与实际工程较为一致。

图 10-3 第一次填筑示意图

二、计算成果分析

依据安全监测资料成果，反演深厚覆盖层弹性模量，进而推演蓄水后的大坝沉降演化规律和变化趋势。其填筑过程及坝轴线和坝中心线的沉降云图如图 10-6~图 10-14 所示。依据沉降云图，绘制不同高程的沉降变形曲线，如图 10-15 所示。

依据数值计算模型所得的大坝不同高程沉降变形，与实际填筑过程的相应高程的沉降变形比较，二者所得的沉降变形趋势较为一致，沉降量值略有不同。

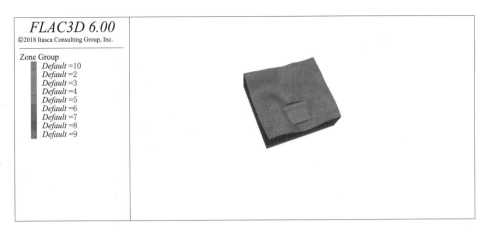

图 10 - 4　第二次填筑示意图

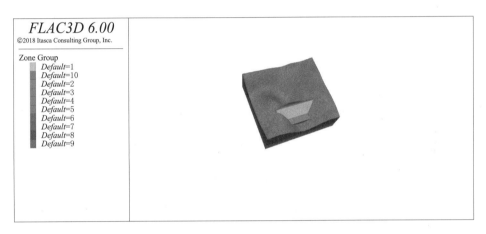

图 10 - 5　第三次填筑示意图

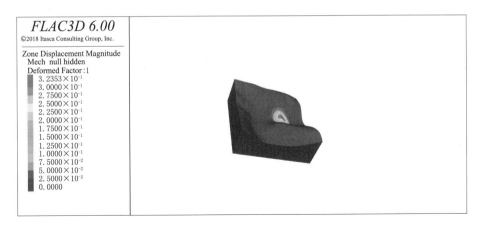

图 10 - 6　大坝第一次填筑沉降云图

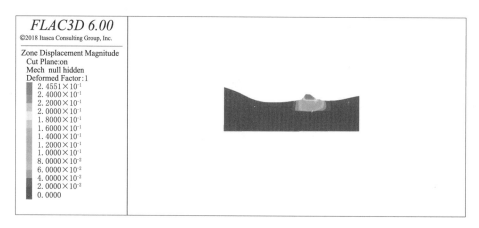

图 10 - 7　大坝第一次填筑沉降坝轴线剖面云图

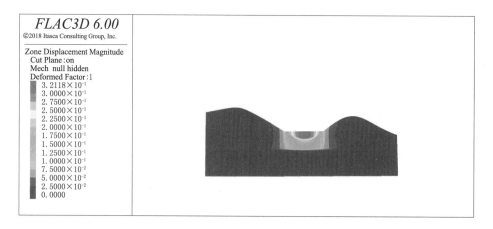

图 10 - 8　大坝第一次填筑沉降坝中心线剖面云图

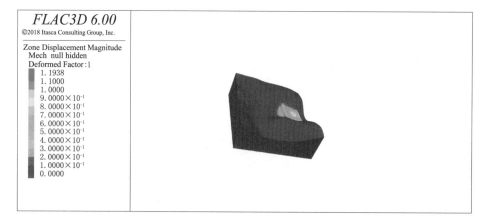

图 10 - 9　大坝第二次填筑沉降云图

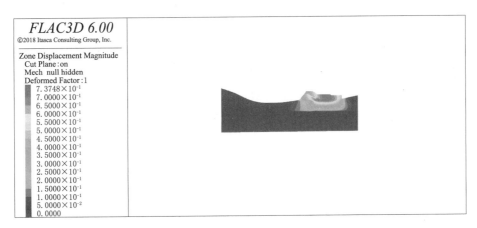

图 10 - 10　大坝第二次填筑沉降坝轴线剖面云图

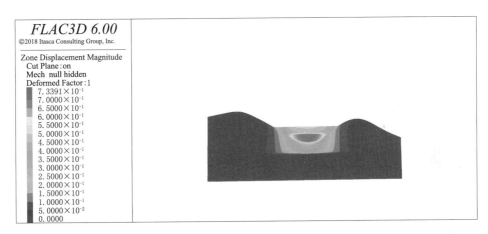

图 10 - 11　大坝第二次填筑沉降坝中心线剖面云图

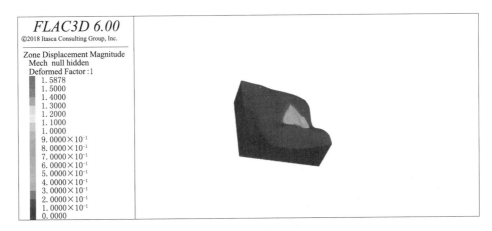

图 10 - 12　大坝第三次填筑沉降云图

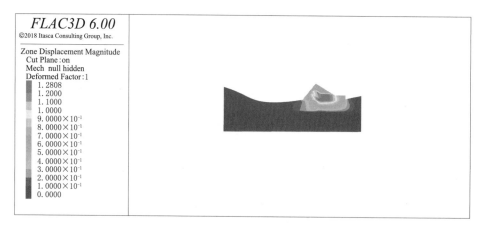

图 10-13 大坝第三次填筑沉降坝轴线剖面云图

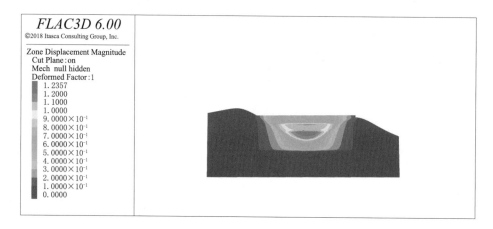

图 10-14 大坝第三次填筑沉降坝中心线剖面云图

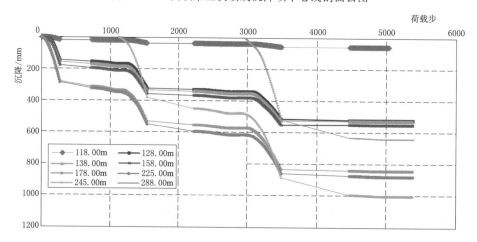

图 10-15 大坝不同高程沉降变形曲线图

相对于坝基沉降，计算模型所得 178.00m 高程的沉降变形为 844.5mm，实际工况所得的 173.00m 高程的沉降变形为 810mm；相对于坝体沉降，计算模型为 655.3mm，实际工况为 613mm。

从计算模型结果可见，坝基和坝体沉降基本完成，蓄水几年稳定后沉降增加 35mm 和 40mm，约占总沉降的 4% 和 6%。大坝整体剩余沉降约占坝高的万分之七左右。

第二节　基于改进灰色理论的变形预测

一、计算模型及序列

在灰色系统理论中，称抽象的逆过程为灰色模型，也称 GM。它是根据关联度、生成数灰导数，灰微分等观点和一系列数学方法建立起来的连续型的微分方程。通常灰色模型表示为 $GM(n，h)$。当 $n=h=1$ 时即构成了单变量一阶灰色预测模型。

设原始时间序列为

$$X^{(0)}=\left[x^{(0)}(1),x^{(0)}(2),x^{(0)}(3),\cdots,x^{(0)}(n)\right]$$

设 $X^{(1)}$ 为 $X^{(0)}$ 的一次累加序列。

即

$$\begin{cases}x^{(1)}(1)=x^{(0)}(1)\\x^{(1)}(k)=x^{(1)}(k-1)+x^{(0)}(k),k=2,\cdots,n\end{cases}$$

得

$$X^{(1)}=\left[x^{(1)}(1),x^{(1)}(2),x^{(1)}(3),\cdots,x^{(1)}(n)\right]$$

利用 $X^{(1)}$ 计算 $GM(1,1)$ 模型参数 a、u，令 $\hat{a}=[a，u]^{\mathrm{T}}$，

则有

$$\hat{a}=(B^{\mathrm{T}}B)^{-1}B^{\mathrm{T}}Y_N$$

其中

$$B = \begin{bmatrix} -\dfrac{1}{2}\big[x^{(1)}(1)+x^{(1)}(2)\big] & 1 \\[2ex] -\dfrac{1}{2}\big[x^{(1)}(2)+x^{(1)}(3)\big] & 1 \\[1ex] \vdots & \vdots \\[1ex] -\dfrac{1}{2}\big[x^{(1)}(n-1)+x^{(1)}(n)\big] & 1 \end{bmatrix}$$

$$Y_N = \big[x^{(0)}(2),x^{(0)}(3),\cdots,x^{(0)}(n)\big]^{\mathrm{T}}$$

由此获得

$$\hat{x}^{(1)}(k+1) = \Big[x^{(1)}(1)-\frac{u}{a}\Big]\mathrm{e}^{-ak}+\frac{u}{a}$$

于是

$$\hat{x}^{(0)}(k+1) = \hat{x}^{(1)}(k+1)-\hat{x}^{(1)}(k) \tag{10-1}$$

或

$$\hat{x}^{(0)}(k+1) = -a\Big[x^{(0)}(1)-\frac{u}{a}\Big]\mathrm{e}^{-ak} \tag{10-2}$$

相应计算程序为

```
gg=[(4.75  5.95  8.24  8.43  9.64  10.79  11.28  12.69  14.52  13.66  16.77),zeros(1,
11)];%实测值  %5—预测期数。
result=zeros(1,11);
for j=1:11;
g0=gg(:,j:j+10);
n=11;
x0=g0;
x1=zeros(n-1,1);
x1(1)=x0(1);
for i=2:n,
x1(i)=x1(i-1)+x0(i);
end
for k=1:n-1
z1(k)=(x1(k)+x1(k+1))/2;
end
z=zeros(1,n-1);
for i=1:n-1
z(i)=-z1(i);
end
b=[z;ones(1,n-1)];
```

```
b=b';
y=zeros(n-1,1);
for i=2:n
y(i-1)=x0(i);
end
u=inv(b'*b)*b'*y;
a=u(1);
B=u(2);
for k=0:11,
x2(k+1)=(x0(1)-B/a)*exp(-a*k)+B/a;
end
x3(1)=x0(1);
for k=1:11
x3(k+1)=x2(k+1)-x2(k);
end
g=x3;
result(j)=g(n+1);
gg(j+11)=g(n+1);
end
result;
r=result'  %r---预测值
```

二、计算成果分析

坝基沉降变形分布图如图 10-16 所示。其不同位置的沉降变形预测趋势及量值如图 10-17～图 10-21 所示。

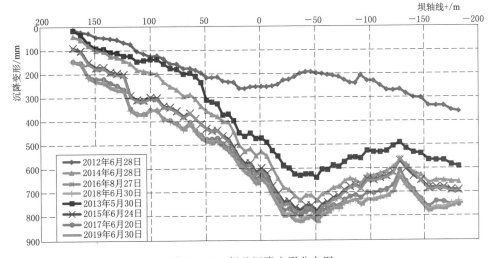

图 10-16　坝基沉降变形分布图

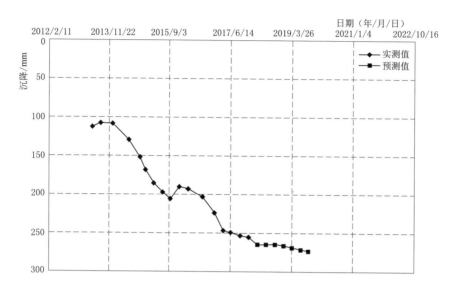

图 10-17 坝下 0+130.00m 坝基沉降变形趋势线

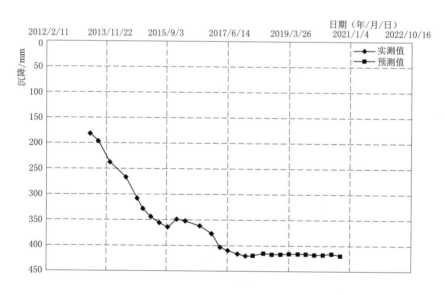

图 10-18 坝下 0+76.00m 坝基沉降变形趋势线

依据坝基沉降变形演化规律和变化趋势，近一年沉降增加 3～6mm。与数值计算模型相比较，坝基尚有剩余工况沉降，按此趋势推演，大概仍需要 5 年左右。

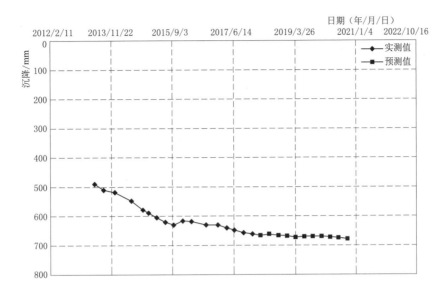

图 10-19　坝下 0-6.00m 坝基沉降变形趋势线

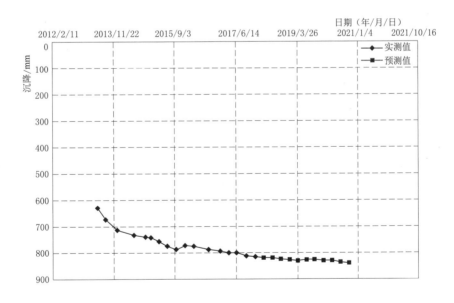

图 10-20　坝下 0-36.00m 坝基沉降变形趋势线

结合大坝实测、数值模型预测和改进灰色理论预测情况，大坝已运行近 4 年，沉降基本完成。大坝剩余沉降约占坝高的万分之七，量值 35mm 左右，年增幅 6mm 左右，持续时间 5 年左右。

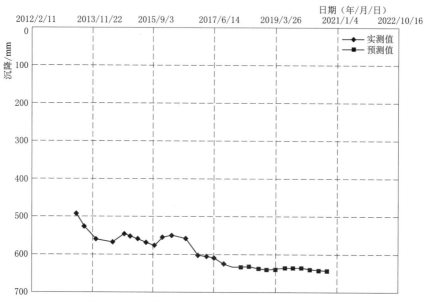

图 10-21 坝下 0-127.00 坝基沉降变形趋势线